아이는 무엇으로 크는가

흔들리지 않는 엄마가 아이를 행복하게 만든다

아이는 무엇으로 크는가

흔들리지 않는 엄마가 아이를 행복하게 만든다

곽민정 지음

마음세상

들어가는 글

학교의 제도권 속에서 사회성을 배우게 하고 등수나 성적의 자유 속에서 꿈을 찾을 수 있는 엄마표 자유학교를 만들었다. 제도권 교육의 기본 틀 위에 두 아이는 엄마가 인정하는 평생 자유학기제를 통해서 창의적이며 자기주도적인 아이들로 자랐다. 27년 동안 엄마표 자유학교에서 두 아이에게 내가 해준 것은 문제해결능력과 성적의 자유 그리고 웃음과 웃김이었다. 그 결과 지금 두 아이는 평범한 일상 가운데 억지로 열심히 하기 보다는 좋아하는 것을 직업으로 즐기며 자기가 누구인지를 똑바로 알고 살아가고 있다. 요즘 뜨는 '코칭'이라는 말이 떠오른다. 엄마로서 두 아이의 인생을 코칭해주며 같이 걸어온 27년의 시간을 이야기하려고 한다.

나는 화를 잘 내시던 친정 엄마를 닮아 화를 잘 내는 엄마가 될 가능성이 컸다. 하지만 27년 전 스스로 만든 엄마표 자유학교의 세가지 습관으로 아이들과 친구처럼 지내고 있다. 덤으로 아이들은 각자의 꿈을 찾았고 창의적이고 자기

주도적인 성향을 갖게 되었다.

27년 전 신생아실에서 처음 만난 큰딸을 보면서 친구가 되어주는 것이 엄마인 내가 할 일이라고 생각했다. 그 순간부터 지금까지 딸과 친구처럼 지내고 있고 18년 전 시험관 시술로 만난 둘째 아들과도 친구처럼 지낸다. 아이들과 친구가 되기 위해 만든 세가지 작은 습관은 자율적인 엄마표 학교를 잘 이끌어준 핵심이 되었다. 감정을 다스리며 실천했던 27년 동안의 엄마표 자유학교는 제도권의 학교와는 차별적으로 코칭하며 미래 교육의 지평을 열어주었다.

첫째, 아이의 문제해결능력을 키워주기 위해 먼저 내 안의 화를 참자.
둘째, 자식과 원수지간이 되게 하는 성적과 등수에 자유를 주자.
셋째, 무조건 웃어주고 무조건 웃겨주자.

이 세 가지 습관은 제도권의 입시 교육에 열을 올리는 엄마들로부터 "저 엄마, 4차원 아니야?"라는 힐난에도 흔들리지 않고 만든 것이다.

취업대란으로 청년들이 고시원을 전전하며 공무원 시험에 내몰리고 있다. 좋은 성적, 좋은 대학을 외치는 경쟁에 매달려 있다 보니 창의적이면서 자기주도적인 삶과는 멀어진다. 취업난과 대학 졸업 후 빚을 갚아야 하는 현실은 암담하다. 처음 학교 생활을 시작하는 초등 1학년, 출발점을 바라본다면 생각이 달라져야 한다. 대학을 들어가도 뭘 해야 될지 모르니 행복하지 않다. 무조건 쌓아놓은 높은 스펙이 짐이 되어 문이 낮은 취업 자리에도 걸린다.

자녀가 무엇을 잘하는지를 관찰하여 적극적으로 지원해야 한다. 즐거운 일을 하면서 직업으로 연결해주는 것이 부모의 역할이다. 좋은 성적으로 좋은 대학을 보내기 위해서만 시간을 썼다고 해도, 자녀가 잘하는 것을 찾아주는 일은 지금도 늦지 않다.

27년 전 자녀와 친구가 되고 싶어 내 안의 지독한 화와 싸우며 작은 습관부터 만들었다. 습관을 만들어 가다 보니 엄마들의 공감을 받았다. 제 4차 산업으로 이어진다는 미래 사회를 살아가야 할 우리 자녀들에게 이 세 가지 교육법이 자유로운 사고로 이어지며 스스로 삶에 주인이 되는 자기주도적인 삶의 해법이 되길 희망한다. 꿈을 찾는 기회를 주기 위해 시험을 없애는 중학교 자유학기제 도입에 대한 교육청 포럼에 참가했을 때 내가 두 아이에게 성적에 자유를 주었던 것이 현재 시행하고 있는 자유학기제였다는 것을 알았다. 나는 이미 십수년을 앞서가는 교육을 하고 있었던 거였다. 부모의 행복을 위해 자식이 성적과 등수로 내몰리는 희생은 없어져야 한다.

아이를 기다려 주면서 경청하고 공감해준다. 아이가 좋은 아이디어를 만들어내면 칭찬으로 이어주는 과정이 아이들의 문제해결능력을 이끌어 냈다. 학교 성적보다는 큰아이가 좋아하는 영어와 수영을 적극적으로 지원했다. 누가 시키지도 않았는데 대학을 다니며 수상 안전 요원과 수영강사로 돈을 벌었다. 문제해결능력이 큰 아이에게 창의적이고 자기주도적인 삶을 살 수 있도록 이끌어 주었다. 현재 외국계 회사에서 일 잘한다는 평을 들으며 2년째 잘 다니고 있다. 그 동안 수영강사로 모아 놓은 돈으로 차를 사서 첫 출근을 했다. 남동생의 음악 공부를 위한 독일 유학생활을 대비해 유로화를 저축하고 있는 통장을 보고 깜짝 놀랐다. 미래를 위해 스스로 보안 프로그램 IT자격증을 위해 공부하고 주도적으로 자신의 독립을 준비하는 멋진 어른으로 자랐다. 나 스스로 만든 엄마표 학교에는 실패를 두려워하지 않는 마법같은 존중과 자율이 있었다.

올해 18살인 아들은 언젠가 지휘자가 꿈인 올해 음대 입시생이다. 음악학교 같은 고아원을 설립하여 배운 음악으로 나누는 삶을 꿈꾸고 있다. 피아노를 전공하는 아들은 지역주민을 위한 토요 봉사 음악회를 매주 진행하고 있다. 벌써 80여 회가 넘었다. 예고 1학년 때부터 지금까지 운영자, 반주자, 사회자, 연주자로서 활동해 오고 있다. 유니세프 기금 조성을 위한 음악회도 매년 여름, 겨울방학 때 운영자로서 사회와 반주 그리고 연주를 하며 진행해 오고 있다. 얼마 전 성악을 전공하는 친구와 해설이 있는 '톰과제리' 라는 팀을 만들었다. 입시 준비로 바쁜 시간이었지만 환우를 위한 병원 봉사 음악회를 거뜬히 해냈다. 한국에 와 있는 외국인들을 위한 영어 해설로 진행하는 음악회도 준비 중이다. 이미 꿈을 응원하는 청춘도다리 무대에서 데뷔 음악회도 마쳤다. 고3 입시생들이라 더 관심을 받았고 완성도가 높았다는 청중의 소감도 얻었다. 청중들에게 대학을 들어가기 위한 음악이 아니라 즐기기 위한 음악을 전해준 좋은 실천과 경험을 얻었다. 지휘 공부도 하고 초등학생을 위한 찾아가는 클래식 교실도 경험했다. 강연도 하고 책도 쓰고 있다. 요즘은 유명한 게임 음악을 악보로 바꾸는 작업을 하고 있다. 고등학교 졸업전에 이미 1인기획사 톰과제리를 창업했고 무대를 섭외하고 준비해서 클래식 연주와 작가들의 강연등을 진행할 예정이다. 국제 콩쿠르를 준비하기 위해 자신만의 음악을 즐기며 콩쿠르 여행을 계획하고 있다. 같은 또래들과 같은 게임을 좋아하는 구독자들을 위해 피아노 연주를 녹화해서 계속 유튜브에도 올리고 있다. 구독자들이 계속 늘고 있다 보니 더 좋은 음질을 위해 거금을 들여 녹화 기계를 새로 사주었다. 길고양이를 데려와 키워서 가족이 된 이유로 '캣츠' 같은 뮤지컬도 만들기 위해 작곡 연습도 하고 있다. 자기 전에는 꼭 그림 연습을 하고 잔다. 올해 입시생인데 행복하다. 하루가 72시간이면 좋겠다고 한다.

　창의와 자기주도는 실패를 두려워하지 않으면 나온다. 성적에 자유로웠던 교육법이 가져다 준 실행력이 결과물을 냈다. 나는 행복한 입시생인 아들에게 말한다.

"너만의 음악과 너만의 대학을 만들어라."

부모의 성적 욕심은 불안한 마음에서 온다. 더 깊게 들어가면 인간은 인정받고 싶은 욕구에서 경쟁으로 출발한다. 나 또한 이 세상에서 가장 행복한 입시생 엄마다.

"엄마는 너면 된다."

"네가 행복하다면 행복한 거다."

"그냥 물 흐르듯 살면 된다."

"네가 좋아하는 것을 찾을 수 있게 도와줄게."

평범한 엄마인 내가 자녀와 친구가 되기 위해 계속 들려주었던 말이다. 가끔씩 내가 하는 교육법이 올바른지, 잘하고 있는지 되짚어 볼 때도 있었다. 진주가 조개 안에서 만들어지고 있을 때 보이지 않듯이 그것은 단지 기우일 뿐이었다. 아들은 가상 독일유학체험 이라는 독특한 자기만의 주도적인 삶을 만들어 냈다. 예술중학교 3학년 시절부터 대여한 연습실에 그랜드 피아노를 사주었더니 학교 근처 개인 연습실을 독일이라 가정하고 앞으로 혼자가 될 삶을 체험 중이다. 성적에 자유로운 아이들이 얻을 수 있는 실패를 두려워하지 않고 스스로 생각해내는 능력이 싹을 틔운 거다. 실천하는 과정에서 자기주도적 힘이 창의적인 생각에 생각을 덧입혀 나온 아이디어였다.

이 세상에 와서 혼자여도 살아가야 되는데, 나한테 온 자식들이 친구가 되어 둘이나 있다. 내 삶은 최고다. 아이들이 나에게 모성애를 선물해 주었다. 자식 사랑은 연민에서 출발해서 연민에서 끝난다. 그것이 자식과의 인연이다. 내가 이 세상을 떠나는 순간까지 나의 보호자가 되어 줄 나의 두 친구가 연민으로 나를 떠나보내게 되는 날이 오게 되듯이 말이다.

그동안에 자녀 친구 만들기 습관이 추억이 되어 한 가득 할 이야기가 많다. 고도 비만아로 친구들한테 띠돌림을 당해도 선생님이 좋은 훈육을 위해 꾸지람을 듣고 와도 정신과 의사보다도 더 잘 치유될 수 있는 개그우먼 엄마가 있었다. 학교 보다 집에 오면 더 행복한 아이들이었다.

엄마의 웃음은 곧 아이의 행복이다.
엄마가 웃으면 아이의 세상은 바뀐다.

27년 전에 읽었던 한 줄의 글이 암울했던 유년의 기억을 떠오르게 했다. 그때 아이가 태어나면 '무조건 웃어주자' '무조건 웃겨주자' 를 다짐했다. 웃음이 없고 화가 많은 엄마 덕분에 역발상 습관을 만들었다. 친정엄마는 맏딸이었던 나를 엄마의 화속으로 밀어넣어 버렸다. 엄마가 되고 나서 생각해 보니 어린 나는 본능적으로 엄마의 사랑을 원했을 뿐이었다. 하지만 친정엄마는 맏딸은 살림의 밑천이라고 생각한 것 같았다. 나를 동반자처럼 키우려다 보니 소통의 부재가 있을 수밖에 없었다. 아버지를 닮아 책을 좋아하는 딸이 책을 안 보고 집안일을 척척해주길 원했던 친정엄마였다. 그래서 세상에는 나 혼자라는 외로움이 심어졌다.

27년 전, 큰아이를 처음 만나던 날까지 묵혀온 외로움은 친구를 만들자는 생각의 틀을 만들었다. 갑자기 가슴이 뛰고 할 일이 많아진 사람이 되었다. 사라져 버리기 전에 메모를 해둬야겠다고 병실로 돌아와 끄적거린 글은 아름드리 나무로 자랐다. 지나가는 나그네에게도 그늘을 내어줄 만큼 자녀와 힘들어하는 어머니들과 상담을 하며 교감을 나누고 있다.

친정엄마의 화와 급한 성격, 매질을 생각하면 나에게 와준 아이들에게는 절대로 그러지 말아야겠다고 다짐했다. 그것이 내적 동기가 되어 27년 전 그 신생아실 앞에서 아이에게 '친구하자'고 말을 걸었던 거였다.

결국 나와 두 아이에게 서로에게 득이 되는 세가지 습관 만들기는 나 자신을 완전히 바꾸어 놓는 대 공사였다. 마치 죽을 병에 걸렸다가 회복한 듯, 새로운 삶을 두 아이와 후회 없이 만끽했다. 이렇게 행복해도 되나 싶을 정도로 눈물 나게 감사할 때가 많았다.

실패를 두려워하지 않고 독특한 자기만의 세계를 찾아가게 해준 27년 동안 두 아이를 키웠던 이야기를 나누고 싶다. 엄마표 자유학교에 대해 이제 자녀를 만나려고 하는 초보 엄마들에게 소개하고 싶다. 자녀를 키우고 있는 엄마들에게 위로도 하고 싶다. 억눌린 감정으로 표현하기 힘들어 하는 자녀들의 대변자가 되어주고 싶다. 우리 세대와 다른 미래사회를 살아가야 할 아이들을 키우는 이 세상 엄마들과 나누며 공유해서 희망을 노래하고 싶은 꿈을 꾸게 한다.

제4장 좌충우돌 내 아이 성장기

제5장 엄마는 여기 있을게

제1장
엄마가 되는 순간

유전적으로나 태생적으로 나는 웃음보다는 화가 많은 사람이었다. 장녀이면서 딸이라는 이유때문에 엄마로부터 무시 당하면서 살았다. 어린 시절의 모멸감과 수치심은 열등의식을 만들었다. 그것을 이겨내고 자존감을 회복하기 위해 많은 시간들이 버려졌다. 나를 낳고 키워준 엄마로부터 벗어나고 싶었던 진정한 이유도 필요했다. 나 또한 엄마가 되어야 하니까 이런 모습으로는 안 된다는 생각이 지배적이었다. 가족이 있으면서도 철저히 혼자라는 생각에 빠져 살았다. 거리감이 클수록 그 안에는 소통의 부재가 있었다. 하지만 인생은 나의 것이고 내 편으로 만들어야 했다.

후천적으로 웃음을 만들어야 하는 이중고를 겪었지만 결론을 짓자면 대성공이었다. 그동안 나에게 온 아이들 덕분에 화를 뛰어 넘을 수 있었고 좋은 인성으로 자리 잡았다. 항상 무서웠던 친정엄마가 꾸중을 할 때면 한 줄기 웃음만이라도 보여 준다면 숨이 트일 것 같았지만 기억속에는 무섭고 아픈 기억만 가득하다.

왜 그래야만 되는 걸까? 화가 있으면 웃음도 있을 텐데. 친정엄마는 나에게 웃어주지 않았다. 초등학교 1학년 때 기억이다. 입학한 첫 날, 집으로 돌아와 담임 선생님이 시킨 대로 "어머니, 다녀왔습니다." 라고 인사를 했는데 엄마는 대답이 없었다. 어린 나이였지만 무안했다. 못 들었나 싶어 한 번 더 큰소리로 인사를 했는데 여전히 대답이 없었다. 그때 그 자리에서 서라운드처럼 맴도는 무시와 슬픔을 느꼈다. '엄마가 날 많이 미워하는 구나. 나에게 관심이 없구나.' 하는 생각으로 꼼짝없이 서 있었다.

우리 어린 시절에는 어른들의 형평성에 어긋나는 일들을 참는 것이 다반사였다. 억울한 마음은 자존감을 몰아내고 그 자리에 열등감과 사회부적응을 심었다.

'이런 부모, 이런 집이 싫다.'

'아, 내 인생은 왜 이렇게 꼬일까?'

'화가 밖으로 삐져나와 송곳이 되고 칼날이 되어 하루 24시간을 찔러댄다.'

아프다고 아무리 외쳐대도 화를 잘 내는 엄마는 아픈 곳을 더 찔러 급기야 피눈물을 짜낸다.

"화를 내 마음속에서 꼭 몰아낼 거야. 이렇게 타인의 마음을 아프게 하는 것이라면…….”

두 아이가 오지 않았다면 일생일대 내 안의 화와 대립하며 이겨내는 일로 모든 걸 바쳐야 될 뻔했다. 만약 조물주가 우리 생의 모든 사이클과 죽음 직전까지 각자의 모든 결과를 알려주고 살아보라고 한다면 과연 우리는 어떻게 살까?

답을 알고 이왕 사는 세상이라면 인간을 사랑하며 좀 더 긍정적으로 살지 않을까?

엄마가 되는 순간 나의 두 친구로부터 변화와 성숙한 시간을 얻었다. 이 특별한 여정에서 아픔과 혼동이 있는 곳에서 나눔과 용기를 얻었다.

내 아이들과의 첫 만남

세상에서 가장 아름다운 만남은 자식과의 만남이다. 9개월 넘게 한 몸으로 살아오면서 같이 숨 쉬고 먹고 자고 한다. 어떤 이유를 들어도 이보다 더 아름다운 일은 세상에 없다. 하지만 그 진리를 아는 자만 누린다는 것을 알았다. 우리에게 와 준 자식에게 가장 친절해야 한다고 생각한다.

피아노를 전공하는 아들이 예중 3학년 때 새로 만난 레슨 교수님이 나와 동갑이라 했다. 6살 때부터 피아노를 공부했다는 말에 잠시 멍한 기분이 들었다. 가진 자와 못 가진 자의 조건에 깊고 깊은 상처들이 떠올라 힘들었다. 6살 무렵의 내가 살았던 시절이 떠올랐다. 그때는 사회 전반적으로 궁핍한 생활이었다. 텔레비전도 없던 시절이었다. 가족은 왜 상처를 주는 걸까? 지금도 기억이 생생하다. 6살이 된 어느 날이었다. 엄마는 시장을 보러 가면 돌아오는 길에는 나에게 태어난 지 1살 된 여동생을 업혀주고 엄마는 짐을 지고 아주 긴 시간을 걸어서 집으로 돌아오곤 했다.

아이를 업은 6살의 걸음으로 뒤처진 걸음이 문제였다. 엄마도 어쩔 수 없는 화가 폭발하면 길에서 매질이 시작되었다. 화가 나면 다른 사람이 되는 엄마를 보며 '난 절대로 이런 엄마는 안될 거야!' 눈물을 흘리며 맞으면서 되뇌이고 되뇌이며 나에게 한 말이었다.

그 당시의 어른들은 자식을 때리고 화내는 것을 보고도 일반적인 훈육쯤으로 생각한 것 같았다. 나뿐만 아니라 남편도 나랑 동갑이라 종종 같은 시대의 아픔을 공감한다. 요즘은 만약 지금 내 옆집에 이런 엄마가 산다면 아동 학대 죄로 신고 대상감이다. 이제는 자식이 상전으로 뒤바뀐 시간을 살고 있지만 말이다.

명절이면 목욕하는 날로 기억할 만큼 열악한 시절이 있었다. 공중목욕탕은 명절 전날에 북새통을 이루었다. 사람들이 너무 많아 정신이 없을 만큼 어린 나는 혼이 빠졌다. 여동생이 두 살, 내가 일곱 살이었다. 화가 많은 젊은 엄마는 힘드니까 나보고 스스로 닦아보라고 했다. 일곱 살의 작고 여린 손으로 때를 닦다가 사람들 구경하느라 멍한 눈으로 있으면 갑자기 번쩍 번개가 친다. 어느새 느려 터졌다고 엄마가 뺨을 때린 후였다. 울면서 때를 닦고 있으면 운다고 더 때렸다. 혼자 생각하고 혼자 물어보았다.

'왜 나를 미워 하는지……, 나와 함께 사는 것이 그렇게 힘이 드는지……. 어디서 시작되었는지……. 언제까지 이렇게 살아야 하는지…….'

나는 혼동스러웠다. 어린 마음이지만 죽고 싶었다. 엄마 앞에서 사라져주고 싶었다. 지금 이 글을 적으면서 아픈 기억을 떠올리니 또 아프다. 딱지가 떼어져 또 생살이 터져 피가 난다. 쪼그라들어 있는 어린 영혼을 지금 힘 있는 내가 치유해준다. 서툰 엄마여서 그랬을 거라고, 이제는 괜찮다고 다시는 매질이나 폭언은 없다고 다 큰 어른인 지금의 내가 뇌 과학에서 배운 대로 위로를 해준다.

어서 빨리 이런 집을 탈출해야겠다는 생각이 자라기 시작했고 계획을 짜기 시작했다. 사춘기에 접어들면서 집을 나가 따로 살아볼까 하는 상상도 했다. 둥지에 먼저 태어났지만 힘없는 어린 새라고 내내 생각하며 살았다. 고추밭에 터 팔았다고 대접 받는 5살 터울에 바로 밑 여동생과 7살 터울의 남동생은 남아 선호 사상에 물든 엄마의 비호를 받으며 자랐다. 남동생에게 무슨 일이 생기면 나에게 책임을 묻는 엄마였다. 남동생을 보면서 강한 새에게 밀려나 둥지 아래로 떨어지는 그런 불쌍한 새라고 나를 상상했다. 지금도 어렸을 때 받은 트라우마 때문에 소통이 잘 안 되는 친정 식구가 되어 버렸다. 계모인가, 다리 밑에서 주워 왔나, 나는 콩쥐인가 하는 생각에 커서도 친정 식구를 만날 때면 한없이 작아졌다. 쓸데없이 말이 많아지고 공허한 마음만 가득했다. 그들이 문제가 아니라 상처 입고 망가져 있는 트라우마가 있는 나 자신이 문제였다. 나보다 낫다고 생각한 동생들은 또 나름대로 힘이 들었다고 했다.

집안 정리 정돈하듯 관계도 정리하며 살면 된다고 용기도 내어 봤다. 고아가 아니라서 감사하고 누군가에게 나도 가족이 있다고 이야기할 수 있어 감사하다는 것 하나만도 감지덕지라고 생각한다. 정은 없어도 생물학적인 가족으로 등재되어 있다는 것도 감사하고 감사할 뿐이다.

트라우마가 가득한 내가 직장생활이 온전할 리가 없었다. 남 눈치 보며 남이 하는 말에 마음속에서 속삭이는 자라지 못한 자아 때문에 방해를 받았다. 내 잘못으로 돌려지는 결과가 되면 며칠간 밤잠을 자지 못하고 서러워하며 억울해 했다. 내 잘못이 자명한 일일 때도 혼란스러웠다. 또 누군가가 남의 험담을 하면 아니라고 반대 의견을 낼 용기가 없어 같이 도매금으로 넘어갈 때도 많았다. 대체 엄마는 내 머릿속에 무엇을 심어 두었단 말인가 어느 날 이런 내가 엄마가 될 수 있을지 의문이 들었다. 조심스러운 질문을 나에게 하기 시작했다. 내 안에 친정 엄마의 성격과 그 동안 살아오면서 또 만들어 놓은 트라우마들과 함께 과연 내가 무슨 수로 엄마가 될 수 있을까 생각으로 자문자답을 해야만 했다. 친정을 탈출하듯 결혼했고 아이가 오기 전까지 미묘한 갈등은 큰 숙제로 남아 있었다.

모태신앙이었던 나는 내 의사와 상관없이 종교가 내 마음속에 태생적으로 자리 잡고 있었다. 주님이 수신인으로 시작한 초등학교 일기는 왜 이런 집에 태어났느냐는 질문이 전부였다. 엄마한테 맞고 울면서 쓰다가 잠들 때도 많았다. 엄마는 미워할 거면서 왜 나를 낳았는지, 왜 나한테 웃어주지 않는지 다정다감한 말 한 마디 해주지 않았는지, 아빠는 왜 그런 엄마에게 꼼짝 못하고 사는지 많은 질문과 답을 스스로 찾아가면서 일기는 나의 친구처럼 항상 내 곁에 있었다.

먼 훗날 아이들이 그 일기의 답과 치유를 위해 오고 있는 줄 모르는 날들이 시행착오와 알아차림을 반복하며 흘러갔다. 반복된 일상은 내 아이들과 친구가 되기 위한 생각의 씨앗으로 내 마음속에 심어져 조금씩 자라고 있었다. 견디어낸 생각의 씨앗은 큰아이를 처음 만난 그날 그 신생아실에서 나에게 친구하자 말을 걸었던 것이었다. 엄마표 자유학교의 모티브가 되는 순간이었다.

스피노자는 왜 '세상의 종말이 와도 한 그루의 사과나무를 심는다.' 고 했을까? 소박한 행복을 말한 걸까? 세상이 아무리 시끄러워도 내 안의 작은 행복의 사과나무를 심는다는 걸까?

사춘기 시절 정점에 수많은 질문과 답을 그 동안 적어 두었던 일기장 몇 권이 합쳐 책 한 권의 두께가 되었을 때 엄마가 버린 사실을 알았다. 자식의 대한 예의가 없는 엄마를 탓했다. 다시는 일기를 적지 않기로 했다. 대신 학습의 뇌인 해마에 적어나갔다. 그때는 해마가 무엇인지 몰랐지만 내 기억의 저장소에 적어 놓기로 했다. 이 연습은 나중에 무엇을 하든 본능적으로 시스템을 만들 때 중요한 인적 자산이 되었다.

돌이켜보면 친정 엄마에게는 내가 버거운 자식일 수도 있었다. 말이 없어진 후 스스로 쌓은 성 안에서 혼자 공명하며 지내는 자식이 되었다. 엄마의 입장에서 보면 소심해진 나를 보면서 나보다도 더 힘든 시간을 보내지 않았나 싶기도 했다. 대부분의 부모는 화가 나서 자식에게 했던 일들은 기억하지 못한다.

"내가 너를 어떻게 키웠는데!"

수도 없이 들었던 말이다. 아픈 잔소리나 매질로 마음의 문이 닫히면 그 어떤 말로도 아이들에게는 권모술수로 들린다고 한다. 어른이 되어 각자 입장에서 보면 이해가 될 수 있겠지만 나에게 엄마의 화는 수치심과 모멸감, 대우받지 못한다는 트라우마를 남겼다.

혼자가 되어 느낀 외로움은 책을 더 좋아하게 했고 저자의 생각으로 내 안의 아픔을 볼 수 있게 되었다. 독서는 득으로 남았다. 자식들과 친구가 될 때 많은 도움을 주었다. 소크라테스가 성격이 급하고 화를 잘 내는 악처가 없었다면 철학자가 될 가능성이 낮았다고 한 말이 항상 껌딱지처럼 따라 다녔다. 고통 위에 거듭나는 깨달음이 오히려 야생초처럼 질기다. 어느 새 나는 시스템화 하기를 좋아하는 사람으로 변해가고 있었다.

27년 전 찬바람이 뼈까지 시린 1월의 겨울 저녁이었다. 큰아이와 첫 대면을 하기 위해 떨리는 마음으로 신생아실 앞에 멈추어 섰다. 간호사에게 내가 딸을 낳았다는 소리를 듣고 집으로 가 버린 친정 엄마 때문에 서러운 것도 아니었다. 내가 태어났을 때 딸이라고 실망하며 좌절했던 친정 엄마와 지나온 시절의 서러웠던 외로움이 복받쳐 눈물이 뺨을 타고 흘러내렸다. 이 글을 쓰는 지금도 눈물이 앞을 가린다. 31살의 노산이 문제였던지 이틀 낮밤을 틀어도 자궁 문이 열리지 않아 급하게 제왕절개로 위험을 넘겼다. 고통 속에서 수술대 위에 누웠다. 마취를 한다고 하나 둘 숫자의 음률에 고통이 사라지고 따뜻한 무엇인가가 나에게 손을 잡아주는 듯했다. 한 번도 경험하지 못한 따뜻하고 온화한 느낌이었다. 고통을 사라지게 한 그 따뜻한 느낌을 내 아이들을 대할 때마다 주고 싶어 잊지 않으려고 계속 되뇌었다. 엄마가 자식에게 다정하게 해줄 때 받는 느낌일 것 같았다. 자식이 받을 느낌이라면 항상 웃으며 따뜻하게 아이를 품어야겠다고 다짐했다. 귀한 경험이 작은 습관으로 남아 아직까지도 내 아이들과 함께 공유하고 있다.

큰아이를 처음 본 순간 가슴이 뛰고 눈물이 하염없이 흘렀다. 눈물과 함께 얼굴에 미소가 가득한 이 엄마를 아이는 기억을 못하겠지만 나중에 꼭 이야기해줄 거라고 생각했다. 지금 이 글에서 하게 될 줄이야. 3.6킬로그램의 살이 포동포동한 아이의 얼굴을 보며 이제 외롭지 않을 거라고 생각했다.

'난 뭘 해주어야 될까? 그래, 친구가 되어주자! 이 세상에서 가장 친한 친구가 되어주자!'

물밀듯 밀려오는 생각들은 시스템화를 잘 만드는 나의 뇌를 분주하게 만들었다. 떠오르는 생각들이 사라지기 전에 적어야겠다는 생각이 들었다. 전신마취는 기억력을 가져 갔다. 적어두기 위해 사라질까 봐 병실로 돌아오는 복도에서 계속 되뇌었다. 반복했던 생각들을 병실로 돌아와서 급하게 적어 두었다.

큰아이가 9살 되던 무렵 나는 불임 클리닉 병원 침대에 누워 있었다. 방금 자궁에 넣은 다섯 개의 세포 분열한 배아의 착상을 돕기 위해 다리를 높이 들고 있어야 했기 때문이었다. 배아가 무사히 자궁벽에 거머리처럼 착상하면 태아로 성장할 필요한 모든 영양분을 모체에서 가져간다는 설명을 들었다. 지나온 과정들이 필름처럼 지나갔다. 하루에 9번의 주사를 내가 놓아야 되고 일주일에 서너 번 병원에 와서 난자의 상태를 담당 의사가 살펴 보았다. 한 달여 과정을 거쳐 17개의 포도송이처럼 만들어진 난자를 마취도 없이 채취했다. 너무 아파 까무러치기 일보 직전이었다. 지금은 의료의 기술로 마취를 한다고 하는데 그때는 가장 힘드는 과정이었다.

의사 선생님은 모니터에 보기 드물게 이쁘게 자란 난자의 상태를 보라고 했지만 고통 때문에 자세히 볼 수가 없었다. 난자를 채취하는 날 남편은 정자를 주러 큰아이와 같이 병원에 왔었다. 난자 채취가 끝난 후 대기실에 큰아이가 혼자 있는 모습이 보였다. 난자를 채취한 후 통증으로 배가 너무 아팠지만 큰아이가 걱정이 되어서 아빠는 어디에 가고 혼자 있느냐고 물었다. 큰소리로 아빠는 정자를 주러 갔다고 해서 대기실에 있는 분들을 다 웃게 만들었다.

다리를 들고 배아의 착상을 돕는 날 이틀 전 난자를 같이 채취한 두 사람과 알게 되었다. 나란히 다리를 들고 누워서 그들에게 오지 않는 아이들에 대한 서러운 이야기들을 들었다. 배아를 착상한 일주일 뒤 소변 검사를 통해 성공의 여부를 알 수 있었는데 11번째, 12번째 시술이라고 했던 나머지 두 사람은 안되고 첫 번째 시술인 나만 착상에 성공했다. 그 후 그 두 사람은 끝내 자식을 포기하고 입양했다는 소식을 전했다. 자연을 거스르고 신을 거스르는 진보된 과학은 산모의 육체적 흠집을 많이 내는 약점이 있었다. 시험관 아기 시술의 후유증으로, 40세 노산에, 쌍둥이 임신에, 또 한 아이가 배속에서 사라지는 경험과 임신성 당뇨에 위험천만한 일들이 차례로 기다리고 있었다. 위험한 곡예를 하듯 임신성 당뇨 때문에 태아와 내가 관리를 잘해야 되는 이중고를 겪어야 했다. 회사는 회사대로 나를 집요하게 힘들게 하는 상사로부터 스트레스로 유산 징조의 판정을 받을 만큼 위험한 일들 투성이었다. 의사의 소견서를 제출할 정도로 그 스트레스를 주는 상사와의 조율이 필요했다. 매일 식사 후 당 수치를 적어서 오라는 날에 의사 면담이 있었다. 음식 조절을 잘 못하면 인슐린을 맞아야 한다고 해서 음식도 마음대로 먹지 못했다. 아들이라고 했다. 눈썹이 새까만 아들의 생김새를 마취로 부터 깨어나니 가족들이 전해주었다. 아들은 태어나자마자 임신성 당뇨 때문에 입원을 했고 의사는 아이가 4살이 될 무렵이면 나에게 당뇨병이 올 거라고 했다.

27년 전 큰아이를 처음 만나러 가는 때와 또 다른 느낌으로 아들을 만나러 갔다. 생애 처음으로 아들을 만나러 가는 날은 내 친구인 큰아이와 남편과 함께라서 더 행복했다. 복도를 걸어가는 시간은 지금도 행복이 가득했던 기억으로 남아 있다. 큰아이를 친구 삼아 지나쳐 오던 시간 속에서 나의 상처가 어느 정도 치유되었다. 내적 힘도 많이 생겼다. 저 아이가 내 아들이면 좋겠다고 신생아실에서 차례를 기다리며 줄곧 지켜 본 아기가 내 아이라고 간호사가 보여주었다. 신기하게도 남편도 큰아이도 같은 생각으로 아들을 보고 있었다고 했다. 인연이란 이런 것인가 보다 그런 생각이 스쳐지나 갔다. 혼자에서 넷으로 나는 외로운 시절에 받은 상처의 끝을 느꼈다. 정말 눈썹이 새까만 이목구비가 뚜렷한 아이였다. 튼실한 아들이어서 내가 임신성 당뇨를 앓았는지 의심이 될 정도로 마음에 꼭 든 아들이 나에게 또 다른 친구로 와 주었다.

이 세상 어느 자식이든 부모의 사랑을 받을 자격이 있다. 많은 것을 바라지 않는다. 그저 웃어주는 친절한 엄마이면 된다. 쉬운 것 같은 이 웃음과 친절이 어렵다고 말한다. 불행을 이겨낸 젊은 엄마는 단단하고 강하다. 친구가 되어 웃겨주는 엄마는 아이에게는 최고다.

태교, 이것이 중요하다

아기를 기다리는 그 순간부터 태교의 시작이다. 친정엄마는 입덧이 심해서 나를 가졌을 때 많이 먹지못했다고 했다. 태중에서도 나는 엄마와 뜻이 맞지 않은 아이였을까. 그 말을 들을 때마다 그렇게 생각했다. 입덧으로 잘 먹지 못해서인지 내가 태어나자 나를 본 가족과 이웃들은 너무 작아서 살 가망이 없다고 마음의 준비를 했다고 했다. 태중에서나 태어나서도 나는 행복한 태아도 아기도 아니었나 싶었다. 온통 친정 엄마에 대한 슬픈 기억뿐이었다. 외롭다. 낯설다. 엄마의 곁을 떠나고 싶다. 이런 어처구니없는 생각을 이어가는 시간들이 많았다. 소통이 전혀 안 되는 엄마였다. 그저 생물학적 엄마로 남아 있는 이 어처구니없는 관계는 어디서부터 잘못 되었을까? 그 당시 보통의 어머니들은 '너 같은 딸을 낳아서 속상해 봐야 엄마 심정을 알 거다.' 이런 푸념들을 고집 센 딸들에게 말하곤 했다. 그러면 꼭 집안에 한 둘 정도 그런 딸을 낳아서 키우는 이상한 일들로 신기해 한 적이 많았다.

'손자, 손녀를 사랑한다면 며느리에게 잘해라. 태중의 자식을 사랑한다면 아내에게 잘해라.' 이런 말들을 읽었을 때 정말 공감이 갔다. 엄마는 나를 가져서 급한 성격 때문에 태교가 힘들어 했을 수 있는 가능성이 컸다. 태중에서 이미 나의 성격이 정해졌거나 해서 엄마가 볼 때는 내가 힘든 자식일 수도 있었겠다 싶었다. 성장하면서 무엇이든 나 스스로 조절해 나가려고 노력했다. '누구 때문에 뭐해서' 라는 궁굽한 변명을 병처럼 나불거렸던 나였기 때문이다. 나 스스로 살기 위해 나도 모르게 행해졌던 시행착오들이 느껴지고 보였다.

오히려 늦게 온 자식들 때문에 나를 뒤돌아보고 참회하는 시간을 가질 수 있어서 다행이었다. 나를 돌아본 시간이 태교를 생각할 때는 득으로 남았다. 남편의 할머니는 친정 엄마와 같은 급하고 편견이 심한 성격이었던 것 같다. 남편만 귀한 손자로 여기고 바라보았다. 보이지 않는 왕따 같은 눈총들을 따갑게 나이 차이가 얼마 나지 않았던 삼촌이나 고모로부터 받았다. 어린 남편은 자기도 모르는 힘든 시간들을 이겨 내어야만 했다. 정신과 의사와 면담속에서 쏟아내는 어릴 적 남편의 아픈 이야기를 마음속으로 울면서 들었다. 연한 배같은 시어머니는 시할머니의 불같은 화에 짓눌려 시집온 후 어릴 적 받은 트라우마와 함께 많이 시달리셨다고 했다. 분명 남편이 태중에 있을 때 시어머니의 불안함은 좋은 태교의 시간이 아니었을 것이다. 그런 이유로 남편은 욱하는 성격 문제로 인해 가족과 사회속에 자신을 융합하는데 힘든 시간이 많았던 것은 아닌가 싶었다.

대부분 포유류 동물 중에는 수컷은 교미만 하고 암컷이 새끼를 다 키우는 것을 본적이 있다. 어느새 나도 내가 알아서 자식을 키워야겠다고 생각했다. 자식을 키울 자격이나 마음가짐이 되어 있지 않은 남편에게 도움을 바라는 것은 오히려 화만 날 뿐이었다. 성장하지 못한 남편의 자아를 몰랐을 때는 화가 많은 친정 엄마의 내 성격이 남편을 힘들게 했다. 아들의 사회 부적응 증세 때문에 부모 심리테스트를 한 후 남편이 이해가 되었다. 아이들을 키울 때도 남편이 도와주지 않아도 상관 없다는 마음으로 바꾸었다. 마음을 이렇게 정리하고 시스템을 실천하면서 두 아이를 키웠다.

큰아이는 고집이 세고 한 번 원하는 것이 있으면 손에 넣을 때까지 떼를 쓰는 떼쟁이였다. 큰아이의 고집과 나의 트라우마가 대 격돌을 하는 일이 일어났다. 장난감 가게에서 원하는 장난감에 눈이 꽂혀 울고 불고 난리도 아닌 큰아이를 보는 순간 아무리 시스템이 좋고 긍정의 습관이 있다고 해도 순간 나는 화난 친정엄마의 모습으로 이입되어 버렸다. 아이를 던져 버리고 싶다는 생각이 드는 순간 절망했다. 두 자아가 충돌하는 것이 느껴졌다. 수도 없이 차고 올라오는 친정엄마의 화와 친정아버지의 열등의식은 번갈아가며 나를 놓아주지 않았다. 엄마도 어쩔 수 없는 이 화에 지배당하면서 사셨구나, 엄마의 자리를 이해하는 대 사건이었다. 나에게 남아 있는 뿌리 깊은 유전적 화들이 큰 일을 내겠다는 생각이 들었다. 연습 또 연습뿐이었고 흐트러질 때 마다 다짐의 연속이었다. 친정엄마의 말대로 똑같은 딸을 만났다 생각하고 열심히 노력하기로 했다. 유전적으로 대대로 물려 받았던 것들과 내가 묻혀 놓은 것들로 나 보다도 더 큰아이가 힘이 들겠다고 생각했다. 친구가 되어 주자고 했던 약속을 지키기 위해 내가 변할 수밖에 없었다. 엄마가 행복해야 아이도 행복하다는 명제를 위해 나에게 있는 무지한 화가 빠져 나갈 수 있게 노력해야 했다.

엄마의 성격이나 환경에 의해 태중에서 이미 성격이 형성된다는 진리와 마주했다. 무지하고 살기가 힘들었던 시절은 태교와는 거리가 먼 이야기였다. 어쩌면 원초적 원인으로 태어난 나는 행복할 수가 없었는지도 모르겠다. 그 시절에는 마음이 편한 엄마의 태교와 교육은 기대 조차 하기가 힘들었다. 세대 차이도 있겠지만 정말 우리 나이 세대 아이들은 자식의 대접이 없던 시절이었다.

　나랑 동갑인 아들의 피아노 레슨 교수님이 왕복 3시간 거리에 있는 내가 다니는 남동생이 목사로 있는 개척교회를 방문한 적이 있었다. 언제나 당당하던 내 모습은 없고 친정 엄마 앞에서 쩔쩔매는 내 모습에 놀랐다고 레슨 교수님이 고백한 적이 있었다. 상대방은 나를 비쳐주는 거울이다. 순간 어릴 때 엄마 앞에서 쩔쩔 매던 모습이 떠올랐다. 아직도 내가 그러고 있다니 깜짝 놀랐다. 태교와 엄마의 교육은 나이가 들어도 자식이 벗어날 수 없는 아픈 집착이 될 수도 있다는 것을 알게 되었다. 타인의 객관적인 시선으로도 알아낼 수 있듯이 나 자신의 어떤 모습은 과거의 시간에 머물러 있었다. 교수님의 권유로 친정식구를 매주 만나는 남동생 교회를 안 다니기로 했다. 지병으로 있던 당뇨병과 피부병들이 조금씩 차도가 보였다. 매주 내가 눈치 채지 못한 친정 엄마로 부터 받는 스트레스가 있었구나 싶었다.

　약을 좋아하지 않는 남편과 똑같이 약을 좋아하지 않는 아들, 시아버지의 폭풍 전야 같은 화와 그 아버지를 닮아 화가 순간 일어나는 남편, 악바리 같은 나를 닮은 딸, 행복의 조건을 갖추고도 행복할 줄 모르는 형제들, 메모지에 적어 내려 가보았다. 닮은꼴 유전적인 부분을 적어 가다 보면 한 눈에 전체를 보면서 많은 공부가 되었다. 태교를 아무리 잘해도 유전적인 부분은 본드처럼 떼어내지 못하고 그대로 묻어있는 것이 있었다. 엄마가 태교까지 하지 못한 우리 세대는 매일이 전쟁이고 슬픔이었다.

　하지만 나랑 달리 사촌들은 달랐다. 큰엄마는 친정 엄마와는 정반대의 성격이셨다. 차분하고 조용하고 인자하셨다. 물론 사촌들이 다 그런 성품은 아니다. 큰아버지의 냉정함을 닮은 사촌도 있지만 큰엄마의 성품에 가려져 잘 안 보였다. 인자한 성품이 그대로 사촌들에게 보이는 걸 보면서 인생을 편하게 사는 것 같아 보였다. 물론 속내는 모르겠지만 말이다.

태교를 할 때 각자가 가지고 있는 부모로부터 받은 그리 좋지 않은 성품들이 방해가 될 가능성이 크다. 좋은 음악을 듣고 태교에 좋은 책도 읽는다 해도 나에게 끈끈하게 묻어 있는 트라우마나 화 안에서 가끔씩 무너지는 태교가 되기도 했다.

솔직히 나도 모르게 순간 이동하듯이 반응하는 에고들 때문에 마음 조절이 어려웠다. 내 주위에는 태교를 도와줄 환경이 안 되어 있었다. 스스로 조절해야 하지만 순식간에 욱하는 화로 인해 영혼이 빠져 나가는 멘탈의 붕괴를 느낄 때가 많았다. 그러고 나면 후회스러운 마음이 후폭풍으로 또 나를 괴롭혔다. 이러다 친정엄마처럼 화쟁이 엄마가 되면 어떡하나 하는 걱정과 고뇌가 밀려오기도 했다.

둘째 아이를 임신한 어느 날이었다. 아침 출근을 해서 마무리하지 못한 일 때문에 어제 통화한 담당자에게 전화를 걸었다. 어젯밤에 갑자기 심장마비로 돌아가셨다고 했다. 믿기지 않아 한참을 멍하게 있었다. 업무를 같이 보고 하루에도 가장 자주 전화 통화를 하는 사이였다.

하루 종일 일이 손에 안 잡히고 있을 때 태동이 느껴졌다. 뱃속 아이를 위해 마음을 가다듬어야겠다는 생각에 정신이 번쩍 들었다.

'그렇구나! 오늘 하루 살아 있어 정말 감사해야겠구나!' 마음속으로 생각해왔던 일들이 현실로 와 닿는 느낌이었다.

나에게 필요한 어록이 만들어졌다. 요즘도 아침 저녁으로 되뇌이며 하루를 시작하고 하루를 마감한다. 이해가 안 되는 모순을 만나더라도 하루 살아 있는 감사로 스스로 어루만져 주고 위로했다. 내가 생을 마감할 때까지 계속될 거니까 감사는 나에게 치료제임이 분명하다고 되뇌었다.

이 모든 생각과 체험적인 어록들은 아들의 태교에 좋은 영향을 주었을 거라 생각한다. 우리 어릴 때는 반반의 생존과 죽음의 확률 게임으로 살면서도 오늘 하루 살아있는 감사를 배우지 못했다. 일상의 불평불만으로 또 나 자신의 에고로 인해 보이지 않았던 감사의 의미를 꼭꼭 씹어 음미해 보았다.

내 안의 에고를 몰아내기 위한 첫 해결책으로 하루의 감사를 시스템화 한 것은 정말 잘한 일이었다. 작은 습관으로 매일매일 만들어 갔다.

그 후로 화가 나려고 할 때마다 그래도 오늘 살아 있으니 감사하는 마음을 다독거릴 수 있었다.

하루 감사의 의미는 헝클어진 내면이 실타래처럼 풀리는 듯했다가 다시 헝클어지기를 반복했다. 치유의 과정으로 들어가는 것처럼 깨달음이 올 때마다 안개가 걷히듯 마음이 가벼워지는 느낌이 들었다. 나의 외모로는 유년 시절의 아픔이 있는지 모를 정도로 부유한 집안의 여식쯤으로 오해하는 사람들이 많았다. 표정이 지금 농담하냐는 얼굴로 어린 시절 불행한 생활에 대해 믿으려고 하지 않았다. 개인적으로 다행이다 싶어서 그럴 때마다 입을 다물었다. 처음 만난 사람들도 참으로 알 수 없는 일이지만 집안에서 고이고이 자란 줄 알고 있었다고 했다. 덤으로 얻은 좋은 인상이 그저 감사할 뿐이다. 덕분에 외적인 부분에서 득이 많았다. 나를 내려 놓는 과정에서 외적인 부분도 치유의 힘에 보탬이 되어 주었던 것 같다.

사실 아들의 태교는 시험관 아기 시술을 원했을 그때부터 시작되었다. 큰아이 때 보다 훨씬 성숙된 자아는 친구를 만들어서 재미있게 살 거라고 내내 말을 걸었다. 큰아이 때 보다 더 시대적으로 진보된 기술의 혜택도 보았다. 임신성 당뇨나 어려운 일들을 서로 소통하려고 많은 말을 태중에 있는 아이에게 생활하듯 이야기해 주었다. 큰아이와 9년의 터울로 이미 만들어진 아들을 위한 시행착오들의 답안지들이 많았다.

태교는 내 마음의 평화를 지켜내는 수업이었다. 가지고 있는 에고의 덩어리를 녹여 내어 좋은 쪽으로 태아와 같이 자라는 자양분으로 만들어야겠다고 내내 생각했다. 종족 번식을 위해 자식을 낳고 대를 잇게 하는 것이 의무라고 한다면 엄마에게 자식은 스승이라고 할 수 있다. 두 아이가 나에게 안 왔다면 지금도 화쟁이에다 고집 센 아집으로 똘똘 뭉친 시선으로 세상을 보고 있었을 수도 있다. 나만 불쌍한 인생이 되는 거다.

가끔씩 나는 아이들에게 엄마한테 와줘서 고맙다고 하면 아이들은 오히려 이런 엄마여서 감사하다고 한다.

살아가는 것이 행복이다

어렸을 때 여러가지 환경들이 눈치로도 고등학교도 겨우 보내 주겠구나 생각했다. 나와 5살, 7살 터울이 나는 나이 차이가 많은 동생들이 그 이유였다. 사실 그것보다 더 중요한 이유는 그리 나한테 관심이 없는 부모님이었다. 그때는 먹고사는 것도 힘든 시절이라 그 시절의 딸들은 거의 오빠나 남동생에게 양보해서 공부를 포기하는 분위기였다. 나는 독특한 사고를 가졌는지 독립적인 자아속에 해 보고 싶은 것들에 대한 욕심이 많았던 것 같았다. 절대적으로 양보할 수 없는 것들에 대해 이루고 싶은 계획들이 많았다. 이미 시스템화 해버려서 시간이 걸리더라도 실천하겠다는 각오로 살았다. 지금 생각해도 이상하리만큼 생존과 성장에 대해서는 집요하게 매달렸던 것 같다. 그러는 과정에서 스스로 질문하고 답을 내며 연구하는 습관들도 생겨 결과적으로 득이 되었다. 이 습관들은 아이 둘을 키울 때도 지대한 영향을 미쳤다. 질문과 답을 기다리고 조율하며 계획을 성공하기 위해서 작은 수정에 대해서는 관대했다.

대학에 가기 위해 치밀한 계획을 세운 적이 있었다. 그 당시 아버지의 건강은 여전히 안 좋으셨다. 엄마는 동생들을 키우기 위해 고등학교 졸업 후 아버지 대신 동반자적인 역할을 원했다. 금전적인 부분을 나에게 많이 원했고 엄마의 그런 마음도 이해가 되었다. 하지만 나에게는 꼭 이루고 싶은 꿈이 있었다. 나는 영어를 잘하는 사람이 되고 싶었다. 그 당시는 말도 안 되는 꿈이었기에 아무에게도 말하지 않았다. 중학교에 들어가 첫 영어 시간이 그 꿈으로 들어가는 통로였다. 난생 처음 보는 선교사였던 미국 여선생님이 첫 영어시간에 들어왔다. 난생 처음보는 외국 사람이었다. 영어를 듣는 첫 경험은 나의 심장을 뛰게 했고 신세계를 보는 듯했다. 더 놀랐던 것은 그 미국 선교사가 하는 말을 이쁜 영어 선생님이 통역을 해주시는 모습이었다. 너무 신기해서 '나도 저렇게 영어를 할 수 있는 사람이라면 얼마나 좋을까? 꿈을 꾸게 된 계기가 되었다. 그 순간이 나의 꿈을 실행하기 위한 초석이 만들어지는 시간이었다.

대학을 가서 영어를 공부하기 위해 일단 엄마에게 많은 돈을 만들어주기로 계획을 짰다. 초절약으로 동생들을 공부시킬 만큼의 돈은 안 되겠지만 35년 전 그때 돈 390만 원이었으니까 지금의 돈 10배로 환산한다면 4,000만 원 정도를 모아 드린 셈이다. 그리고 낮에는 직장에서 밤에는 재수 학원에서 밤낮 주야로 바쁜 생활을 했고 20대 초반을 그렇게 보냈다. 내가 원하는 대학과 원하는 과는 못 갔지만 영어에 대한 공부는 놓지 않았다. 대학 등록금을 다 해결해 놓고 친정 엄마에게 대학을 들어 간다고 통보의 뜻을 전하니 난색하며 심하게 반대했다. 지금 생각하면 나에게 있는 친정엄마의 화가 난생 처음 엄마에게 대들면서 느꼈다. 도대체 나를 낳아준 엄마가 맞느냐고 동생들은 다 대학을 보낼 거면서 왜 나만 이런 푸대접을 받아야 하냐고 너무하는 것이 아니냐고 온갖 쌓아온 울분을 토해내었다. 솔직히 지금까지도 독립적인 자아가 강한 나였다는 생각이 지배적이다. 결국 엄마의 반대에도 불구하고 포기할 수 없었던 꿈 덕분에 지금의 외국계 회사를 다닐 수 있었다. 고집이 변해 용기가 되어주었다. 준비와 기회를 경험적으로 이해할 수 있는 자기 경영의 시작이었다.

'준비된 자만이 기회를 얻을 수 있다' 이 문구는 아들의 피아노 레슨실에 액자로 걸려있는 글이다. 꼭 이 말대로 난 준비와 기회라는 시스템을 가동하고 있었다. 지원을 꿈도 못 꾸는 현실이 오히려 경영 시스템을 만들게 해주었다. 영어가 하고 싶어서 꾼 꿈이 이루어져 있는 현실을 자각하는 순간이 있었다. 이런 줄 알았으면 더 큰 꿈을 꿀 걸 이런 생각으로 피식 웃었던 기억이 난다. 그래서 위인들이 자라나는 아이들을 보고 큰 꿈을 꾸라고 했구나 싶었다. 이런 실전적인 경험으로 두 아이를 위한 인문학 강의를 맛있는 음식의 레시피처럼 만들었다. 아이들을 위해 화장실 거울을 보며 스토리텔링을 연습했다.

회사의 진급과 자녀의 양육 중에 양육을 선택했다. 진급을 하기 위해 해야 하는 수순의 과정은 내가 원하는 것이 아니었다. 오직 아이들을 위한 시간으로 충실하게 살고 싶었다. 1초도 헛되이 보내고 싶지 않았다. 손익계산서를 따져봐도 난 아이가 더 보물이었다. 손익계산서의 인풋은 주어진 시간에 내가 만든 세 가지 자녀교육을 엄마표 자유학교에서 실천하고 아웃풋은 두 아이와 나의 행복과 성장이었다. 하지만 다들 아이보다 진급을 위해 투쟁적으로 사는 그 당시 분위기였다. '아이들에게 왜 그렇게 올인하느냐. 그러다 아이가 잘못될 수도 있다. 네 인생을 찾아라. 아이의 성적은 전혀 신경 쓰지 않고 엉뚱한 것들을 가르치려 하느냐' 등등 문제 있는 엄마 취급을 받았다. 성적 위주로 바라보는 암묵적인 시선과 언어로는 뭔가 부족한 엄마 취급했다. 친정 엄마로부터 받은 어릴 적 상처로 인한 낮은 자존감은 주위의 시선들과 주장들을 들을 때마다 스스로 작아질 때가 많았다. 자식의 문제는 너무나 긴 여행 같다는 생각이 들었다. 부모가 죽음에 이르러서야 그 때가 자식과의 이야기는 끝이 난다라는 것에 대해 생각해 보았다.

엄마는 항상 한 자리에 서 있는 나중에는 자식을 위해서 밑동도 내어 줄 그런 아름드리 나무라고 상상하곤 했다. 그런 엄마가 되고 싶어 문제해결능력을 위해 화를 몰아내려고 피나는 노력을 했다. 성적에 자유를 주어 아이의 뇌를 망가뜨리고 싶지 않았다. 많이 웃어주고 많이 웃겨주어서 엄마만 보면 행복한 아이들로 만들고 싶었다. 엄마표 자유학교가 만들어 주는 풍성한 그늘 아래에서 아이들의 행복한 시간들을 바라보았다. 나는 매일매일 이렇게 살아가는 것이 행복이구나, 가슴 뭉클하게 느낀 적이 많았다. 오지 않을 줄 알았던 행복이었는데 나에게 칭찬해주고 싶었다. 행복을 만들어 놓을 초석이 되는 불행들은 얼마든지 많았다. 불행을 행복으로 바꿀 수 있는 번뜩거리는 시스템들은 나의 자산이 되어 주었다. 질문과 답이 이어지면 남아 있는 정제된 생각들이 있었다. 잠시 지성이 열리는 순간 스쳐가는 1%의 영감이 문제들에 대입하여 좋은 결과를 얻었다. 언제까지나 이 시스템은 내 곁에 머물며 어떤 경우의 수라도 대입이 되면 나와 타인의 삶에 풍성한 충만감을 줄 수 있을 것 같다.

환경이 불행하다고 해서 거기에 그대로 머물지 않을 용기가 있었다. 깨닫기 위한 몸부림은 책을 읽게 하고 원하는 것을 얻으면 내 것으로 만들었다. 친정엄마는 내가 어렸을 때 큰엄마가 계시는 큰 집으로 심부름을 자주 보냈다. 버스로 1시간 가량 가야 하는 거리였다. 스쳐 지나가는 풍경을 보며 미래를 상상해보곤 했다. 집을 떠난다는 것 하나만도 좋으니 오만가지 상상을 다했다. 다른 세상을 훨훨 날아다니는 느낌이 좋았다. 일상에서 탈출하기 위해 큰집으로 가는 심부름을 암묵적으로 기다리곤 했다. 엄마를 떠나니 살 것 같았다. 내 머리 위에 있는 묵직한 돌이 내려진 느낌은 무엇으로 설명할 수 있을까.

나의 멘토였던 큰엄마는 항상 부지런하시고 음식도 맛깔스럽게 잘하셨다. 어려운 시절 대 식구들 살림을 맡아 하시면서도 조카인 나를 항상 반기셨다. '왔어? 어째 지내니?' 웃으시면서 안부를 물으시는 말에 사랑이 가득 묻어 있었다. 엄마로부터 강한 수치심을 느꼈다면 큰 엄마는 칭찬으로 그 수치심들을 잠시 잊게 했다. 어쩌다 마지막 버스를 놓쳐 큰 집에서 자고 가는 날이면 새벽 일찍 일어나서 책을 읽었다. 책을 좋아하는 나에게 "너는 꼭 대학을 가거라." 하시며 칭찬해 주셨다. 어느새 만드셨는지 내가 좋아하는 어묵 반찬에 된장국으로 아침상을 내미셨다. 코끝이 찡하게 대접받는 마음에 울컥한 적이 많았다. 버스비를 주시고도 한 푼 더 주시는 넉넉함은 아이들이 자랄 때 필요한 돈을 주고도 한 푼 더 주는 마음을 내게 했다. 이 마음을 받은 두 아이는 더 열심히 하겠다고 묻지도 않은 말을 하며 좋아했다.

큰엄마는 내가 대학 시험을 치고 나서 돌아가셨다. 폐암으로 고생을 많이 하셨다. 수술 후 예후가 그리 좋지 않으셨다. 고사장을 둘러보고 수험표를 보여드리려고 큰엄마를 찾아간 날 복수가 차서 배가 남산만 했다. 항암치료로 머리가 다 빠지신 모습에 눈물이 하염없이 흘렀다. 큰 엄마의 배를 어루만지면서 혹시 지금이 마지막 모습이 아닌가 하는 생각에 울컥했다. 슬픔을 목구멍으로 삼키며 큰엄마가 아니었으면 대학을 갈 생각도 못했을 거라고 저에게 준 사랑을 절대 잊지 않겠노라고 큰엄마 같은 엄마가 될 거라고 너무 감사하다고 귀에다 대고 말씀을 드렸다. 힘이 없으셔서 그런지 온화한 미소로 고개만 끄덕이셨다. 마지막이 될 떠나는 내 뒷모습을 바라다보며 아픔을 애써 참으시면서 손을 흔들어 보이셨다. 나는 아직도 큰엄마와의 마지막 시간을 잊을 수가 없다. 언제나 내 마음에 살아계시는 큰엄마의 그 섬세한 배려와 넉넉한 마음이 이어져 두 아이가 누렸다. 나는 큰엄마 같은 엄마를 실천했다. 내가 만든 엄마표 자유학교는 큰엄마가 준 사랑에서 출발했다. 그 실천은 작은 습관이 되어 화 잘 내는 인성을 잠재우는 치료제 중에 하나가 되었다.

친정엄마가 칠순이 넘은 어느 명절날 사촌들이 다녀간 뒤 사촌들의 마음 씀씀이가 꼭 큰엄마 같다고 느꼈다. 잠시 큰엄마를 만난 것 같아 좋았다. 사촌들이 돌아가고 내가 엄마한테 물었다. 엄마는 왜 나한테 그렇게 지독하게 키웠는지 알고 싶다고 했다. 하지만 엄마는 그런 기억이 없을 뿐더러 공부를 못하는 아이들이 어릴 적 기억을 잘하더라고 말했다. 그럼 내가 공부를 못하는 아이라는 건데 역시 엄마 맞다. 그냥 서툰 초보 엄마였다고 하면 될 건데 기대도 안 했지만 역시나였다.

상관없다. 나에게는 하나에서 넷으로 뭉쳐진 내가 사랑하는 친구 같은 가족이 있고 엄마와의 아픈 기억은 과거이며 나는 현재를 살고 있고 아직도 정신적인 지주가 큰엄마라는 근사한 마음속 엄마가 있으니 별문제가 없다.

어차피 온 세상이라면 사랑이라는 관계성이 있는 이들과 나에게 주어진 이 하루를 감사하며 사는 것이 최고의 행복이다. 물리지도 못하는 과거의 시간대에서 허우적대며 힘 빼는 어리석은 시간은 사양해야겠다. 앞으로 어떤 힘듦이 와도 이겨내는 자생력이 있기에 또 행복으로 이끄는 비법을 알기에 살아가는 것이 게임같이 스릴 있어 좋다.

아침에 눈을 뜨면 살아있어 행복하고 저녁에 가족들이 잠자리에 무사히 들면 감사함으로 살아가는 것이 행복하다.

이 소중한 세상에

참으로 궁금한 것은 도대체 아이들이 무엇을 재능으로 타고났으며 무엇에 흥미가 있는지를 아는 것이었다. 이 소중한 세상에 낭비하는 시간을 줄여주기 위해 큰아이가 초등 4학년이 될 무렵부터 매년 노동부에 있는 적성검사와 흥미검사를 받으러 가곤 했다. 직업군을 알아낼 수 있는 검사라서 나한테는 매우 중요했다. 학교에서도 유사한 검사를 했지만 돌이 되기 전이었던 아들을 업고 놀이 삼아 갔다.

아들은 첫돌이 되기 전에 유전자 검사를 해보았다. 머리카락으로 하는 유전자 검사가 거의 일치했다. 책을 좋아하며 움직이기 싫어해서 비만의 가능성이 매우 높았다. 너무 착해서 외톨이가 될 가능성이 있어서 운동과 사회성을 기르는데 신경을 쓰라고 되어 있었다. 이미 몇 년 안에 일어날 아들의 심리적 공황 장애나 사회 부적응 증세의 경고장을 받아 놓았던 거였다. 아직 일어나지도 않았고 일어날 확률에 대한 결과지였기에 피부에 와 닿지 않았다. 직장생활 중에 자녀 키우는 이야기를 할 때면 어떻게 자녀가 잘하는 것을 알아낼 수 있냐는 질문이 제일 많았다. 분명 어린 아이는 우리 부모에게 자기가 잘할 수 있는 것을 수도 없이 전달하려고 노력한다. 우리 부모가 못 알아들었을 뿐이다. 우리의 잣대로 또 어른의 시선으로 알아듣지 못했을 수도 있다. 자녀의 입장에서 생각하는 연습은 계속해야 한다.

적성은 타고난 것을 흥미는 좋아하는 것을 이 두 가지가 일치되면 아주 좋은 거다. 적성은 의사인데 좋아하는 것은 예술이라든지 하면 문제가 될 수 있다는 거라고 노동부 직업 관련 관계자가 말해주었다.

큰아이는 언어에 관심이 많고 직업으로는 영어교사, 연구원, 운동선수가 나왔다. 영어에 관심이 많았으니까 영어교사도 이해가 되었고 어릴 때 욕실에서 물감으로 색 조합으로 놀기를 좋아했으니 연구원도 이해가 되었다. 그런데 운동선수는 도대체 뭘까 의아해하며 궁금해 했다.

큰아이가 6학년 때까지 노동부에서 했던 직업검사가 계속 3년 같은 결과가 나왔다. 나처럼 같은 외국계 회사 직장인으로 살아도 괜찮겠다는 생각을 그때 했다. 나처럼 평범하게 살아가는 여자의 직업으로는 최고라고 생각했다.

수영, 영어, 속독, 속청, 컴퓨터, 고공법은 내가 큰아이에게 돈 들여서 얻게 해준 기술들이다. 수영은 사계절 내내 3년간 배웠다. 물을 무서워하던 큰아이였다. 용기를 내어 초등학교 1학년때 배워 보겠다 해서 적극 밀어 주었다.

영어는 더빙이 안 된 월트디즈니 만화 영화를 주로 보았다. 4살 때 또래 친구들과 보면서 스토리를 설명하는 걸 보고 언어에 타고난 뭔가가 있구나 싶었다. 미국인 직장 동료들과 일찍부터 연결을 해 주었다. 발음부터 시작해서 말하기를 배우게 했다. 학원에 가면 원어민 인터뷰를 내가 했다. 그 당시 발음이 엉망인 외국인 학원 교사가 많았기 때문이었다.

지금처럼 도로 운전 시험이 없던 때가 있었다. 그 때는 운전 면허증을 따고 차를 사서 고속도로나 시내 운전, 주차를 위해 따로 돈을 주고 개인적으로 배우는 시절이었다. 고속도로를 처음 나갔을 때 지금도 밟아 보지도 못한 시속 170킬로미터를 그때 처음 밟아 보았다. 아무것도 보이지 않고 오직 앞만 보고 달렸는데 고속도로에서는 급브레이크를 밟으면 안 된다고 서서히 속도를 줄여보라고 했다. 속도를 줄이니 보이지 않았던 경치들이 보이기 시작했다. 속도를 높이고 줄이고 하면서 속도를 달리고 있어도 어느 정도의 풍경이 내 눈에 들어왔다. 반복해서 하다 보니 뇌의 반사가 익숙해져서 그런지 속도를 내어도 보이는 풍경들이 있었다.

큰아이가 중학생이 된 어느 날 속독이라는 단어가 내 눈에 들어왔다. 도대체 뭘까 알아보기 시작했고 먼저 어머니 교실에 참가해 보았다. 이거구나 싶었다. 그때 고속도로 운전을 배울 때 있었던 기억이 떠올랐다. 처음에는 보이지 않았던 풍경이 속도를 올렸다 내렸다 여러 번 반복하다 보면 속도를 올려도 보이는 것을 예를 들어 설명을 해주었다. 미래에는 정보 분석 능력이 필요할 때다. 방대한 양의 정보를 분석해야 될 거니까 빨리 읽어내야 하는 기술을 요구하는 시대가 올 것 같았다. 큰아이의 미래를 위한 투자를 할 때라는 직감이 있었다. 큰아이와 심도 있는 이야기 끝에 배우기로 하고 단과학원보다 비교할 수 없는 비싼 교육비를 내고 중학교 1학년 2학기부터 중학교 3학년까지 다녔다. 과정이 다 끝났을 때 큰아이가 가져와야 할 공부했던 공책이 2박스나 되었다.

박스 안에는 1분에 몇 페이지를 다독과 정독으로 읽었던 것을 적어 놓은 것부터 고급과정에서 책을 읽고 분석한 내용을 적어놓은 공책들까지 공부한 흔적들이 다 들어 있었다.

지금도 다독과 정독으로 다듬어진 속독의 덕을 톡톡히 보고 있다. 인터넷으로 뭔가를 검색할 때 참 빠르다는 것을 느낄 때가 있다.

속청은 빨리 듣기 연습이다. 빨리 듣는 연습을 하다 보면 빨리 달려도 경치가 보이는 고속도로 이야기처럼 빨리 말하는 앵커들에 말소리를 들을 수 있다고 했다. 큰 아이에게 외국 사람과 대화할 때나 근무할 때 영어시험을 칠 때 도움이 많이 되었다. 뭔가를 시작했다면 결과를 내는 맛을 아는 큰 아이와 딱 맞아떨어진 재미있는 것을 찾아준 셈이 되었다. 인터넷 검색 속도가 빠른 장점이 지금의 직장생활에서 인정을 받는데 도움을 주었다. NIE라는 뜻이 정보 분석 능력이라고 그때 처음 들었던 용어였다. 큰아이가 근무하는 곳에서 미국인 상관과 일을 한지 채 한 달도 안 되었을 때 일이었다. 출장을 갔다가 돌아가서 상황 보고를 해야 할 것 들을 컴퓨터 대신 스마트폰으로 빨리 보내주었다.

세부적인 공간을 그려 놓은 설계도 같은 보고서였다는데 스마트폰에서 초 스피드로 보내어 주었더니 미국인 상관은 만족스러움과 함께 속도에 놀랐다고 크게 칭찬을 했다. 큰아이가 무엇이든 척척 할 수 있게 정보 분석의 능력이 필요한 세상으로 변해가고 있다.

속독을 배우고 있을 때 또래 친구들 엄마나 지인들로부터 도대체 공부를 가르쳐야 될 중학생 아이를 이상한 걸 가르친다고 매우 심각하게 걱정을 해주었다. 성적에 신경 쓰지 않는 나를 4차원 엄마라고 장난스레 놀리기도 했다. 자녀의 적성에 따라 다르겠지만 큰아이는 적성과 흥미가 일치했기에 가능한 득이였다고 할수 있다. 진정으로 잘 할 수 있는 일이나 잘 해보고 싶은 일을 찾아주고 싶었다.

큰아이가 중학교 3학년 때 실업계 고등학교를 가는 것이 어떨까 심각하게 검토해 본 적이 있었다. 적어도 내 생각에는 좋아하는 영어를 바탕에 두고 흥미 있어 하는 IT 쪽으로 방향을 잡고 싶었다. 자격증을 빨리 따서 선직업 후대학 과정을 밟아 보는 것이 어떨런지 큰아이와 깊은 대화를 나눈 적이 있다. 엄마의 대학 욕심이 빠진 대안이었다. 아이도 고민 끝에 실리적인 쪽으로 답을 내렸고 학교에 알렸다.

학교 담임선생님의 반대 의사가 전해왔다. 왜 실업계를 보내야 되는지 이유를 물었다. 하나에서 열까지 다 내 결정에 부정적이었고 결국 인문계를 갔다. 실업계를 가야 할 이유를 찾지 못했다는 것이었다. 4차원 엄마 딱지를 또 붙였다.

어느 날 피아노를 전공하는 아들을 기다리며 문화회관 공원 벤치에 앉아 책을 읽고 있었다. 고개가 뻐근해서 잠시 눈을 들었다. 나무도 보고 하늘도 보다가 개미 한 마리가 길을 가는 것을 보게 되었다. 개미 몸 보다 10배도 넘을 것 같은 크기의 먹이를 물고 있었다. 너무 큰 먹이 때문인지 더듬이에 문제가 생겼는지 방향 감각을 잃어버린 것 같았다. 흥미로웠다. 계속 지켜볼 작정으로 개미를 따라다녔다. 먼 길을 돌아 돌아서 동료들이 있는 풀숲으로 사라졌다. 내가 저 개미이고 내가 개미를 지켜보았듯이 누군가가 나를 지켜보고 있다는 상상에 빠졌다. 벤치에 앉아 갑자기 생각할 것들이 많아졌다. 나를 내려다보는 느낌이 중요했다. 내 안에 또 내가 있어 위에서 나를 내려다 볼 수 있다는 설정이 고공법의 실체였다. 무엇보다도 두 아이에게 고공법을 가르쳐 준 것을 정말 다행스럽게 생각한다.

나무를 보고 가는 것보다 숲을 보고 가라 하니, '어떻게?'라는 질문이 들어왔다. 무슨 말인지는 알겠는데 어떻게 하는지 방법이 남는다. 공중에서 내려다보는 연습을 위해 자신의 장점들을 적어보라고 했다. 단점은 뺐다. 현재 관심이 있는 일도 적어 보라고 했다. 이 방법은 큰아이가 직장에서도 사용되는 방법이다. 아들이 만드는 음악경영에도 이 방법으로 여러 가지 음악회를 만든다. 하고 싶은 일 좋아하는 일을 찾을 수 있다. 어디쯤 가고 있는지 또 어디로 갈려고 하는지를 자각하는 것이 우선이다. 어른이 되어 즐겁게 하고 있는 것을 상상하게 해서 거기 그곳에서 지금의 어린 자신을 보게 해본다. 하고 싶은 것이 무엇인지 서로 질문하고 답하는 과정을 거친다. 무엇이 필요한지도 물어보며 준비해야 할 것들을 찾는 연습도 했다. 즐겁게 즐기면서 하다 보면 어느새 되어 있을 거라고 믿어 보라고 했다.

큰아이가 대학 1학년을 마친 후 휴학계를 내고 자신의 현재 위치에서 즐겁게 하고 있는 것을 내려다 보게 했다. 수영과 영어가 있었다. 하고 싶은 것들을 적어 보게 했다. 자동차와 오토바이 운전면허증, 토익시험, MOS 자격증, 수영에 관한 자격증들도 글로 나열해 보았다. 큰아이는 하나씩 실천해 나가는 재미에 빠졌다. 수상안전요원, 수영강사, 수상안전요원 강사, 생활체육지도사, 아쿠아로빅 자격증을 따며 마라톤도 즐겼다. 오토바이 자격증을 따서 오토바이도 타고 다녔다. 여성스러운 외모를 가졌음에도 남자들이 할만한 것들을 좋아했다. 초등학교 시절 노동부 적성검사 흥미 검사 결과지에 왜 운동선수 직업이 있었는지 알 것 같았다. 고공법을 그대로 적용시켜 실천해서 즐긴 것들이었다.

한 해를 휴학하고 대학 2학년 때부터 파트타임으로 YMCA 수영 강사로 일했다. 공부와 일을 병행했다. 대학에 입학하자 방학때는 대학 근처 편의점에서 일하더니 대학 외국어 교수들하고 친분을 쌓는 것을 보고 신기해 하기도 했다. 분리수거가 어려운 외국인들에게 설명해준 것이 계기가 되었다. 젊은 외국인들로부터 나이 많은 할아버지 교수까지 친분을 맺으며 글로벌한 내적 성장을 이루어냈다. 이러한 과정을 지켜보며 스스로 잘하는 것을 즐기는 것이 중요하다는 결론을 내렸다. 창의적인 것을 만들어내어 자기주도적인 생활로 이끌어

주는 것이 무엇인지 많이 생각하게 되었다.

큰아이와 어릴 때는 여행을 많이 다녔지만 아들과는 서점에 자주 갔다. 책을 좋아하는 녀석이 기특해서 서점에 데려가면 하루 종일 책을 읽었다. 서점 한쪽 옆에 창가 쪽으로 테이블과 의자를 놓아두어서 책 읽기가 좋았다. 아들은 만화 광이였다. 남편도 어릴 때 만화방에서 살았다고 했다. 시누이가 어렸을 때 오 빠인 남편에게 저녁을 먹으라고 만화방으로 부르러 갈 정도 였다. 만화를 좋아 한 유전자를 타고났나 싶을 정도였다. 시누는 만화가 싫다고 했다. 오빠들 때 문에 받은 스트레스 때문일 기다. 또래 엄마들은 자기 아이들이 만화를 보면 불같이 화를 냈다. 나보고 왜 만화를 보여주느냐고 말렸다. 만화도 책이라고, 독서의 시작을 배우는 아이들에게 좋다고 했지만 다들 아니라고 나만 빼고 다 반대하는 분위기였다. 글을 깨우치고 나서는 서점에 가면 만화책을 눈높이까 지 골라 와서는 사고 싶다고 한 적이 많았다.

몇해 전 책을 정리하다 보니 같은 만화책이 여러 권 나왔다. 인문학 서적도 다 만화로 사주었다. 논어 같은 중국 인문학 책도 전부 만화였다. 자연스레 어 느 순간 책으로 독서 방법을 바꾸긴 했지만 정말 지독한 만화광이었다. 정말 지독한 만화광이었다. 만화 속 내용은 아들이 스스로 선택한 책이라 흥미를 유 발해 주었다. 만화로 된 음악 관련 만화책은 음악적 지식의 창고였다.

음악 영재원에 입학하면서 좋아했던 음악 관련 만화책은 깊이 있는 음악공 부의 바탕이 되어 주었다. 엄마들이 가지고 있는 만화에 대한 거리감은 자녀의 독서력을 키워주지 못하는 것으로 이어졌다. 우리 세대 어릴 때 기억으로는 만 화는 지금의 컴퓨터 게임과 같은 맥락으로 치부했다. 그 때나 지금이나 부모님 의 눈치를 보게 하는 만화와 게임은 동일선상에 있었다. 어릴 때 만화를 가까 이하는 것은 공부를 못하게 되는 것으로 인식되었다. 그 때나 지금이나 사회적 반응은 같다. 단지 만화가 아닌 게임으로 대체되었지만 말이다. 지금도 컴퓨터 게임이나 스마트폰 게임을 하고 있으면 성적부터 걱정한다. 심각하게 걱정하는 엄마들이 상담을 신청해도 그냥 놔 두라고 한다. 우리와 다른 세대를 인정하지 않은 마음에서 오는 불안감 때문에 걱정이 태산이다. 스마트폰을 뺏는다고 해서 해결되는 것은 아니기 때문이다. 세상과 소통이 끊어지는 결과를 낳게 되어 있다. 생각해보면 자식에 대한 사랑이 불안을 만나면 자식을 믿지 못하는 결과를 낳는다. 어쩔 수 없는 세대 내림 같다.

하지만 나는 항상 청개구리식 교육으로 일관했다. 모두가 가는 길보다 지인들이 걱정하는 좁은 길을 선택했다.

"저러다 아이들 다 버리지 싶다. 쯔쯔쯔."

학부모 모임이나 친구들의 모임에 가면 그냥 항상 들었던 말이다. 그럴 때마다 자녀를 바라보는 시선이 남과 다르다고 누누이 말해주었다. 다들 자식을 성적으로 몰아갔어도 나와는 상관이 없었다. 아들이 초등 6학년 때 같은 반 친구 엄마가 오랜만에 소식을 전하며 상담을 신청했다. 집안일인가 했는데 의외로 아이 문제였다. 어릴 때부터 전교에서 1, 2등 다투는 아이여서 아이 문제는 아니라고 생각했었는데 아이 문제 였다. 혼자서 오만가지 정보를 가지고 학원이 좋다는 곳은 다 보낸다고 엄마들끼리 수군거렸던 기억이 났다. 정보 공유를 전혀 안 했기 때문에 모임에 오면 탐색전만 잘하던 엄마였다. 아이가 성적이 계속 떨어지고 사춘기인지 말을 안 듣는다고 했다. 계속 아이 험담을 늘어놓으며 자기 탓이 아니라고 강조했다. 이야기를 듣고 있다 보니 감정체계에 문제가 있어 보였다. 엄마들 앞에서 성적으로 자신을 과시하던 과거의 일들이 떠올랐다. 내가 보기에는 오히려 엄마가 더 심각했다. 착하고 공부 잘하는 아이였는데 현실은 정반대이다 보니 이해가 되었다.

"어쩌면 좋을까요? 앞으로 사춘기도 올 건데요."

"몸은 건강해요?"

"그런 것 같아요."

"그러면 엄마 생각만 바꾸면 되겠네요."

"어떻게 하면 될까요?"

"저 처럼 성적에서 해방시켜줘 보세요."

나쁜 일은 일어나면 안 되겠지만 지금 아이가 불치병이라고 걸렸다고 생각해보라고 했다. 가끔 심적으로 괴롭히는 엄마의 상태를 설명할 길이 없을 때는 강한 사례를 들어 보일 때도 있다. 불치병으로 시간이 얼마 없다면 성적 그것이 중요하냐고 물어보며 계속 이런 식으로 아이한테 스트레스를 주면 병이 올 수도 있지 않을까 생각해보라고 말해 주었다. 엄마가 잔소리를 하면 아이의 몸에서 어느 정도의 아드레날린이 나오게 되면 좋을 것이 없다고 했다. 잘 키워보겠다고 하는 엄마의 잔소리 때문에 아이들은 꿈을 생각할 시간을 놓쳐 버릴 수도 있지 않겠냐는 것이 나의 주장이었다. 자기도 어렸을 때 엄마의 잔소리를 싫어했던 것 같다고 마음을 내려놓는 듯했다.

머리가 좋은 아이라서 곧 공부에 흥미를 가질 거니까 절대 성적에 대한 잔소리를 비롯해서 일체 잔소리를 거두라고 했다. 이 소중한 세상에 두 번 다시 오지 않을 자녀와의 교감을 느껴보라고 했다. 제도권 안에서 엄마의 화는 잔소리를 만들어낼 수밖에 없다. '아! 맞나?' 그냥 웃어주고 긍정의 말이 안 나오면 그냥 어깨라도 토닥거려 주어도 아이에게는 위안이 될 거라고 했다. 말없이 주는 웃음과 오히려 좋아하는 음식을 해주라고 했다. 몇 차례 더 만나면서 훨씬 편안해진 얼굴로 변했다. 만날 때마다 칭찬 받고 싶어 하는 아이처럼 실천을 노래하고 있었다. "다음 생에는 언니의 딸로 태어나고 싶어요," 라며 말로 나를 웃겨주었다. 가끔씩 나의 딸로 태어나고 싶다고 하는 엄마들이 있었다.

그러면서 나와 헤어져서 문을 나가면 또 원래 있던 그 엄마로서 살고 있었다.

학부모를 위한 뇌교육을 많이 받았다. 힘든 기억을 버리는 방법도 알게 되었다. 나를 중심으로 세상 사람들이 주는 여러 가지 주장을 바라보는 힘도 길렀다. 위로를 느꼈고 긍정의 에너지를 만드는 방법도 터득했다. 친정 엄마가 나를 미워한 그 자리에도 가보았다. 미워한 것이 아니라 힘들었던 엄마를 만났다. 배운 대로 나한테 위로도 했다.

엄마가 된 자리에서 두 아이에게 친구 만들기 교육으로 일관했다.

성적에 대해 너무나 자유로운 아이들이다. 친구는 그냥 친구일 뿐이다. 엄마가 개그우먼처럼 매일 웃어주고 잘 웃겨주니 행복할 수밖에 없다.

설거지가 밀려도 어지러운 방이라도 잔소리가 없다. '버릇 없으면 어떡하지?'라는 걱정을 접어두고 그냥 내가 말없이 한다. 나도 잔소리가 싫었으니 아이들도 마찬가지일 것이다. 직장에서 학교에서 이런저런 일어난 일에 대해서도 잘 들어주고 조언도 계속해준다. 남을 해치는 일에는 과감히 매를 들고 부모의 마음으로 혼을 냈다. 그 외에는 친구이면서 자식이었다.

문턱까지 다가온 4차 산업혁명 시대를 살아가야 할 우리 아이들이다. 이제 교육의 패러다임을 바꾸어야 할 때이다. 진정 좋아하는 일, 진정 즐거운 일을 엄마들은 어떻게 찾아줄 수 있을까? 학교가 자유 학기제를 적용하고 있지만 엇박자가 난다. 적어도 아이들의 영혼을 다치게 하지 않을 수는 있다. 잘 키워 보려고 하는데 마음 같지 않다. 소통이 어렵다. 잘 키워 봐야지 하는 의욕이 강하면 남과 비교하게 되고 결국 화풀이 대상이 되는 수순을 밟는다. 어느 날 문화회관에서 책을 보다 만난 그 개미처럼은 안 되어야 된다. 자기보다 몇 배나 큰 먹이 때문에 앞이 보이지 않듯이 성적 욕심은 자녀와 소통을 방해한다. 개미가 이리저리 헤매는 모습이 높은 성적을 위해 방황하는 아이들의 모습을 보는 듯했다. 부모를 원망하는 트라우마에 시달리며 힘든 삶의 여정을 걸어가게 된다. 자녀에게서 못마땅한 자기 모습과 마음에 안 드는 배우자의 모습을 보고 화가 난다는 엄마들이 간혹 있었다. 우리는 몸을 바꾸어 우리의 모습을 자녀에게 주면서 대를 지속한다. 아이에게서 우리 부모님의 모습도 있고 얼굴은 모르지만 각자의 조상들의 모습들도 있을 것이다. 인정할 수밖에 없는 우리 인간들이 걸어가야 하는 모습이기도 하다. 깨달음이 없으면 계속 반복되는 부모와 자식의 불행한 관계가 된다.

이 소중한 세상에 자녀들과 행복하게 살아야 되는 것이 정답이다. 자녀교육에 실패해서 뉘우치며 다시 돌아오는 엄마들이 많다. 상처 입은 자녀들과 회해와 용서의 시간을 가질 수 있으면 성공이다. 그들의 사랑을 재확인하는 아름다운 일들에 용기를 낸 엄마들은 자녀교육에 발 벗고 나서고 있다.

어떻게 해야 할지 나와 상담을 하는 엄마들에게 물어보면 각자의 에고에 걸려 넘어진 사례가 많다. 내가 마그마 같은 화를 이겨내지 못해 전전 긍긍한 것처럼 그 엄마들도 그랬다. 딱 한 번 자녀와 엄마로 살아가는 이 소중한 세상에 와 있다. 자녀와 친구가 되고 자기주도적인 삶을 살아가는 아이들의 삶을 위해 다시 시간을 되돌려 보아야 한다.

늦게 만난 아이들

결혼한 지 10년이 다 되어가는데 아이를 낳지 못한 친구가 어느 날 전화가 왔다. 시어머니가 용하다는 점집에 가서 왜 아이가 없는지 물어보라고 하는데 같이 가줄 수 있냐는 전화였다. 장남에 장손 며느리라서 이해가 되었다. 그 친구는 결혼 후 집을 사서 아이를 낳겠다고 피임을 시작했다. 집을 사고 늦은 나이에 임신을 하려고 하니 힘들었던 거다. 그때는 이런 친구의 사례들이 많았다. 친구는 어렵사리 임신을 하면 유산을 했다. 그러면서 나팔관도 문제가 생겨 제거하는 수술도 했다. 그녀는 점점 지쳐갔다. 시댁의 압박감을 이겨내지 못해 더 임신이 안 되는 듯했다. 자주 만나 위로해주었다. 큰아이가 초등학교를 들어가서 처음으로 맞는 여름방학 때 그 친구가 집으로 놀러 온 적이 있었다. 친구가 큰아이의 방학숙제를 도와주는 모습에 눈물이 핑 돌았다. 얼마나 아이가 가지고 싶을까? 큰 아이를 바라보는 눈빛이 달랐다. 몇 년이 흐른 후 친구는 시험관 아기로 임신에 성공했다. 이란성 쌍둥이를 낳았다. 친구 시어머니는 장남이 아이가 없으니 애가 타셨다. 여기저기 용하다는 점집을 다닌다고 했다. 친구가 전화가 온 날은 점집에서 며느리를 직접 봐야겠다고 보내 보라고 한 점집이었다. 혼자 무서워서 못 갔던 것이었다. 천주교 신자이던 친구는 낙천적인 성격인데 아이를 가지려고 신경을 쓰다 보니 성격도 변해가는 것 같다.

어린 큰아이를 데리고 무서워서 혼자 못 가겠다는 친구와 그 점집을 찾았다. 뭔가 으스스한 분위기에 등골이 오싹했다. 점이란 것이 답답해서 찾아가지만 그냥 위안과 상담을 받는 정도면 좋겠다고 생각했다. 그날도 그런 저런 생각으로 가볍게 같이 가 보았던 거다. 친구는 곧 몇 년 안에 아이가 둘이 오는데 착한 일을 많이 해야 될 거라고 했다. 나보고 봤으면 하는 점집 할머니 눈빛을 이겨내지 못해 보게 되었다. "대주가 눈이 큰 사내아이를 안고 까만 차를 타고 있네. 꼭 이 아이를 낳아라." 라고 했다. 고깔모자를 쓴 할머니가 그리 빌고 있는 게 보인다고 했다. 이 무슨.. 믿지 못할 이야기였다. 난 그 친구에게 계속 눈짓을 보냈다. 나가자고 연방 신호를 보내면서 혼비백산하며 그 집을 나왔다.

4년 후 그 친구는 그 할머니의 말대로 쌍둥이를 낳았다. 나도 그해 시험관 시술을 통해 아이를 가졌다. 우연인지 필연인지 모르겠지만 희한하게도 그 친구가 쌍둥이를 출산하고 있는 그날 그 시간에 나는 시험관에서 세포분열한 배아 세포를 자궁에 넣고 다리를 들고 있었던 때였다.

그 후 우연히 지금 타고 다니는 까만 6인승 밴에 남편이 아들을 안고 있는 모습을 보고 깜짝 놀랐다. 5년 전 그 점집 할머니가 말한 그대로의 모습이 내 눈 앞에 보였다. 까만 차에 남편이 눈이 큰 사내아이를 안고 있는 모습이 그대로 재연되어 있었다. 그때 그기억을 더듬으며 바로 그 할머니가 있는 점집으로 갔다. 다짜고짜 할머니에게 질문을 했다. 5년 전 하셨던 이야기를 꺼내며 물었더니 기억이 없다며 아이의 생년월일을 말하라고 했다. 또 미래의 일어날 일들의 이야기를 했다. "키워보면 재미날 거다." 이 말을 계속 반복하며 일찍 결혼하며 효자며 미인인 처를 얻을 것이며 뭐라고 계속 알 수 없는 말을 했다. 그때도 처음 그 할머니를 뵐 때처럼 '무슨 말씀을 하시는지?' 하며 고개를 저으며 집으로 왔다. 이런 걸 믿지 않던 '내가 지금 뭐하고 있는 거지?' 5년 전 사내아이가 있을 거라는 그 말을 잊고 산 것 처럼 할머니가 말한 아들을 키우면 재미있을 거라는 미래에 대한 이야기를 잊고 살았다.

일어나지도 않을 미래를 믿기는 누구나 힘든 일이다. 그런데 그 점집 할머니 말대로 재미있다.

음악으로 사는 아들을 보면 행복하다. 스스로 좋아하는 것을 찾았다는 점이 나를 행복하게 만들어준다. 앞에서도 잠시 언급했지만 시험관 이기로 가진 아들은 원래 쌍둥이였다. 임신 3개월쯤에는 쌍둥이 중 한 아이가 거의 사라져 버린 희한한 일을 경험했다. 검색을 해보면 키메라 증후군이라 나오는데 나의 케이스는 다른 것 같았다. 간혹 이런 일이 있다고 그 때 담당 의사가 말해준 것이 전부였다.

당시 쌍둥이 중 한 아이만 자라고 있다고 남편한테 이야기를 하니까 꿈 이야기를 해 주었다. 아기 나라의 수문장이던 남편이 마음에 드는 아이 둘을 데리고 도망치듯 집으로 와서보니 한 아이만 팔에 안고 있더라는 꿈 내용이었다. 그 한 아이가 아들이라는 말인데 믿어야 할지 말아야 할지 웃고 말았다. 한 번씩 아들에게 탄생에 대한 비하인드 스토리를 이야기하곤 할 때마다 재미있어한다. 자신의 출생이 뭔가 남과 다른 비범한 거 아닌가 그런 생각을 하는 것 같았다. 자신이 태어나기 전의 여러 가지 있었던 이야기를 들을 때면 어떤 느낌일까? 아들은 항상 고맙다고 한다. 다른 엄마보다 더 고생한 엄마라서 그런다고 했다. 조금 커서는 길을 걸을 때나 어디를 갈 때면 벌써 두 아이가 보호자가 되어 있다. 그럴 때면 나이 들어서도 친정 엄마한테 받지 못한 위로를 두 아이에게 대신 받는 느낌이 들었다. 행복감이 밀려온다. 자식과 엄마의 관계성을 떠나 인간이기에 줄 수 있는 연민 같은 사랑인 것 같다. 나에게 생명과 삶을 준 친정 엄마이다. 항상 마음속이 아프면서도 친정엄마와 가까이 지내고 싶어 시간을 같이 해보지만 항상 어긋나는 일들로 힘이 들었다. 친정엄마는 내 나이가 60이 다 되어가도 여전히 힘든 시간들 속에 머물러 있었고 나는 여전히 노력 중이다. 안 맞아도 어찌 그리도 안 맞는지 모를 일이다.

두 아이가 나한테 오기 전에 친정엄마는 급성 신부전증으로 갑자기 입원하셨고 혈액투석을 하며 힘든 시기를 보낸 적이 있었다. 나는 누가 시킨 것도 아닌데 병원에서 머물다시피 최선을 다했다.

그 뒤 몇 년의 시간이 흘러 타 도시에 사는 관계로 잘 뵙지 못하는 외삼촌과 외숙모를 모시고 관광지 투어를 해드린 적이 있었다. 숨을 쉴 수 없을 만큼 아픈 말을 들었다. 심장에 구멍이 난 것처럼 아팠다. 엄마가 신부전증으로 병원에 입원 중에 하루도 안 빠지고 곁에서 엄마를 돌보아 드렸던 이야기가 빠져 있었다. 두 분은 나를 아주 철없는 딸로 기억을 하고 계셨다. 엄마가 나에 대해 아주 섭섭해하셨다고 했다. 마음속으로 천 번도 넘게 어린 동생들 대신 내가 잘 돌보아 드리고 병원비도 보탰다고 말을 하고 싶었다. 그렇게 하게 되면 엄마가 거짓말한 것처럼 되는 상황이라 말할 수가 없었다.

엄마는 끝까지 내 편이 아니었다. 내가 아무리 잘해드려도 이런 식으로 나의 대한 이야기를 하는구나 싶었다. 생각하니 씁쓸하기 짝이 없었다. 엄마로부터는 앞으로 어떤 기대도 하지 않기로 했다.

이제는 오히려 그때 그 상처를 늦게 만난 두 아이가 어루만져 준다. 친정 엄마는 항상 너도 자식 놓고 살아보면 엄마심정을 알 거라고 했다. 한 번씩 삶이 힘들면 하는 말씀이었던 것 같은데 이렇게 내 아이들과 친구처럼 위로하며 잘 지낼 때 음미해보면 난 분명 성공한 거다. 원수 같은 자식은 엄마 스스로 만든 거였고 난 친구 같은 자식을 만든 차이다. 내 삶의 가운데서 두 아이의 따뜻한 위로와 되 돌려주는 사랑이 귀하고 귀하다. 두 아이가 주는 사랑이 삶의 충만감으로 지금 내가 행복한 거다.

가끔씩 마트나 장을 보러 가면서 만나는 아들의 초등학교 친구 엄마들과 차 한 잔씩을 할 때가 있다. 이야기를 가만히 들어보면 자식들에게 친절하지가 않다. 그런 엄마들을 바라볼 때 어릴 적 친정엄마 같다는 생각을 했다. 세상에서 가장 친절해야 할 대상은 자식들이 여야 한다고 생각하고 살았다. 차를 마시면서 이야기를 들어보면 자식한테 바라는 것들이 한 가득이다. 이것은 이래서 마음에 안 들고 저것은 저래서 속상하다는 식의 이야기가 끝이 안 난다. 자식을 바라보는 눈에 색안경을 단단히 끼고 경쟁에 내몰고 있었다. 아들이 예중 2학년 때 우연히 그 엄마들의 자녀들을 피자집에서 만나게 된 적이 있었다. 오랜만에 만나서 그런지 다들 반가운 눈치였다. 한창 사춘기 남자 아이들이라 그런지 말들이 많이 없었다. 하지만 아들을 바라보는 눈빛이 부러워하는 것 같았다. 왕따에 고도비만에 외톨이였던 아들이었다. 그중에 아들을 왕따시켰던 아이도 있었다. 이것저것을 시켜서 먹으려고 주문을 하면서 멀리서 아이들을 바라보았다. 한창 사춘기를 앓고 있는 아이들이라 그런지 힘이 없어 보였다. 꿈을 미리 찾은 아들과 아직 정하지 못해 방황하는 느낌이 확연히 눈에 들어왔다. 같이 피자를 먹으면서 엄마가 스마트폰 게임 때문에 전화기를 뺏어서 PC방에 가기 전에 뭘 먹으려고 들렀다고 했다. 지금 스마트폰이 없으니 어떠냐고 물었다. 폰이 없으면 친구들과 소통이 안 되어서 소외감이 먼저 든다고 했다. 세상에 홀로 떠있는 외로운 섬이 된 기분이었다고 한다. 자기를 걱정하는 엄마는 이해하지만 현실이 이해가 안 된다고 했다. 어른들이 만들어 사용하라고 세상에 내어 놓고 사용한다고 뺏어가는 게 말이 되냐는 거였다. 꿈은 찾았냐고 물었더니 멀뚱거린다. 그런 게 어디 있냐는 표정이다. 엄마와의 관계는 어떠냐 했더니 잔소리만 안 하면 살 것 같다고 이구동성이다. 심리적인 억압이 심한지 공부도 잘 안 된다고 했다. 공업계 고등학교를 생각하고 있는데 엄마가 반대해서 어떻게 해야 될지 모르겠다며 조언을 구했다. 인생은 네 거니까 네가 원하는 대로 가라고 했다. 그것이 즐거운 것이라면 포기하지 말고 나갔으면 좋겠고 직업으로 연결되기를 바란다고 했다. 내가 너의 엄마였으면 반대 안 할 거라고 했더니 표정이 밝아졌다.)공고를 가서 빨리 사회에 나가고 싶다는 그 아이는 내가 자기 엄마를 만나서 설득 해줄 것을 부탁했다. 결국 그 아이는 공고를 가서 기계를 만지는 일에 시간 가는 줄 모르게 즐기고 있다고 했다. 대회에 나가서 상도 많이 받았다고 그 엄마가 전언을 해주었다. 늦게라도 꿈을 찾을 수 있는 것은 엄마의 생각 변화에서 시작된다. 끝까지 엄마가 보여주는 삶을 살려고 하다 보면 기계를 좋아하는 아이가 펜대를 잡고 직장에서 힘들어한다는 사실이다. 대기업에 들어간다 해도 몇 달 못 있고 나오려고 하는 것은 적성과 흥미가 전혀 반영이 안 되었기 때문이다. 밀어붙이기 식으로 대학을 들어가면 다 그렇지는 않지만 심한 아이들은 적응이 어렵다. 아들이 초등 4학년 때 음악 영재원 신청을 꽤 많은 반 아이들이 했었다. 하지만 아들 혼자만 시험을 보았다. 아이들이 꿈을 찾았을 때 엄마의 지지가 원동력이 된다. 좋아하는 것을 발견한다면 전폭적인 지지를 하기로 결심했기에 망설임이 없었다. 피아노를 비롯해서 성악, 첼로, 바이올린, 통기타, 드럼, 지 휘등을 배우고 싶다고 하는 아들의 꿈을 존중해주었다.

아이들 어릴 때에 시도 때도 없이 편지를 적어서 보내 주곤 했었다. 큰아이는 타임캡슐이라 명명했다. 모든 추억의 물건들을 모아 두고 한 번씩 열어 볼 때면 감동으로 눈물이 날 때가 많다. 너무나도 생생한 아이들이 성장한 그 순간이 편지 속에 잘 나타나 있다. 지금은 몇 년, 몇 월, 몇 일, 몇 살이며 모습은 어떠하다고 자세하게 적어놓았다. 생생한 순간들이 적혀 있어 시간 여행을 하는 것 같다. 아이들과 같이 보면서 웃고 가끔씩 감동해서 울기도 한다.

회사 책상 위에 있는 달력에 모든 대소사를 적어 놓고 생활하고 있다. 그리 중요하지 않으면 주말에 있는 일들을 깜빡할 때가 많았다. 작년 내 생일이 그랬다. 토요일이 내 생일인데 금요일 자정이 다 되어 몇 분만 있으면 토요일이 되는 순간에 식탁에 서 있는 나보고 큰아이가 "엄마! 거기 휴지 좀 뽑아 주세요." 라고했다. 휴지를 뽑는 순간 만 원짜리들이 계속 딸려 나오는 것을 보고 "이거 휴지 회사에 신고해야 되는 거 아니가? 웬 돈이 이리 딸려 나오나?" 신고해야 된다는 말에 아이들이 빵 터졌다. 생일 축하 노래를 불러 주는데 아차 싶었다. 외식이라도 했어야 되었는데 어쩌지 했다.

그제야 토요일이 내 생일이라고 적어놓은 사무실 책상 위 달력에 빨간색으로 표시해둔 동그라미가 생각났다. 총 50만 원의 돈을 두 아이가 테이프로 붙이고 있는 장면이 상상이 되면서 큰아이가 직장 생활을 한다고 거금을 썼구나 싶었다.

돈 액수가 중요하지가 않았다. 엄마의 생일을 상상 하며 마음을 내고 두 아이가 계획을 짜고 실천하는 이 창의적인 일들은 내가 바라던거 였다. 이 창의적인 일이 두 아이가 나에게는 주는 진짜 생일선물이라는 거 아이들은 모른다.

사는 맛이 달달한 열매들이 맺는 시절이 왔다. 큰아이를 처음 만났던 신생아실에서 친구 하자며 만들어 놓은 자녀교육의 습관들을 혼자 흔들리지 않고 고집한 결과이다.

검증이 되지 않은 자녀교육과 왕따 엄마, 4차원 엄마 소리 들어가며 걸어온 외로운 길이 끝이 다가오고 있다. 이제 내년이면 아들이 대학생이 되고 나는 독립을 인정해야 한다. 내가 말하는 독립은 집을 떠나는 것이 아니고 한 사람의 성인으로 독립적인 인격체로 대한다는 것이다.

얼마 전 탱고 강습을 두 아이와 같이 간 적이 있었다. 하는 일이 너무 많은 입시생이라 겨울방학에 배우기로 미루어 놓았다. 그날 길을 가며 잠시 배운 탱고 스텝으로 걸어가는 아들의 뒷모습을 보며 웃음꽃을 피웠다. 노후에 아들과 탱고를 추는 날이 오겠구나 싶어서 건강을 위한 시스템을 다시 짜보기로 했다. 좀 더 두 아이를 더 오래 보려면 육체적인 건강을 자기 경영에 넣어야 될 것 같았다. 부실한 다리가 운동을 하라고 말하는 듯했다. 깜빡거리는 기억력도 노화를 말하는 듯 생각의 틀을 짜고 있는 중이다. 벌써 그 동안 척추가 틀어져 버렸을 것 같은 예상을 하면서 내 몸 안의 뼈부터 엑스레이로 찍어 보았다. 역시 휘어지고 틀어져 있었다. 두 아이를 낳으면서 골반 뼈도 잘 붙어 있지 않았다. 대대적인 공사를 작정하고 척추 교정을 받기로 계획이 시스템화되어 치료를 받고 있는 중이다.

상상과 실천이 엮여져 만들어진 무엇을 위해 또 누군가를 위한 시스템은 계속 만들어져 갔다. 시스템이 장착이 되어서 실천을 하게 학교 습관으로 이어지면 성공한 거다. 원하는 상상은 곧 꿈이 되어 실천을 통해 이루어 진다는 진리는 이미 알고 있다. 더 좋은 방향을 제시하는 문제가 생기면 수정하고 대입해서 여러 번 시도해본다. 에디슨의 실험실을 운운해가며 천 번이고 만 번이라도 질문과 답을 시도하고 수정을 할 각오로 결과를 내어 왔다.

100세 시대 어쩌고 하지만 알 수 없는 세상에 산다. 머리로는 100세지만 마음으로는 나이를 모른다. 중고차를 끌고 가겠지만 더 이상 고장을 늦출 수 있게 고쳐가며 운전을 해야 할 처지가 되었다. 누구나 살아가는 인생살이에 올 것이 오는 그 정점에 깨어 있고 싶다.외로웠던 나에게 늦게라도 와 준 두 아이를 오래도록 보고 싶기에 서로에게 좋은 건강 챙기기를 즐거움으로 만들어 보기로 했다.

늦게라도 와준 두 아이와 행복한 기억만으로도 감사하다.

시험을 위해서는 공부하지 마라

　아들이 들어간 예술중학교에 음악 실기 시험이 끝나면 학교가 항상 들썩거렸다. 악기의 예민한 부분이 그래서인지 등수 때문 인지 엄마나 자녀가 힘이 드는 시간이 되곤 했다. 의외로 등수에 초연한 엄마들도 있었지만 대부분 등수에 민감하게 반응했다. 전화가 불이 나게 길게 엄마들끼리 전화를 하면서 오보도 같이 전해진다. 실기시험이 있던 날 아들이 잊어버리고 온 것을 찾으려고 교실을 간 적이 있었다. 복도를 지나가다 바이올린 소리와 고함치는 선생님 목소리가 들렸다. 안을 들여다보니 선생님 같은 분이 바이올린 레슨을 하고 있는 듯했다. 문을 조심히 열고 잊어버린 물건을 찾으려고 눈인사를 했는데 바이올린을 전공했다고 했던 아들의 음악 영재원 후배 엄마였다. 바이올린을 전공했다고 알고 있었다. 서로 인사를 하고 깜짝 놀라서 어쩐 일이냐고 했더니 등수가 너무 떨어진 것 같아 연습을 시키고 있다고 했다. 자녀 앞에서 등수가 떨어졌다는 정보를 말하기에 깜짝 놀랐다. 민망했다. 전공을 포기하겠다고 할 수도 있을 것같이 아이의 얼굴 표정이 무거웠다. 무언가 결심을 한 듯한 꼼짝없이 한 점만을 바라보고 서 있었다. 내 앞에서 자식의 험담까지 하다니 엄마가 제정신이 아니었다. 아들과 같은 음악 영재원 후배라서 관심이 많은 친구였는데 예중에 들어오면서 밝은 미소가 사라져버린지 오래 되었다. 결국 자퇴를 했다는 소식이 들려왔고 한 아이가 가졌던 꿈이 불안한 엄마의 잔소리와 성적과 경쟁으로 점철된 사고로 인해 사그라들었다. 남편과 이혼을 겪으면서 아이만 바라다보는 엄마의 집착에 아이가 손해를 본 결과이다. 이런 사례들은 많다. 많은 사례들이 상담을 해야겠다는 마음을 더 공고히 하게 하는 원인이 되었고 아이들 편에 서서 엄마들의 마음을 다독거려 주어야겠다는 결심도 하게 되었다.

내 아이들이 오기 전 일찍 결혼한 친구들 집을 한 번씩 가보면 자녀들 공부 때문에 하소연할 때가 많았다. 버젓이 내가 있는 앞에서 자기 아이에 대해 머리가 나쁜 것 같다던지 하며 공부 머리가 없다고 했다. 어릴 때 친정 엄마가 이웃 엄마들이 놀러 오면 나를 보며 나의 험담을 늘어 놓을 때가 많았다. 그때 엄마가 나를 밀어내는 느낌이 들었다. 지금에 와서야 의미 없는 말인 줄 알지만 그래도 하지 말아야 한다. 꾸중을 듣는 친구의 그 아이도 어린 나처럼 한 점만 바라보며 공허한 눈빛으로 꼼짝 없이 서 있었다. 아이의 뇌가 상처를 받고 해마로 기억되는 중이다. 피나고 보이는 상처보다 더 무서운 것은 보이지 않는 상처와 아픔이다. 무의식으로 숨어버린 후에는 시시때때로 아이를 괴롭힌다. "공부를 좀 못 하면 어때?" "성적이 좀 떨어지면 어때?" "아이의 평가를 제도권에 있는 숫자로 하냐?" "건강하면 되지" 라고 친구에게 나무라며 상처 받을 친구 아이에게 위로가 되도록 일부러 큰 소리로 친구를 나무랐다. "이모가 용돈

한 푼 줄까?' 하면서 아이를 달래 보지만 소용없는 듯 아이는 말이 없었다. 지금 그 아이는 이 세상에 없다. 결혼도 못했고 번번한 직장도 없었다. 주식을 잘 못하는 바람에 몇 해 전 싸늘한 죽음을 선택했다. 천만 원이 넘는 돈을 엄마인 내 친구에게 의논했지만 친구는 야단만 쳤다고 했다. 친구는 "천만 원이 뭐라고, 내가 왜 그랬을까?" 정신 나간 사람처럼 계속 중얼거렸다. 아들을 잃어버린 친구는 어디서 부터 잘못 되었는지를 내가 대신 되돌아보았다. 그 때 8살이었던 그 아이는 다른 아이보다 민감한 성격 때문인지 엄마와 갈등의 골이 깊어진 것 같았다. 돌아오는 길에 내내 그 아이의 어두운 얼굴이 생각 났다. 친구가 그렇게 예뻐 했던 아이와의 관계가 나빠지게 된 원인이 궁금했었다. 학교의 제도권에 들어가면서 두 사람은 성적 바이러스에 감염이 되어버린 것 같았다. 한번 걸리면 해독제도 없는 긴 시간 동안 대치 상황일 수도 있다. 원래 내성적인 아이여서 더 조심했어야 했다. 내 아이가 오면 반드시 성적에 대해서 자유로워져야겠다고 다짐을 했다. 타인들 앞에서 자식 자랑한다고 흉을 본다 해도 내 아이들을 칭찬할 거라고 다짐에 다짐을 했다. 어릴 적 엄마로부터 받았던 수치심 대신 아이들에게는 자신감을 주어야겠다는 생각의 틀이 생겼다.

  큰아이가 초등학교를 입학하고 여름 방학을 한 달쯤 남겨둔 어느 날이었다. 학교에서 담임 선생님의 호출이 있었다. 교실에 들어가니 큰아이가 담임선생님과 같이 있었다. 오십이 조금 넘은 남자 선생님이셨는데 큰아이가 글자와 숫자를 몰라서 수업에 지장이 많다는 것이었다. 그 순간 큰아이가 고개를 숙이는 것이 보였다. 아직 익숙지 않아서 그런 거였는데 촌지를 바라는가 보다 생각했다. 큰아이의 기를 죽이는 말씀이 계속 이어졌다. 갑자기 친정 엄마의 화가 치밀어 오르기 시작했다. 큰아이를 잠시 나가 있게 하려고 하는 기회도 주지 않고 계속 말씀이 이어졌기 때문이었다. 그때 당시의 학교 분위기는 무조건 학부모가 고개를 숙이는 입장이었다. 하지만 나는 그럴 수가 없었다.

"선생님! 저는 제 아이를 볼 때 글자와 숫자를 모르는 것이 아니고 조금 서툰 것뿐입니다. 익숙해지면 문제가 없을 겁니다. 7년을 키워보니 내 아이라서 그런 게 아니라 아주 똑똑한 아이입니다. 영어에도 이미 흥미를 느껴 잘하고 있습니다."

벌써 좋아하는 것을 찾았다고 자랑을 했다. 선생님의 당황하는 모습이 잠시 스쳤지만 내가 큰아이를 쳐다보면서 웃어주는 모습을 보고 눈치를 채신 것 같았다.

"아! 네 맞습니다. 그랬군요."

큰아이는 내 손을 잡고 집으로 오는 길에 많이 행복해 보였다. 그 당시에는 보통은 아이를 나무라며 선생님 앞에서 쩔쩔매는 엄마들이 대다수였다. 무엇이 그렇게 나를 당당하게 했는지 그 때는 몰랐다. 이 글을 쓰면서 다시 생각해보니 나의 무의식 속에 있는 '친구하자' 고 했던 생각이 나에게 용기를 내게 해준 거였다. 친구가 힘든 상황에 있을 때 용기를 줄 수 있는 것처럼 신생아실 앞에서 '친구하자!' 했던 엄마 같은 친구가 나타났을지도 모를 일이다. 친구였기에 성적에 초연해질 수 있었고 친구였기에 걸어온 내내 웃으며 웃기며 지낼 수 있었던 것 같다. 큰아이 어렸을 때 시간이 주어지는 대로 여행만 다녔다. 차 뒷좌석에 방을 만들었다. 큰아이가 태어났을 때부터 제일 좋아하던 이부자리와 베개를 펴주었다. 책 몇 권을 들고 무조건 떠났다. 여행은 아이를 잘 파악할 수 있는 상황들을 많이 만들어 주는 이점이 있다. 그러다 보니 내 친구 아이들처럼 조기교육이란 것이 없었다. 1월생이라 다른 아이들 보다 한 살 빠르게 학교를 들어갔다. 조기 교육도 없었던 큰아이에게는 당연히 힘든 학교 생활이었을 것 같았다. 또 나를 호출할 정도의 담임 선생님이라면 아이가 은연중에 받았을 상처 같은 것도 있었겠다 싶었다. 엄마가 항상 웃어주고 아이 편이면 학교에서 아무리 힘이 들어도 마음은 다치지 않는다.

　가끔씩 집요하고 고집이 세지만 책을 좋아하고 조용한 아이였다. 큰아이가 초등학생 때 또래 엄마들과 이야기를 해보면 다들 성적 문제에 관심이 많았다. 이번 시험에 몇 점을 받았느냐는 질문이고 답이 엄마들의 관심사였다. 올 백점을 받은 엄마가 밥이라도 사면 그때 모임을 했던 엄마들에게 성적 바이러스가 감염 되었던 것 같다. 학교의 제도권에서 시험 성적으로 평가되는 좋은 아이 나쁜 아이가 나누어 지는 순간이 되어 아이들을 힘들게 한다. 가감 없이 엄마들의 머리에 새겨지는 '내 아이의 성적은 좋아야 된다' 였다. 내가 성적에 관심을 두지 않는다고 했다가 이상한 엄마 취급을 당했다. 엄마가 자녀의 학교 성적에 신경 쓰지 않으면 엄마가 아니라고 했다. 나는 4차원에다 왕따 엄마가 되었다. 친구들 중 결혼한 친구가 많아지면서 주제에서 벗어나는 미혼 친구들처럼 나도 그랬다. 성적에 초연하다 보니 만나도 나는 듣기만 하고 말이 점점 없어졌다. 시험이 언제인지 잘 모르는 엄마에다 등수가 몇 등인지도 모르는 엄마였다. 또래 학교 엄마들이 이해 못하는 것이 당연했다. 아이가 성적표를 보여주면 "아이고 고생했네"하며 아이에게 칭찬하는데 그치니 등수를 모를 수밖에 없었다.

　대신 성적에 초연한 대신 큰아이가 좋아하는 영어나 수영을 배우는 시간이 즐거웠다. 퇴근하면 수영장에서 수영하는 모습을 지켜보는 행복감에 젖어 살았다. 영어를 배우게 하는 계획을 시스템화 하는 과정도 행복했었다. 한 사람이 접시를 여러 개 돌리는 서커스처럼 큰아이를 위한 여러 가지 계획들이 돌아가고 있었다. 내 머릿속에는 여러 개의 접시가 동시에 돌아가듯 시스템을 만들어 놓았다.

수영은 어릴 때 즐겨보던 인어공주 만화 영화처럼 그대로 인어공주가 되었다. 7살 때 시작한 수영이 어느 정도 자신이 있을 때 자주 수영장에서 놀았다. 나보고 열쇠를 수영장에 던져 보라고 해놓고 잠수해서 주워오는 놀이를 즐겨했다. 꼭 인어공주 같았다. 큰아이는 하고 싶은 일을 꼭 해내는 고집이 있었다. 보통 여름 방학 때 반짝하는 수영을 배우지만 봄 여름 가을 겨울이 세 번이 지날 때까지 빠지지 않고 즐겁게 배웠다. 퇴근하면 항상 오는 엄마를 기다렸다. 어김없이 같은 시간에 수영장 2층에 있는 대기실에서 내려다 보고있는 엄마를 보고 손을 흔들어 주었다. 그 때 수영강사 선생님도 같이 손을 흔들어 주곤 했었다. 큰아이가 대학 2학년 때부터 YMCA에서 파트타임으로 수영강사로 일을 하게 되었을 때 세상은 알 수 없구나 싶었다. 배우는 아이에서 가르치는 강사가 되었으니 스스로 하고 싶은 일들은 이렇게 인연이 되는구나 하며 신기해했다. 이렇게 좋아하는 일이 직업이 되면 최고다.

내가 가지고 있는 인적 자산들 가운데 미국인 동료들의 힘을 빌렸다. 그들의 부인들에게 큰아이가 영어를 배우는데 있어서 도움을 청했다. 발음부터 시작해서 하는 영어 수업을 내가 참관해서 도와주는 식으로 처음에는 시작했다. 우리 말로 더빙되어 있지 않은 월트디즈니 만화 영어를 너무 좋아했다. 지금도 많이 보관되어 있지만 수도 없이 사주었다. 외국인 울렁증을 없애기 위해 무진 애를 썼다. 큰아이가 고등학교 1학년이 될 때 미국 여행을 영어 계획에 넣었다. 오래도록 어릴 적부터 계획 하에 준비한 여행이지만 큰아이는 전혀 모르고 있었다. 처음에는 가지 않겠다고 했지만 겨울 방학을 이용하여 가볍게 다녀오라고 꼬셨다. 그 미국 여행을 하고 돌아온 후 매년 자원봉사로 캄보디아나 언어 연수로 필리핀 등을 본인이 스스로 계획을 짜서 다녀오곤 했다. 자기 주도적인 힘이 생긴 것 같았다. 물론 미국 여행의 임팩트가 컸다. 미국 여행을 왜 준비했

는지 무엇을 보고 와야 하는지 여태껏 보아온 세상이 다가 아니라는 것을 알려
주고 싶었다. 세상이 넓다는 것을 보고 오라는 내용의 편지를 썼다. 편지는 여
행의 시작과 함께 며칠 후에 큰아이가 미국에서 받아볼 수 있도록 준비도 해두
었다. 미국 여행 후 급성장하는 큰아이를 보면서 탁월한 나의 선택에 대해 만
족했다. 개학 후 담임 선생님은 그 당시 미국을 갔다 온 큰아이에게 소감을 물
었다. 미국 여행에 대해 반 친구들에게 잠시 이야기를 하게 했다고 했다. 자신
감이 충만한 모습의 큰아이를 보니 정말 행복했다. 오래도록 준비한 큰아이의
미국 여행 프로젝트는 내가 준비한 마지막 단계였다. 큰아이를 공항에 데려다
주었던 시작점에서'그녀는 지금 부재중'이라는 주제로 큰아이가 없는 집안의
풍경을 글로 남겨두었다. 돌아오는 날 묶음 책으로 만들어 책상에 올려두는 것
까지 내가 하려고 준비했던 거였다. 성적으로 입은 상처는 아이들의 영혼을 옭
아매어 버린다. 자유롭게 좋아하는 것을 찾는데 방해하는 원인이 될 수도 있다
는 것을 세월이 많이 흘러서야 알 수 있다.

　나는 아이들이 인생을 어떻게 살아갈 것인지에 대한 인문학 강의를 항상 준
비해 두었다. 많은 심리학책과 다수의 인문학 책을 읽고 아이들이 이해할 수
있도록 스토리텔링을 만들어 연습을 하곤 했다. 유머와 개그를 섞어 놓았기 때
문에 그것이 엄마표 인문학 강의인 줄 모른 채 두 아이는 인성의 점검을 받고
있는 거였다.

　아들이 초등학교 1학년 입학하는 전날 내가 아들을 위해 적어둔 편지에는
'아들아! 시험을 위해서는 공부하지 마라.'이런 제목으로 엄마의 마음을 전하고
있었다. 좌충우돌 왕따의 세계가 따라다닐 아들에게 그 한마디는 엄마가 해줄
수 있는 최고의 명약이 되었다.

　나는 지금이나 그때나 그냥 내 아이면 된다. 친구이며 어떤 의미에서는 스승

이며 자식이면 되는 관계를 만들었다. 이 세상에서 딱 한 번 밖에만 엄마와 자녀로 살아볼 수 없기에 서로를 다치게 하는 성적을 뺑 차버렸다. 내가 강연 중에 한 번도 아이들에게 성적에 대해 물어본 적이 없다고 해놓고 청중들 사이에 있는 아들을 향해 "맞나 아이가?"라는 돌발 질문을 했다.

한 순간 뭔가가 우르르 무너지는 소리처럼 청중들이 으하하하 하고 웃는 소리가 크게 들렸다. 거짓말 조금 보태서 청중들이 웃어주는 소리인 줄을 몇 초 뒤에 알았다. 유튜브에 올라가 있는 영상을 다시 보니 엄청난 웃음이었다. 애써 웃는 웃음이 아니라 천연적인 웃음이었다. 오히려 성적 때문에 걱정하는 아이들을 내가 위로하는 일들이 많았다. 학교에서나 또래 친구들의 분위기가 공부를 못하면 못난 사람 취급하는 심리에 눌려 걱정하는 아이에게 위로했다.

"그러면 어때?"

시험이 이게 마지막이 아니라고 용기를 주는 친구 같은 엄마를 선택했다.

"엄마는 빛 좋은 개살구 라는 말을 제일 싫어한다."

"타인에게 보여주는 삶을 살면서 너의 시간을 낭비하지 말아줘."

좋아하는 것을 하다보면 꿈이 이루어진다는 것을 몸소 체험한 나의 경험을 들려주었다. 알아듣던 못 알아들었던 간에 상관없이 할 수 있는 기회가 오면 자주 이야기를 해주었다. 아이들의 대한 계획에 명백히 스며 있는 성적에 대한 중요한 엄마의 메시지였다.

하루를 살아도 내가 주인이 되는 삶이 좋다. 거짓과 위선을 낳는 보여주는 삶을 사는 사람들이 날개 없는 추락이 찾아온다. 고통을 털어놓을 때마다 다시 진정한 자신을 찾을 수 있게 도와주는 것이 내가 하고 싶은 일이었다. 내 주위에도 물질로 자신을 보여 주려다 진정 자신을 잃어버린 친척들도 있고 진행 중에 있는 지인들도 있다. 이상하게도 내 눈에는 그런 모습들이 보인다. 무수히 많은 선택 중에 이러거나 저러거나 배움을 위한 세상이다.

같은 동네에서 자랐던 두 초등학교 친구가 있었다. 집안이 좋았던 한 친구는 좋은 대학에 좋은 직장에서 승승장구를 해서 나이 오십이 넘어 명예퇴직을 했다, 집안이 어려워 초등학교 졸업이 전부였던 다른 친구는 시장에서 닭 튀기는 것이 재미있어 그 기술로 평생을 살았다. 지금은 명예퇴직한 친구가 평생 닭을 튀긴 친구의 비법을 배우고 있는 이야기들이 공공연히 우리 주위에 사실로 전해지고 있다. 무엇이 인생에 중요한지를 말해주고 있다. 명예 퇴직한 친구는 직장에서 진급을 위해 자신을 잃어버리고 살았던 날도 있었다. 이사 직급에 맞게 아이들의 결혼을 눈높이에 맞추어 시키다 보니 벌어 놓았던 노후 자금도 바닥이 났다. 인생사가 새옹지마라더니 딱 맞다. 끝까지 가보아야 알 수 있다. 반면 초등학교 졸업장이 다였던 친구는 좋아하는 닭 튀기는 재미에 빠져 맛을 연구해서 프랜차이즈를 내고 신나게 산다. 자녀에게 좋아하는 것을 찾아 주는 것이 가장 우선시되어야 한다.

직업이 무엇이든 마음이 즐거운 사람이 되어야 된다. 진정 자녀가 즐겁게 하는 것을 찾아 주는 것이 부모가 할 일이다. 자기가 주인인 삶을 사는 것에 대해 깊은 생각이 필요할 때다. 이 두 친구의 이야기가 앞으로 4차 산업혁명 시대를 거쳐 살아가야 하는 우리 아이들의 이야기와 닮아 있다.

내 아이들을 위한 습관 만들기

친정엄마로부터 물려받은 내 안의 유전적인 화를 두 아이가 고쳐 주었다. 두 아이와 친구가 되기 위해 화가 떠나갔다. 역으로 생각을 바꾸어 보았다.

얼마 전 친구를 만나러 발코니가 예쁜 카페에서 햇볕 좋은 토요일을 즐기고 있었다. 이제 다 큰 아이들은 각자의 일에 바빠져서 나 혼자 있는 시간이 많아졌다. 시간이 없어서 오래도록 만나지 못했던 친구를 만나기로 했다. 책을 보려고 조금 일찍 도착해 안경을 꺼내려고 하는데 그때 건너편 횡단보도에서 떼를 쓰고 울고 있는 서너 살 되어 보이는 여자아이 울음소리가 들렸다. 엄마는 화가 머리 꼭대기까지 나 있는 듯 아이를 때리기 시작했다. 어릴 때 시장통에서 동생을 업고 느린 걸음 때문에 나를 때리던 엄마가 떠올랐다. 나는 서러운 마음으로 울면서 맞고 있었는데 여자아이는 지지 않고 엄마를 같이 때리고 있었다. 닮은 두 자아가 부딪히고 있다는 생각 스쳤다. 대물림에 대물림으로 서로의 같은 모습에 화가나 때리고 있었다. 분명 엄마가 아니고 다른 자아가 나타나서 아이를 때리는 듯 표정이 적어도 내눈에는 악마의 얼굴처럼 번쩍거리는 것 같았다. 엄마의 무차별 화로 인해 아이의 뇌는 뭉개져서 함몰될 지경이었다. 여린 어린아이의 뇌는 저 기억들을 학습의 뇌인 해마에 저장해 버리면 나처럼 어렸을 때 아픔을 평생 안고 가게 되는 것이다. 무지가 사람을 잡는 거다. 저 아이 엄마가 뇌에 대한 상식을 알고 조금만이라도 알고 있었다면 저렇게까지는 안 할거라고 생각했다. 또 안다고 해도 화가 많은 엄마들은 어쩔 수 없이 순간 변해 버린다. 화를 내면 한순간 자기 자신을 놓쳐 버린다. 포근하게 해주었던 엄마가 아닌 낯선 엄마의 자아가 포위해 버린 거다. 그것도 순식간의 일이었다. 저 아이 입장에서는 엄마보다는 적으로 생각될 수도 있겠다 싶었다. 이처럼 화는 파괴적이며 상처를 깊게 낸다.

저 엄마 같은 모습은 누구나 다 있다. 화는 기본으로 우리 안에 장착되어 태어난다. 인디언 속담에 마음속에 착한 늑대와 친해지라는 말이 있다. 나쁜 늑대보다 착한 늑대와 친해져야 화를 잠재울 수 있는 습관을 만들어 놓은 비밀코드 같다. 결국 잠시 화로 인해 다른 자아가 된 엄마가 다시 돌아왔다. 숨이 넘어가듯 울고 있는 아이의 현실을 보며 가슴 아파하는 듯 아이를 안아주며 달래었다. 내가 왜 그랬지 하는 표정이다. 방금 화를 내었던 그 자아를 떠올릴 틈이 없다. 길을 건너 내가 앉아 있는 테이블을 지나가는 아이에게 내가 미소를 지어주었다. 웃는다. 천사 같다. 미안해서 어쩔 줄 모르는 엄마는 뭐라도 사주고 싶어 카페로 들어와서 아이스크림을 사이에 두고 아이와 마주보고 앉았다. 내가 계속 웃어주니까 '뭐지?'하는 표정으로 엄마 한번 나 한 번을 번갈아 가며 보니까 엄마와 내가 눈이 마주쳤다. 웃어주니 엄마도 웃는다. 웃음은 사람의 마음을 평온하게 해주는 힘이 있는 것이 분명하다. 나도 친구하자 했던 시스템이 아니였으면 저런 엄마가 될 가능성이 높은 사람이었다.

　나에게 가장 많이 한 질문이'이렇게 화가 많은 내가 좋은 엄마가 될 수 있을까?'였다.

　나도 모르게 화난 자아가 나와서 아이들을 아프게 하면 어떡하나? 무거운 마음을 안고 긴 여정을 걸어가야 되는 것은 아닐까? 친정엄마와 나처럼 힘든 관계를 두 아이에게 대물림하지 않게 하고 싶었다.

　친정엄마는 화난 자아를 방치할 수밖에 없었다. 자신을 볼 수 있는 힘이 없었기 때문에 좋은 엄마에서 화가 난 엄마로 자주 왔다 갔다 하신 것 같다. 나에게 잘해줄 때도 분명 있었겠지만 너무 강한 충격을 받다 보면 좋은 엄마는 배경으로 사라지고 나쁜 엄마는 점처럼 도드라져 기억에 남는다. 내가 존경하는 엄마의 멘토인 큰엄마의 인품을 아무리 닮고 싶어도 안 되는 것은 당연한 거였다. 태생이나 유전적인 문제로 밑 빠진 항아리에 물을 붓는 격이 될 가능성이 컸다. 나는 습관이라는 매개체를 통해 이겨보려고 노력했다. 불같은 화가 나에게 있다는 것을 보고 난 후 내가 다 타버리는 것처럼 몸이 아팠다.

　결론은 이미 이 책에서도 나왔지만 대성공이었다.

　할 때까지 될 때까지 끝까지 해낼 수밖에 없는 아이들에 대한 사랑이 습관으로 승리를 한 것이었다.

　어린 딸에게 고집 센 떼쟁이가 나타난 날 가장 밑바닥에 있던 묵은지처럼 오래된 나의 화를 만났다. 친정엄마보다 더 무서워지려는 나를 피하기 위해 잠시 아이로부터 그 자리를 피했다. 그 뒤에도 나타날 때마다 피하는 습관으로 큰아이에게 내가 받은 상처를 안 주려고 노력했다.

　이래서 자식은 가장 위대한 스승이라 했구나, 내가 친구하자 해놓고 배신을 할 수 있겠구나 싶었다.

가스레인지에 불을 댕기듯 나를 화나게 하는 발화점이 무엇인지를 알아내
보고 고쳐보려고 내가 잘하는 일들을 적어나가 보았다. 나의 상처들과 못난 모
습도 적어보았다. 요즘도 한 번씩 밤에 잠이 오지 않을 때는 향이 나는 초를 켜
고 물끄러미 흰 백지를 바라보면서 무작정 떠오르는 단어들을 적어볼 때가 있
다. 나의 자아에게 끝도 없는 질문을 해댄다. 나를 들여다보는 방법이다. 습관
이 되어 내담자의 상담 후에도 그의 문제를 생각하며 이런 습관의 도구를 통해
이해와 해결점들을 알아낸다.

나는 유전적으로 아버지의 열등의식과 친정 엄마의 급한 화를 버무려 놓은
사회 부적응자였다. 사회생활을 할 때 의사의 도움을 받아야 되는 중증 환자
였다는 것을 알아냈다. 내안의 여러 자아들이 나를 괴롭혀 왔다는 사실을 알았
다.

이제 내 안의 아픔을 들여다보지 않기로 했다. 차라리 그 아픔에서 현실을
바라다볼 수 있게 시선의 방향을 바꾸었다. 흰 여백에 느낌을 적어 나갔다. 제
일 먼저 칭찬이 떠올랐다. 어려운 상황에 나를 이끌어낸 또 다른 나에게 칭찬
을 해주고 싶었다. 연민도 느껴져 엉엉 소리 내어 울기도 했다. 두 팔로 나를 감
싸며 안아주었다. 친정엄마에게 받아보고 싶은 것들을 내가 나에게 하고 있었
다. 치유는 작은 습관으로부터 만들어가는 노력으로 내 인생을 바꾸어 놓기 시
작했다. 아이들과 친구가 되고 싶다는 바램은 작은 습관을 어떻게 만들어야 되
는지를 고민했다.

화가 나려고 하면 일단 아이와 눈을 마주치고 웃어주기를 먼저 하기로 했다.
그리고 '그랬구나'그래서? '잘했다' 이런 추임새를 하며 들어주기와 공감을 번
갈아 가며 해주었다. 그러다가 아이가 문제해결능력을 내었을 경우에는 적절
한 타이밍에 맞추어 엄청난 칭찬을 해주며 호들갑을 떨어주었다.

어느 날 이 습관이 제대로 먹혀들어간 사건이 있었다. 큰 아이가 가을 소풍을 가는 아침이었다. 출근과 등교를 위해 큰 아이를 데리고 막 현관문을 나서는데 "아 참! 엄마! 나 오늘 소풍 가는데……." 라고 말했다. 순간 너무 놀라 친정 엄마로부터 받은 화가 순간이동으로 내가 변할려고 했다. 일단 이이와 눈을 마주치고 웃어주기 습관이 먼저 나왔다.

"아, 어쩌지."

질문과 답이 오고가는 시간이 흐르고 가만히 웃으며 서 있으니까

"엄마가 돈을 좀 주면 알아서 할게요." 라고 말하며 자신의 잘못을 해결하려고 노력하는 중인 것 같았다. 내가 "어떻게?" 라고 물으니,

"가방에서 책을 꺼내어 할머니 집에 놓아두고 빵이랑 과자, 음료수를 사서 소풍을 갔다 올게요." 라고 말했다. 조금 기다려 주었던 그 습관과 질문과 답이 오고 가는 시간 중에 아이가 문제해결능력을 끌어낸 거였다. 그 순간 어마어마한 칭찬을 해주었다. 그리고 이러한 습관을 만든 나한테도 칭찬을 했다. 이날 당황해서 화가 나오기 전 내가 만든 습관이 자연스럽게 나와 나를 도와준 것이었다. 웃음 근육 연습을 화장실에서 혼자 거울을 보며 연습하곤 했다. 아이와 눈 마주치며 웃어주는 웃음이 한숨을 돌리며 기다려주게 도와주었던 거였다. 이름난 심리학자나 아동 연구가들도 화가 나서 자녀에게 했던 일들을 후회하는 내용의 강연을 볼 때가 있다. 자기 안의 화는 어쩔 수 없는 난제로 부모에게 남게 되는 것 같다. 자녀에게 심한 상처를 입힌 것을 인정하는 내담자에게 부탁하는 것이 있다. 꼭 용서와 회해의 시간을 상처 입은 자녀와 가져보라고 권한다. 하지만 어려운 일이다. 우리 부모들은 용서와 화해를 하는 법도 배우지 못했다. 결국 상처 입은 자녀만 이겨 내든지 지든지 자기와의 싸움에 내몰리게 되어 있다. 초보 엄마, 초보 아빠라서 그랬다고 미안하다고 진심으로 말해줘서

상처를 어루만져 주어야 한다. 부모가 잘못을 인정하는 순간 아이의 치유도 시작된다.

아이들이 힘들어 하는 사춘기와 늙음의 초입에 들어서는 갱년기때 나오는 호르몬이 인간의 심리에 지대한 영향을 준다.

어느 날 고등학교 1학년 큰아이가 현관문을 쾅 닫고 인사도 없이 제 방으로 들어갔다. 순간 버릇없다고 화가 나는 순간 습관이 나와서 귓속말로 사춘기라고 일러주는 것 같았다. 한 시간도 넘게 기다리고 있었다. 호르몬이 다 차니까 큰아이가 나왔다. 학교에서 엄청나게 기분 나쁜 일이 있어서 그랬다고 용서를 빌었다. 지금은 왜 화가 안 나느냐고 웃으면서 물었더니 "그러게요." 라며 활짝 웃었다. 호르몬의 장난이라고 말했던 이야기를 내가 아는 상식의 범위에서 해 주었다. 아이에게 사춘기가 오면 해줄 이야기들을 준비해두었던 것이 빛을 발하는 순간이었다.

호르몬이 순간 싹 빠져나갈 때 평소에는 이해가 되는 일도 이해가 안 될 때가 있다고 설명했다. 어른들은 자율적으로 조절이 되지만 사춘기때는 힘드는 일들이 많을 거라고 예를 들어 가면서 일러 주었다. 오늘 학교에서 별일도 아니어도 화가 난 것처럼 그런 일이 계속 반복될 거고 그러다 갑자기 호르몬이 들어오면 기분이 너무 좋아져서 날아갈 것 같은 기분도 계속될 거라고 했다. 갑자기 호르몬이 들어오면 기분이 업되어서 날아갈 것 같은 기분도 계속될 거라고 했다. 엄마도 지금 호르몬 때문에 힘든 갱년기이니까 서로 잘 참아보자 웃으면서 서로 약속을 했다. 그 후 큰아이는 학교에서 사춘기로 힘든 친구들을 위해 상담을 해주었다. 큰아이가 호르몬에 대한 이야기를 해주고 친구들에게 잘 참아 보자고 했다면서 어려운 사례를 들고오기 시작했다.

이때 배운 경청과 상담 기술은 YMCA에서 수영강사로 있을 때 제대로 발휘가 되었다. 갱년기에 힘든 50대 어머니들의 공공의 딸이 되어 사랑을 많이 받았다. 반복해서 말하고 싶은 갱년기 나이의 엄마 같은 회원들의 말을 응대하고 공감해 주었다. 스승의 날에 선물과 용돈하라는 돈 봉투가 두둑이 들어왔다. 나도 한 번씩 큰아이 덕분에 수영하는 나이 지긋한 회원들이 사준 저녁을 먹은 적이 있다. 학생이라는 신분 때문에 어머니들의 마음을 더 샀던 것 같다. 사춘기를 잘 넘긴 대가를 받은 셈이다. 자녀와 사이가 심각한 내담자와 상담을 할 때 자녀의 성적에 자유를 주어 보라고 한다. 서로 한숨을 쉴 수 있는 시간을 주기 위해서다. 성적에 초연하는 습관은 이미 아이들이 오기 전부터 나의 다짐 안에 들어 있어 습관을 만들 필요가 없었다. 친구의 죽은 아이와 골진 관계를 보면서 다짐을 하고 다짐을 했던 그 생각이 습관으로 자리잡아 버렸다. 시험 기간이 언제인지도 모르는 엄마 때문에 아들 조차도 어떨 때는 학교를 가서야 시험인 줄 알 때도 있었다. 시험공부는 따로 없다. 그냥 학교 수업시간에 집중하는 습관이 좋을 뿐이다. 사회 부적응 증세를 위해 받았던 뇌 치료는 두뇌개발이 되었다. 결론적으로 아들에게는 위기를 기회로 받은 일생일대 큰 도움이 될 수 있는 시간이 되었다. 아들이 예고 2학년때 청춘도다리에서 강연을 했던 적이 있었다. 귀한 손자라고 대접 받았던 것이 사회 부적응 증세로 이어지면서 치료가 오히려 뇌개발이 되었다면서 좋은 것도 그리 좋은 것도 아니고 나쁜 것도 그리 나쁜 것이 아니라고 고백했다.

아들은 뇌를 쓰는 기술을 훈련을 받았다. 명상에서부터 독서, 영어까지 7년을 넘게 다양한 프로그램으로 뇌 치료를 통한 공부를 했다. 피아노를 칠 때 초견이 뛰어난 것도 어쩌면 좌뇌 우뇌의 시냅스를 연결하는 뇌 훈련 덕분 인지도 모른다.

학교에서도 성적이나 등수에 목표가 있는 것이 아니었다. 인생에 필요한 지혜를 선생님들의 강의를 집중해서 듣는 습관 때문에 수업 태도가 좋을 수밖에 없다.

한 쪽문이 닫히면 다른 쪽 문이 열린다. 힘들어서 찾았던 뇌 치료가 인생에 필요한 훈련을 받게 한 셈이 되었다.문제해결능력을 위해 화가 많은 내가 많이 기다려 주어야 했지만 나에게도 필요한 시간이 되었다. 경청해주고 공감해주는 엄마 역할을 상상하며 연습했다. 성적 관리는 아이들이 스스로 하도록 방목하다시피 했다. 자기 경영을 할 수 있었던 좋은 도구였다. 요즘 가끔 만나는 지인들 중에 성적은 아이가 알아서 하는 이 방법으로 자녀교육을 하는 분들도 있었다.

부모가 바라는 성적 때문에 자녀에게 하는 잔소리는 뇌를 상하게 한다. 잘되라고 하는 소리가 아이에게는 잔소리로 들린다. 내가 엄마한테 평생 들었던 소리가 잔소리로 기억되어 있으니 내가 더 잘 안다. 친정 엄마도 나 잘 되라고 하신 말씀인 줄 엄마가 되고 나서야 알게 되었지만 말이다.

난 잔소리를 웬만하면 안 하는 걸로 선택했다. 앞에서도 언급을 했지만 아이들이 미처 바빠서 치우지 못한 방이나 설거지가 밀려 있으면 갑자기 치밀어 오르는 친정 엄마의 성격을 참으며 잔소리 없이 치워주는 걸로 선택했다. 이렇게 키우면 버릇이 없으면 어쩌나 하는 두려움은 없었다. 방을 치우는 것을 명령조로 가르친다든지 하면 아이들은 잔소리로 전환되어 관계만 나빠지는 결과가 된다는 것을 안다. 내가 말없이 치우다 보니 오히려 스스로 미안한 생각이 들어서 인지 스스로 할 때가 많아져 갔다.

어느 방송국에서 엄마의 웃음에 대해 아기들의 반응을 실험을 해보았다. 엄마의 얼굴을 알아보는 시기의 5개월쯤 되는 아기들과 몇 분의 아기 엄마들이 초대되어 실험에 동참했다.

아이와 웃으면서 눈을 마주치고 잘 놀아 주다가 방송 작가들의 신호를 받으면 엄마는 갑자기 웃지 않는다. 화난 표정으로 한참을 아기의 눈만 쳐다보고 있게 했다. 대부분의 아이들은 눈을 어디다 두어야 될지 몰라 엄마의 눈을 피하고 급기야 울기 시작했다. 또 어떤 아이는 엄마에게 웃으면서 아양을 떨다가 계속 화난 표정으로 쳐다보면 입을 삐죽 거리며 서럽게 울었다.

'자녀에게는 엄마의 웃음이 명약이다' 라는 말을 입증해준 실험이라고 내가 선택한 웃어주는 방법에 대해 칭찬했다. 엄마가 웃어주고 웃겨주면 천년 보약을 먹이는 것과 같다. 비용도 안 든다. 그러면서 최고의 약이다. 안 할 이유가 없는데 안하는 엄마들이 많다. 화부터 내서 아이들을 힘들게 만들고 평생 수치심과 모멸감을 준다.

개그 소재를 찾기 위해 노력을 많이 했다. 내가 찾은 개그 소재 중 우리 가족에게 대박 웃음을 준 것은 영화 '맨발의 기봉이' 였다. 일명 기봉이 개그는 아직도 우리 집에서 잘 사용하고 있는 장수 개그다. 걸쭉한 충청도 말씨가 힘든 부분을 아이들에게 전달할 때 중요한 연결고리가 되어 주었다. '기봉이~ 세수는 한 겨 안 한 겨?'

"하, 하이구~할껴 동순이~"

"그리야~ 기봉이 어서 혀야~"

아들은 기봉이 역할의 배우 신현준의 흉내를 기가 차게 잘 냈다. 얼마나 이 영화를 즐겨 보았는지 아들은 영화 한 장면, 한 장면을 어쩌나 연기를 잘하는지 자꾸 해보라고 하면 신나서 계속했다. 내가 너무 웃다가 요실금 증상 때문에 오줌을 지릴 정도면 오줌이 나오려고 한다는 말만 들어도 대굴대굴 굴렀다. 밤마다 우리는 개그 세상 속으로 블랙홀처럼 빨려들어 웃음에 젖은 몸과 마음으로 잠이 든다. 여행 중 장시간 운전을 해서 갈 일 있으면 아이들이 심심하나 싶어서 개그 소재를 더 찾았다.

"엄마가 중국어 해볼까?"

간판을 뒤로만 읽어 주었는데도 개그의 비밀을 모르는 아이들은 완전히 속 았다. 정말 아이들은 내가 중국어를 잘하는 줄 알고 몇 해 동안 즐겁게 속아 주 었다. 이 중국어 개그를 할 때면 속아주는 아이들이 재미나서 오히려 내가 더 힐링이 되었다. 어느 날 터널 안을 지나다 '천천히' 라는 단어가 많아서 계속 '히 천천'이라고 했더니 큰 아이가 갑자기

"엄마! 혹시 그 히천천이 중국 말로 천천히라는 뜻이야?"

물어보는 바람에 실토하고 그동안 속여서 미안하다고 했다. 그 다음부터는 아이들도 같이 간판을 거꾸로 읽는 중국어를 하면서 엄청나게 웃었다. 여행을 갈 때마다 내가 갈고 닦아 내 것이 되어버린 개그 소제가 아이들에게 여행을 즐겁게 만들어주었다. 꿈을 이야기하는 청춘도다리 강연장에서 몇 가지 개그 소재를 이야기하다 청중들의 배꼽이 다 튕겨 나간 듯 큰 웃음을 준 적이 있다. 너무 많은 개그 소제는 습관이 되어 어디에서든 나온다. 처음에 했던 개그 소 제는 사극 버전이었다.

"그대 세수는 했소? 어서 하시오. 밤이 늦었소."

사극처럼 말을 그렇게 하면

"알겠소. 내 빨리하고 자리다. 에헴."

아들이 어렸을 때 겨우 말을 하는 아이가 개그를 따라하니 어찌나 귀여운지 한바탕 웃고 난리가 났었다.

요즘은 경상도 말에 다른 나라말을 섞어서 웃기도 한다.

"뭐 하노 데쓰, 다마내기노 좋다 데쓰, 마이 무그라 데쓰."

"하하하, 하이고~ 배야~"

신현준이 '맨발의 기봉이'에서 노오란 샤쓰 입은 노래를 부르면서 빨래를 하던 표정 연기를 지금도 즐겨 한다. 두 아이와 서로 보면서 데굴데굴 구른다. 아들은 개그 소제로 웃다 보니 연기력도 늘어가고 성우처럼 목소리 연기도 잘한다. 해설이 있는 톰과 제리의 음악회에서 베토벤의 생애를 설명하는데 베토벤 아버지 목소리를 리얼하게 해서 청중들이 깜짝 놀랐다. 외국게임에 나오는 주인공들의 영어 대사를 연습할 때가 있는데 너무 리얼하게 비슷해서 오돌오돌하게 소름이 돋을 때가 있다. 내가 두 아이를 위해 만들었던 개그 소제가 아들에게 또 다른 능력들을 키워주는 계기가 된 것 같았다.

아이들을 위해 웃어주고 웃겨주자 했던 습관은 오히려 내가 돌려받는 것이 더 많았다. 아이들과 개그로 놀다 보니 내 나이보다도 낮게 봐주는 사람들도 있었다. 하도 웃으니까 늙지 않는지 고마운 일이다. 내가 웃겨서 아이들이 웃고 손뼉 칠 때가 가장 행복하다. 엄마인 내가 웃어 주었고 웃겨 주어서 두 아이는 내 어린 시절과 반대로 행복한 아이들이었다고 내가 말해줄 수 있다. 웃어주고 웃겨주는 습관은 어릴 때 있었던 힘든 기억들을 밀어내고 두 아이와 행복한 기억들로 채워갔다. 아름다운 추억들을 저장하고 있는 나의 기억의 저장소인 해마가 인생 2막을 위해 아름답게 빛이 나는 것 같다. 이렇듯 두 아이를 위한 여러가지 내가 만든 습관은 이미 제 2의 인성으로 나에게 자리 잡은 지 오래다.

항상 잊지 않고 매번 느끼는 것은 두 아이는 나랑 다른 신인류같은 자식이며 부모는 자식을 어떤경우에도 믿어야 된다는 거였다. 자녀가 실수를 했다면 믿어주고 기다려 주어야 하는 것이 진정 부모의 사랑이라는 것을 말해주고 싶다. 내가 만든 세 가지 습관은 두 아이에게 나의 사랑을 전해줄 수 있는 매개체 역할을 톡톡히 해주었다.

제2장
어떻게 키울 것인가

웃어주자 그리고 웃겨주자

태아는 엄마가 행복하면 배안에서 손과 발을 움직이며 같이 행복해 하고 스트레스 받고 불안해하면 태아도 같이 느낀다는 내용의 글을 읽고 아이가 태어나면 무조건 웃어 주고 무조건 웃겨 주어야 겠다고 생각했다. 친정 엄마에 대한 기억은 평생 불행한 모습으로 각인 되어 있다. 그래서 그런지 웃을 일이 별로 없었다. 사춘기를 한창 힘들게 지나고 있던 중학교와 고등학교 학창 시절에 땅만 쳐다보며 걸을 때가 많았다.

힘이 없는 발걸음과 고개 숙인 내 모습을 보고 누군가가 불쌍한 마음으로 봐주기를 바랐었다. 친정 엄마로부터 관심과 인정을 받고 싶어하는 어린 심리였을 수도 있다.

다른 세계에 나 혼자 있는 것 같았다. 빠져나올 수 없는 곳에 홀로 떠 있는 섬처럼 살았다. 어떨 때는 그 고독 마저도 아늑한 느낌으로 즐기는 듯 심하게 빠져 버렸다. 상상은 한없이 추락하여 세상에 경계에 서 있는 나쁜 생각까지도 하게 했다. 내가 없어진 다면 엄마가 과연 슬퍼해 주기는 할까 두 동생들은 무슨 느낌일까 아버지는 어떨까 하는 상상에 생각을 타고 자기 연민으로 가보았다. 울고 있는 나 자신만이 덩그러니 남아 있을 때가 많았다. 성장을 위한 아픔이었다는 것은 나중에 안 일이지만 그때는 참으로 심각했다.

성장을 위한 통증은 가족과 소통이 안 되면 안 될수록 더 심했다. 사춘기 시절에 인간에 대한 사랑이란 무엇인가를 깊게 생각하곤 했다. 나에게는 그런 사랑이란 것이 없는 것 같았다. 가족보다는 내가 더 가족을 싫어하고 있는 건 아닌지 이런 나를 생각하니 한심했다. 남들처럼 정상적인 평생 친정 엄마는 나를 보고 잘 웃어 주지도 않고 친절하지도 않았다. 평생 친정 엄마는 나를 보고 잘 웃어 주지도 않고 친절하지도 않았다. 생활이 가능할까 싶었다. 평생 엄마는 나를 보고 잘 웃어주지도 않았다. 하지만 마지막에 태어난 남동생에 대한 사랑은 깊고 높았다. 어린 남동생을 대하는 엄마는 내가 아는 그런 엄마가 아니었다. 웃음 가득한 얼굴로 행복하게 남동생을 쳐다보곤 하셨다. 친정 엄마는 스스로 자신이 대견한 듯한 일을 다 한 사람처럼 행복해 했다. 그러니 남동생도 방긋방긋 잘 웃었다. 그때 나도 엄마에게 웃어 주었더니 쓸데없이 히죽거린다고 더 맞았다. 같은 웃음이 아니었다. 공평하지 못한 어른들의 자식 사랑은 그 당시 나만 그런 것이 아니었다. 그 시절 내 또래 친구들도 같은 상황이었다. 유교적 교육과 에고가 섞여진 어른들의 생각들 때문에 친구들과 한 번씩 만나면 부당하게 당한 어린 시절 이야기를 하곤 했다. 상처로 남은 자국은 지워지지가 않고 죽을 때까지 갈 것 같다고 입을 모을 때가 많았다.

큰아이를 가졌을 때 '엄마가 웃으면 아이도 행복하다'이 구절에서 나의 뇌가 멈추어 섰다. 어린 시절 엄마의 미소와 웃음을 내가 왜 그렇게 원했나를 생각해 보았다. 어린 나는 행복해지고 싶어서 그랬구나, 그때 잃어버린 기억 들이 하나 둘씩 되살아 났다. '아이가 태어나면 무조건 웃어주자. 그리고 무조건 웃겨주자'고 다짐했다. 내 아이가 행복해진다는데 무엇을 못할까 싶었다. 어린 남동생이 깔깔거리며 엄마를 행복하게 해주었던 모습도 스쳐 지나갔다. 아이의 행복이 엄마의 웃음에 있었고 아이의 웃음을 보고 엄마도 행복 속에 있다는 것을 깨달았다. 서로에게 윈윈이 되는 돈 안 드는 능력이 먼저 엄마한테 있다는 발견을 했다. 엄마가 웃으면 아이가 행복하다고 깨우친 그 날부터 웃음에 대해 연구하기 시작했다. 혼자 있는 시간에 거울을 보고 미소 연습과 웃는 얼굴 근육들을 연습하기 시작했다. 잘 될 리가 없었지만 빈도에 대한 철학을 믿고 계속 연습하기로 했다. 내가 영어 문장을 외울 때 백 번도 넘게 쓰고 소리내서 외웠다. 반복과 빈도에 대해 습관 된 기억을 이용해 웃음 공부를 하기로 했다. 탈렌트 코드라는 말을 어떤 강연에서 처음 들었다. 그 언어는 몰랐으나 안 돼도 될 때까지 계속되는 횟수를 나는 사랑한다. 언제라도 아이와 눈이 마주치면 자연스럽게 나올 수 있는 웃음을 만들어야 되었다. 유전적인 화는 무참히 아이를 위해 만든 웃음을 거두어 가버린다. 선전포고도 없이 바로 나오는 화가 최대의 적이었다. 육아에 대한 남편의 이해할 수 없는 부분들이 화나게 하는 순간 벌써 화에 점령 당한 뒤 한 없이 나락으로 떨어지는 허탈한 마음이 문제였다.

　지구상 동물들은 새끼를 암컷이 키운다는 다큐를 보고 있을 때 스쳐 지나가는 생각들이 있었다. 아이가 태어나고 전쟁 같은 하루 하루가 시작되었다. 맞벌이 한답시고 이것 저것 해달라 하다가 싸움으로 막이 내렸다. 아빠 노릇을 못하는 남편의 모습이 결국 화가 되어 나와 아이를 힘들게 하겠구나 싶었다. 수컷은 교미만 하고 암컷이 새끼가 독립할 때까지 보호하는 동물의 생존 프로그램이 특별하게 마음에 와 닿았다.

모성애가 수천 년을 이어져 왔고 또 그렇게 이어지는 엄마라는 운명을 느꼈다.'그랬구나. 그래, 아이는 내가 키워야겠다!'고 결심을 굳혔다.

암탉도 혼자서 병아리를 키우는데 남편에게 없는 육아에 대한 바램을 없애 버렸다. 나 혼자서 라도 아이를 키우겠다는 생각으로 바꾸었다. 남편의 미숙한 아빠 모습 때문에 화나게 만드는 원인을 제거해버리니 남편이 안 도와주면 당연한 거고 도와주면 고마운 것으로 돌리는 마음이 쉬웠다. 마음이 훨씬 편하고 아이에게 자주 웃어줄 수 있었다. 힘들 때 마다 항상 나를 반갑게 맞아주시던 돌아가신 큰엄마가 무척 보고 싶었다. 나는 큰엄마의 미소를 닮고 싶어 항상 마음속에 그리곤 했다. 명절에 가면"왔나 뭐 먹고 싶노 네가 좋아하는 거 큰엄마가 만들어 놓았다."하면서 웃곤 하셨다.

그 크고 넉넉한 웃음을 우리 아이들에게 돌려주고 싶다는 소망이 생겼다. 만날 때나 헤어질 때 미소 날려주기는 지금도 계속 진행 중이다. 큰아이는 모유를 오래도록 먹었다. 내가 얼굴 가득 미소를 보이면 아이도 웃는다고 웃는 입가로 젖이 줄줄 흘렀다. 지금 생각해봐도 참 행복한 시간이었다. 아들이 태어나서 3개월 되는 때 다리를 크게 다쳐 수술을 하는 바람에 모유를 많이 먹이지 못했다. 내 품에 안겨 모유를 먹고 있는 3장의 사진이 있어 모유를 먹였다고 말할 수가 있어 다행이었다.

"엄마! 왜 나는 모유를 안 먹었어?"

어느 날 무슨 소리를 듣고 왔는지 유치원생 아들이 물었다.

"무슨 소리야? 모유 먹었는데."

하며 사진을 찾아 보여 주었더니 얼굴에 함박 웃음꽃이 폈다. 사진 속에 있는 행복한 나의 미소와 어린 아가였던 아들의 미소는 오래도록 아들을 따뜻하게 해줄 것 같이 행복한 모습이었다. 한참 동안 그 사진을 액자에 넣어서 보이는 곳에 놓아두었던 기억이 난다.

어릴 때 내가 자주 "너 엄마 뱃속에서 뭐하고 지냈어?" 이런 질문을 할 때마다 모유 먹은 것에 대한 행복함을 표현했다.

"엄마 젖 먹으면서 지냈지."

"맞나? 태어나서는 뭐 먹고 지냈어?"

아이가 행복한 얼굴로 대답한다.

"음, 엄마가 만든 볶음밥 먹으면서 텔레비전 보고 지냈지."

음에 가사를 넣어 뮤지컬처럼 만들어 대화를 했다. 볶음밥을 좋아해서 자주 해주었다. 누나랑 텔레비전을 보면서 볶음밥을 먹을 때 행복해 했던 기억이 났었는지 항상 같은 대답이었다. 나와 다르게 큰아이와 아들은 부러울 정도로 정말 다정한 남매이다. 지금도 마찬가지지만 둘이서 도란도란 이야기하는 모습을 볼 때면 이런 저런 생각이 들 때가 있었다.

만약 문제해결능력은 고사하고 내가 화만 내는 엄마였다면, 아이 말을 기다려주고 경청해주고 공감해주지 못했다면, 창의성을 만들 수 있는 좋은 기회는 고사하고 매일 성적과 등수로 아이들을 혼냈다면, 과연 내가 무조건 웃어주고 무조건 웃겨준다 해도 효과는 없었을 것이다.

이미 나의 화로부터 입은 상처가 아이들에게는 웃을 이유도 없고 웃을 힘도 없었을 것이 뻔하다. 웃겨주어도 진실이 결여된 엄마의 모습만 투영될 뿐 아무런 도움을 줄 수 없었을 것 같았다. 이미 건널 수 없는 나와 두 아이 사이에 놓여있는 괴리감이 소통을 막아버렸을 테니까.

많은 엄마들을 상담하면서 자식들이 말을 안 들어 죽겠다, 살겠다, 힘들다 했다. 상담을 할 때면 무조건 화내는 친정 엄마도 보이고, 기가 죽어 눈치 보느라 말을 못하고 아파했던 나의 유년의 모습도 휙휙 지나갔다. 친정엄마 닮은 화가 나에게 온 두 아이를 상처 입히고 빛 좋은 개살구처럼 남에게 보여주는 삶을 살려고 성적으로 아이들을 사지로 몰아가고도 남았을 것 같다는 생각을 문득했다. 웃지 않은 엄마의 모습에 아이들은 나쁜 마음으로 나처럼 탈출을 준비했을 수도 있었을 것 같다. 어쩌면 집을 나가서 뿔뿔히 흩어져 살고 있을 수도 있겠다 싶었다.

이런 반복된 과정을 이겨낸다 해도 사회에 나가 보면 시험 점수만 맞추던 창의성이 결여된 사고를 회사가 원하지도 않는다. 사실 27년 진 친구가 되고자 했던 그 시절에 4차 산업혁명 시대를 들어보지도 못했고 그런 시대가 도래할 거라는 생각은 꿈에도 해보지 못했다.

긴 세월 왕따 당하고 4차원 엄마 소리를 귀에 못 딱지 앉게 들으면서 흔들리지 않고 내가 만든 세가지 방법은 내가 만든 엄마표 자유학교의 모체가 되어 엄마이면서 친구이며 선생님으로 아이들과 공유했다. 자식과 친구도 되었으며 이 시대가 원하는 아이들을 덤으로 얻은 셈이 되었다. 내가 만든 개그로 깔깔거리며 웃겨주는 웃음을 듣고 보고 자란 두 아이들은 안락하고 따뜻한 엄마의 자궁 안처럼 행복했다고 했다. 돈으로 환산 할 수도 없는 어마어마한 선물을 두 아이에게 한 셈이 되었다. 엄마의 사고의 틀을 바꾸지 않는 한 엄마도 힘들고 자식도 힘들어지는 일은 반복된다. 지금도 늦지 않았다. 바로 이 순간 자신을 바꿀 수 있는 엄마가 될 수 있다고 이 세상 모든 엄마에게 외치고 싶다. 적어도 웃어주면서 눈이라도 맞추는 선물을 자녀들에게 자주 해주라고 몇 갑절로 되돌려 줄 자녀들이 될 것을 알기에 말해주고 싶다.

욱하는 성질 죽이기

대를 이어 내려오는 유전형질 중에 화를 못 이겨 욱하는 성질이 아들에게 있었다. 예술중학교 1학년 때 일이다. 피아노 레슨을 데려다주기 위해 하교 시간에 교문 밖에서 아들을 기다리고 있는 중이었다. 그때 담임 선생님으로부터 전화가 왔다. 교육청 교육 때문에 하루 종일 학교에 없었는데 반 아이로부터 전화가 와서 아들이 자해를 했다고 하는 내용이었다. 아직 아이를 만나지 못했다고 하니 나중에 아이를 만나고 나서 무슨 일인지 전화를 부탁 한다고 했다. 전화를 받고 있는데 횡단보도 건너편에 아들이 서 있는 것이 보였다. 항상 그랬듯이 손을 흔들며 함박웃음으로 아이와 눈이 마주쳤다. 웃지 않았다. 가까이 와서는 바로 얼굴을 들지 못했다. 얼굴에 무엇으로 긁힌 핏자국이 보였다. 내가 무슨 일이냐고 물었더니 그냥 긁혔다고 아무것도 아니라고 했다. 가다가 약 사서 바르자고 한 뒤 차에 태웠다.

피아노 레슨을 받으러 가는 길이라 간식도 사 먹여야 했는데 아이 기분이 침

울해서 가만히 놔두었다. 몸은 같이 있는데 아이의 영혼은 다른 곳에 잡혀 있는 듯했다. 많이 궁금했지만 이야기를 할 때까지 기다리기로 했다. 모른 척 보통처럼 웃고 떠들다 보니 아이도 평온해진 모습이었다. 저녁에 두 아이와 소파에 앉아서 이런저런 하루 있었던 이야기를 하는 중에 아들이 학교가 너무 힘들다고 했다. 음악과와 미술과가 같이 섞여져서 공부를 하다 보니 미술과 여학생들이 많이 놀려서 힘이 들었다는 말만 계속했다. 신학기가 되면 힘이 드는 것이 당연한 사회 부적응 증세였다. 충분히 알고 있고 이해하는 말이었다. 어느 정도 좋아지는 줄 알았는데 낯선 사람의 강도가 높은 장난은 이겨내기가 힘이 들었다. 사춘기가 시작되는 초입이라서 엄마의 위로가 많이 필요했다.

"에구, 오늘 아들이 힘이 많이 들었겠다. 하늘이 맑은 날도 있고 흐린 날도 있듯이 오늘은 흐린 날이었네. 말도 안 되는 일이지만 잘 참아줘서 다행이야."

엄마는 항상 아들 편이라고 몇 번이고 말해 주었다. 얼굴의 자해 흔적은 더 이상 묻지 않았다. 담임선생님께도 자해가 아니라고 보고를 했다.

아들이 말 안 해줘도 다 안다. 욱하는 성질이 유전처럼 증조 시할머니, 시아버지, 남편, 또 내 아들까지 대대로 유전되어 내려오고 있다. 미술과 아이들 때문에 욱하는 화가 아들을 건드린 거였다. 누구나 화를 내보아서 알겠지만 나도 모르게 화가 났다고 표현한다. 그 대상이 엄마가 아이한테 냈다면 사과나 위로가 없이 지나면 나처럼 어릴 때 트라우마를 당하게 되는 거다. 미술과 아이의 심한 장난으로 자신도 모르게 욱해서 자해를 하고 후회하는 아들이었다..

화가 순간이동으로 아들을 화쟁이로 만들었다. 자신도 모르게 샤프 펜으로 얼굴에 자해를 해버린 거였다. 나중에 알게된 일이지만 아들은 자기 안의 화라는 놈이라고 표현했다. 그놈에게 당하고도 꼼짝 못 하는 자신도 느꼈다고 했다. 사춘기 초입이니 앞으로 치러야 할 전쟁이 느껴졌다. 얼마나 많은 날들을 아파해야 될까 나는 얼마나 많은 기다림과 공부를 해야 할까 벌써 유전적인 화는 그날의 사건을 계기로 내 아들의 이곳 저곳으로 전이되어 제2의 성장통을 예상하게 했다.

신혼 초에 화가 나면 순간 다른 사람이 되는 남편이었다. 화가 너무 나있는 낯선 남편을 보고 지금 안에서 화내고 있는 사람을 몸에서 나가라 해달라고 말한 적이 있었다. 남편은 무슨 말이냐는 듯한 표정을 지었지만 시간이 많이 지난 후에 남편도 그것이 무슨 뜻인지 알게 되었다.

아들이 사회 부적응 증세로 부모 심리검사 후 남편과 아들이 너무나 같은 성향이라는 걸 알게 되었다.

만반의 준비를 해야 했고 잘못하면 유전적인 욱하는 화 때문에 아들을 인생의 낙오자로 만들 수도 있겠다 싶었다. 아들의 답은 아빠한테 있었다. 남편은 사회 부적응 증세로 사춘기 시절을 고통스러운 날들로 보냈었다. 좋은 성적만을 원했던 가정환경속에서 화를 내고 있는 자신을 느끼지도 못하고 당연한 듯 생활했다. 남편은 어릴 적 억울한 화가 저 밑바닥 마음속에 꾹꾹 눌려져 있는 것을 모르고 있었다. 나는 시어머니처럼 연한 배 같은 성향은 아니다. 정신적으로는 많이 아팠지만 나는 잔다르크처럼, 무소의 뿔처럼 씩씩하다. 나의 목표는 아들이 가지고 있는 저 용광로처럼 끓는 욱하는 화를 열정으로 바꾸어 주는 거였다. 아들이 한 살도 되기 전에 해보았던 머리카락으로 유전자 검사 결과는 그리 걱정할 일들이 없어 보였다. 착하다 했다. 움직이는 것을 좋아하지 않아서 비만이 될 가능성이 높다 했고 혼자 있기를 좋아해서 직업군도 혼자서 할 수 있는 걸 찾아보라고 했다.

남편도 양육하는 방법이 달랐다면 나 같은 엄마를 만났다면 삶의 주인으로 훌륭하게 잘 살 사람이라고 그때 생각했다. 열 가지 중에 좋은 점 아홉 가지에 딱 하나 안 좋은 점은 욱하는 성격이었다. 주위에 둘러보면 우리 세대의 거의 비슷한 슬픈 자화상은 아픔이 되어 인생을 좌지우지하고 있다. 어른을 섬기던 시절의 양육에서 만들어진 상처들이다. 자식에게 상처 입히는 슬픈 일은 우리까지만 해도 충분하다. 아들까지 힘이 들게 하는 집안의 대대로 내려오는 유전 형질을 바꾸어 버려야겠다고 다짐을 했다. 가끔씩 대화 도중 갑자기 화가 나면 목소리부터 달라지는 남편이었다. 무엇 때문에 화를 내는지 조차 모르지만 화로 인해 사람이 바뀌는 그 순간을 느낄 수 있었다. 남편의 여러 증상들은 오히려 심리적인 공부가 되었다. 화 많은 나의 에고도 새로운 시각으로 대해야하는 남편의 문제 때문에 잠시 사라진 느낌 들었다.

여태껏 내가 보아온 사람들도 화를 내는 순간은 다른 사람이 되었다. 거꾸로 화를 내는 순간을 시작으로 과거로 뒤집어 보는 유추를 하기 시작했다. 내 모습도 보였다. 누군가 나를 인정 안 해준다고 생각이 들었을 때 내 안에 다른 자아가 깨어나 화를 내었고 그 사람을 나쁜 사람이라고 인식했다. 상대가 먼저 관계를 끊어버릴 것 같으니까 일방적으로 관계를 먼저 끊어버리는 일이 다반사였다. 어릴 때 엄마로부터 인정받고 싶은 욕구가 좌절되었을 때 입었던 상처가 원인이었다. 누구나 다 있을 법한 일이다. 알게 모르게 상처를 받지만 사실 상처를 주는 사람은 아무도 없다. 정말 걱정 없어 보이고 행복해 보이는 사람과 이야기를 해보아도 의식하지 못했던 어릴 때 상처들이 많았다. 마음속 깊이 또아리를 틀고 있어 겉모습은 행복해 보였지만 정작 본인은 외롭고 슬프다로 표현했다. 원인이 있었겠지만 어느 부분에서 성장이 멈추어 버린 것이다.

내가 가지고 있는 화에 대해 자유롭고 싶어 계속적으로 관련서적을 읽고 또 공부했다. 하지만 다수의 대부분의 사람들은 의식하지 못하고 그냥 지나가는 것 같다.

특히 남편은 내가 만난 사람 가운데 가장 힘든 상황을 겪고 있는 사람 중에 한 사람이었다. 연민과 화가 교차하면서 나의 성장을 도운 스승이다. 내가 언제 까지고 같이 가야 할 동반자이기에 중요한 일이 아닐 수 없었다. 혹시라도 갑자기 내가 없는 세상이 온다면 두 아이가 불행해질 것이 불 보듯 보였다. 내가 방어벽이 되어 남편의 화를 조절해주고 있지만 그 방어벽이 사라지면 두 아이가 불행해질 가능성이 컸다. 아들은 어릴 때 아빠가 했던 부당한 일들에 대한 기억이 많았다. 물론 큰아이도 아빠에 대해 안 좋은 기억들이 있었다. 내가 없는 사이에 갑자기 일어났던 일들이었다. 위로를 해주었지만 나의 위로는 필요가 없었다. 상처를 준 사람의 위로와 사과가 상처를 조금이라도 치유할 수 있다. 지금까지도 기억을 하고 있다는 것은 잊히지 않는 나쁜 기억이 되어 버렸다는 뜻이다. 내가 친정 엄마를 나쁜 기억속에 넣어 버렸듯이 남편이 시아버지의 기억이 안 좋아서 평생 가슴에 담아놓고 살듯이 대를 이어가는 상처는 공부이며 자기성찰의 도구이다. 어린 꽃봉오리에 생채기를 내는 세대를 이어 내려오는 어쩔 수 없는 에고가 여러 가지 트라우마를 만들어 상처를 입힌다. 우리 가족의 삶 속에 스며있는 욱하는 화가 아들에게 대를 이어 내려오는 현실이 보였다. 남편은 지금 고등학교 1학년 시절에 스스로 닫아 버린 그때보다 훨씬 좋아졌다. 화가 나면 목소리가 달라 지다가도 아차하고 순간을 느끼는지 금방 돌아온다. 상처를 받지 않도록 하는 훈련이 큰 공부가 되어 마음의 평화를 느끼는 순간이 많아지는 것 같다. 엄마표 자유학교에서 아빠보다 더 자라버린 아이들은 누구보다도 남편을 이해하고 있다.가끔씩 아빠의 상처를 보고 인문학의 답을 찾아가며 스스로의 삶을 관조할 수 있는 능력이 있는 아이들로 자라주었다. 독립을 앞둔 두 아이는 전체를 보듯 부모도 이해하고 위로할 줄 안다. 기다려주고 들어주고 격려해주고 위로해주면서 아이들의 영혼은 다치지 않았다.

　지금도 등수와 성적으로 신분이 나누어지는 학교의 성적에 대한 제도권속 보이지 않는 힘의 균형을 대화와 존중으로 막아 내어준다. 어떠한 결정을 내리더라도 그 창의적인 생각을 높이 평가해 준다. 내 눈에는 학교는 그냥 아이들을 위한 나름의 사회이지 공부를 주입시켜가며 결과지를 숫자로 내어 아이들의 영혼에 생채기를 내어서는 안 된다고 생각했다. 그 덕분에 두 아이는 내가 만든 자유학교에서 자율적으로 사고 할수 있었고 학교 공부 외에 원하는 것들을 공부할 수 있었다.

　엄마가 매일 웃는 얼굴이고 행복한 얼굴이면 아이들도 웃어준다. 그리고 행복해한다. 자기 전 배가 아파 뒹굴다 잠이 든다. 너무나 웃긴 엄마가 잘 웃겨 주니까 하루의 마감을 언제나 웃음으로 한다. 무슨 뜬구름 잡는 이야기냐고 한다든가 마음은 가득하나 잘 안된다며 나의 전용물처럼 이야기하는 엄마들도 있다. 맞다. 잘 안 되는 것이 당연하다.

　각자 자기 안의 화가 기본적으로 있기 때문에 게임하는 아이들만 보아도 성적이 조금만 내려가도 화가 치민다. 바쁜 일상에 잠시 만나는 시간에도 자신도 모르게 잔소리를 해댄다. 자녀들의 다큐 프로그램을 보고 있으면 부모들의 하소연이 보인다.

　잔소리 또한 화가 원인인 셈이다. 어릴 때는 저 하늘에 별도 따다 줄 것처럼 세상에 모든 것을 다해줄 것 같이 자기를 예뻐 했던 엄마가 학교의 성적이라는 제도권으로 들어오면서 다른 사람으로 변해 있다. 이 상황은 아이들 입장에서 보면 선전포고도 없이 하는 전쟁이다.

　이러다 사춘기가 오면 감당할 수 없는 사태가 벌어진다. 상담한 엄마들 중에는 예측하지 못한 행동을 하는 사춘기 자녀들 때문에 마음을 못 잡아서 어머니들끼리 기도회를 만들어 노력해보는 엄마들도 있었다. 우리는 화를 내고 있는 자신을 그 순간 기억을 못한다. 무슨 말을 해서 아이를 힘들게 했는지도 모른다. 친정 엄마가 나한테 섭섭하게 한 적이 없다고 한 것처럼 기억에 없다.

정말 작은 생각부터 시작해서 습관으로 만들려는 의지가 있어야 한다. 아침에 일어나 첫 숨을 들이쉬면서 오늘도 살아 있음에 감사하는 기도가 필요했다. 일어난 이 자리에 다시 다 같이 돌아와 누울 수 있기를 기도하는 습관을 들였다. 감사하는 마음으로 내 안의 화를 잠재우게 해달라는 기도와 함께 조금씩 변화를 이루어내는 하루 하루를 시작했다.

결국 아들은 자기 안에 있는 화를 인식했다. 레슨이 잘 안될 때 머리를 쥐어뜯으며 불같이 화를 낼 때마다 레슨 교수님은 그냥 바라보고 기다려주었다. 교수님과 상담 중에 한창 사춘기를 지나는 아들의 상황을 특별히 보신 것 같았다. 교수님께 예의를 갖추는 것과 그 불같은 내는 화 사이에 갈등이 있었지만 어쩔 수가 없었다. 아들이 만든 해설이 있는 톰과제리의 음악회 데뷔 무대를 청춘도다리 회원들과 함께 가진 적이 있었다. 아들은 음악회를 마친 후 피아노 레슨 교수님의 자기를 향한 제자 사랑을 절대 잊지 못할 거라고 했다. 화가 많은 제자의 열정을 음악으로 이끌어 내셨다는 것을 아들을 알고 있었다. 이 자리에는 안 계시지만 존경한다고 소감을 말했다. 그 동안 있었던 일들이 주마등처럼 스쳐가면서 코끝이 시큰했었다. 레슨교수님이 자기가 내는 불같은 화속에서 인내해주셨던 시간을 아들은 알고 있었던 거였다. 평생 절대 잊지 않을 거라고도 했다.

아들의 불같은 화가 음악의 열정으로 바뀌는 과정은 오랜 시간이 필요했다. 조력자들이 있었고 기다림과 시간이 필요했다. 아직도 진행형이다. 욱하는 성질은 평생 친구처럼 달래며 가야 될 것 같다.

무엇이 당신을 화나게 만드는가

꿈속에서도 엄마는 아이의 편이 되어 주어야 한다. 부유한 집에서 태어나서 부모의 지원도 받고 귀한 대접도 받은 중학교 때 친구가 있었다. 세상 부러울 것 없이 자랐고 대학 졸업후 의사와 바로 결혼해서 친구들에게는 부러움의 대상이었다. 그 후 오래도록 연락이 안 되어서 궁금해 했는데 몇 해전 이혼을 하고 아이 셋을 키우며 산다는 소식이 들려왔다. 정말 오랜만에 그 친구를 만났는데 기대한 만큼 우아하고 지적으로 품격 있게 나이 들었다는 느낌이 들었다. 역시 좋은 교육을 받은 티가 나는 구나 싶었다. 몇 번 만나다 보니 자녀들 문제로 힘들어 하고 있다고 고백을 했다. 내 아이들의 성장 이야기를 들으면서 고민을 털어 놓았다. 아직도 부모님의 도움을 받고 있고 모든 결정권이 부모님에게 있다는 이야기도 했다. 무슨 일이 생기면 부모님이 웬만한 것은 다 해결해 주시고 이혼의 결정도 부모님이 하셨다고 했다. 내가 두 아이와 함께한 시간에 대해 자신을 돌아보며 후회와 부러움을 많이 표현했다.

　서른이 훌쩍 넘어버린 딸은 무얼 해야 할지 모르고 있고 부모의 이혼으로 일찍 아버지의 부재를 느낀 둘째와 막내는 더 힘이 드는 아이라고 했다. 어느 날 친구들을 집으로 초대해서 갔던 적이 있었다. 화가 가득찬 친구 모습에 깜짝 놀랐다. 아이들을 향해 속사포 같은 잔소리와 매질을 번갈아 가며 했다. 비꼬는 말투로 딸아이가 입은 옷에 대해 훈계를 하는 것까지 딱 나의 친정엄마였다.

　우아하고 품격 있고 지적인 모습은 다 어디로 가고 없고 화와 짜증이 잔뜩 묻어 있는 다른 사람이 되어 우리들 눈앞에 있는 거였다. 그리고 보니 나는 이 친구와 정반대의 현실을 극복하며 살았고 공부하는 마음으로 여기까지 왔다. 대비되는 친구의 삶과 나의 삶을 돌아보니 그 친구보다는 내가 얻은 것들이 더 많았다. 나는 적어도 내 삶의 주인으로는 살았다. 화가 나니 우리가 보고 있다는 자각이 안 되었던 것 같았다. 순간 이동으로 가버린 화는 파괴적이다. 그 친구는 후회할 것을 알면서 왜 화를 내는지 모르겠다고 한다. 인간의 감정에는 화가 이미 장착되어 있는 것을 인정해야한다. 친구는 어릴 때 부모로부터 자유가 없는 삶을 살았다고 고백했다. 끊임없는 잔소리와 부모의 지위에 맞게 보여주는 삶을 위해 인형처럼 시키는 대로 살았고 지금도 그렇다고 했다. 아이들만 보면 화가 나서 미치겠다고 했다. 잠시 혼동이 왔다. 보여주는 삶의 허상을 다시 느끼는 순간에 내가 가장 싫어하는 빛 좋은 개살구 같은 인생을 보는 것 같았다.

　경찰청 범죄 심리분석요원의 강연을 들은 적이 있었다. 희대의 살인자들 기억 속에는 어릴 적 부모의 학대가 가장 큰 원인이라는 분석을 내놓았다. 행복해 하는 것을 보고 기분이 나빠져 살인을 저지르고도 분이 안 풀리는 살인자도 있었다. 자기는 불행한데 지나가는 사람의 행복한 웃음소리가 살인을 부른 것이었다. 우리 주위에는 크고 작은 사건들 중심에는 어릴 적 받은 모멸감과 수치심이 화를 부르는 경우가 많다. 특히 엄마가 주는 상처는 어마어마한 파괴력이 있다. 희대의 살인자의 고백에도 있다. 엄마에게 복수하기 위해 살인을 저질렀다고 했다. 인간은 화를 떠나 살 수 없는 것은 분명하다. 화를 열정으로 바꿀 수 있는 기술을 익힌다면 이야기는 달라진다.

자녀를 키우는 엄마들 중에도 아이가 학교에서 문제가 있었다는 학교 선생님 말만 믿고 순간 아이에게 화를 낸다. 화가 나서 아이를 혼 내놓고 정신을 차린후 상담을 신청한 엄마들이 간혹 있다. 뒤늦게 무엇이 잘못되었는지 알게 해주면 어떻게 해야 할 지 난감해 하는 엄마들은 적어도 희망은 있다. 끝까지 아이의 잘못을 곱씹으며 힘들게 하는 엄마들이 문제이다. 학교 선생님의 말은 아이가 학교에서 행동하는 보고서 이지 결말이 아니라고 말했다. 선생님이 아이의 문제점을 지적 해 주었을 때 선생님과 부모 사이에 정보 공유가 있을 뿐이다. 학교에서의 아이의 생활을 보여주는 역할을 선생님이 부모에게 보고하는 것인데 우리 때는 난리가 났다. 자녀가 문제가 있다고 인식해버리는 엄마의 화가 문제인 거다. 엄마의 화는 선생님의 화보다 아이를 더 주눅 들게 한다. 위축된 뇌는 아프다. 즐겁지가 않다. 얼이 빠져 무엇을 해야 될지 모른다. 어릴 때 부모의 화가 인풋되고 나서 주눅, 위축되는 뇌, 멍한 영혼, 분노조절 능력의 결여들이 아웃풋되어 한 인간의 삶을 멍들게 한다.

우리의 영혼이 평화스러워야 무엇이든 즐겁게 할 수 있다는 것은 너무나 잘 알고 있는 내용이다. 어디서 오는 지도 모르는 분노나 불편한 마음의 소리가 우리를 힘들게 한다. 마음 속 자가검열이 시작되면 의욕이 사라진다. 어느 분의 강연을 들은 적이 있었는데'기분 좋은 뇌가 공부를 잘한다' 라는 주제였다. 내가 상담을 할 때마다 "언니의 두 아이는 원래 잘하잖아요. 제 아이는 문제투성이에요." 라는 말을 들었다.

두 아이가 원래 잘하지 않았느냐 하는 말을 제일 많이 들었다. 결론이 났다. 상대의 생각은 거울이다. 내가 아이들에게 해 준 것이 저거였구나 싶었다. 아기들이 태어나서 처음부터 잘하면 아기가 아니다. 그동안 두 아이에게 해주었던 일들이 파노라마처럼 스쳐 지나갔다. 항상 기분 좋은 뇌를 만드는 환경을 만들어주는 엄마표 웃음, 웃겨주기, 성적과 등수에 신경 쓰지 않는 엄마, 어떠한 모순적인 이야기라도 일단 들어주는 엄마였다. 아이들에게 적어도 기분 좋은 뇌를 만들어 주며 살아 왔구나 싶었다.

시험 기간에 시험공부를 안 해도 아이들이 좋아하는 게임을 해도 엄마의 잔소리가 없는 분위기다. 어떻게 보면 잘못될 것 같지만 오히려 성적이 나빠지지 않았다. 공부를 잘해서 좋은 대학을 들어가도 아이는 행복해야 되고 공부를 못해도 아이의 행복은 특권이다. 엄마의 잔소리의 출발점은 좋은 대학가는 것에 채널이 맞추어져 있다. 보여주는 아이로 자라면 나중에 힘들어진다. 아들은 친구들이 입시 때문에 괴로워하면 자신의 행복이 먼저라고 말해준다고 했다. 엄마의 기대가 아이들의 뇌를 공부가 인생에 다인 것처럼 맞추어져 간다.

자신의 꿈이 대학에 가면 찾아지지 않겠냐는 막연한 생각이 자리하고 있을 수도 있다. 하지만 꿈은 대학에 가기전에 이미 만들어져 있어야 된다고 생각한다. 아이가 꿈을 찾는데 가장 방해꾼이 엄마의 기대에서 출발하는 화라고 생각한다. 아무리 엄마 외 다른 사람들로부터 상처를 받는다 해도 엄마의 위로는 약이 된다는 것을 기억해야 한다. 남자도 여자가 낳는다. 남자는 여자보다 더 모성애를 원한다. 두아이에게 항상 마음이 따뜻한 사람을 만나 결혼하라고 한다. 살아보니 조건은 그다지 중요하지 않은 것 같았다. 너의 안에 들어 있는 잘하는 것은 백지에 써보라고 했다. 못하는 것보다 잘하는 것 좋아하는 것에 열정을 부어주라 했다. 좋아하는 것을 하다 보면 잘하는 것이 되고 즐기다 보면 단점이라고 생각되는 것은 사라진다. 요즘은 이 부분을 실천하고 있는 아이들과의 대화 하는 시간이 재미 있다. 부모들은 자녀들이 남보다 뭔가 특별한 사람이 되기를 기대한다. 부모의 마음이 그 특별함에 이끌려 가면 자녀들이 행복할 수 있는 기회를 저버리는 경우가 허다하다. 그냥 내 아이가 건강하게 살아주는 것만도 감사한다면 그 특별함이나 그런 것은 있지 않는 것 같다. 더 희망을 걸어본다면 엄마와 자녀와의 관계가 얼마나 건강한지 건강하다면 지속 가능한 관계성에 더 관심을 쏟아야 한다. 엄마의 마음 내려놓기 훈련을 먼저 해야 한다. 엄마의 마음 내려놓기 훈련을 먼저 해야 하는 이유는 사춘기 전에 자녀가 엄마를 자기 편이 아니라고 생각한다면 자녀와 소통에 있어서 문제를 가지고 가는 시간이 기다리고 있기 때문이다. 보편적인 생각이지만 누구나 적이라고 생각하면 아무리 좋은 조건의 이야기라도 귀에 들어오지 않는다. 감언이설쯤으로 생각하기 쉽다. 아이가 무엇을 좋아한다고 할 때 같은 방향성을 두고 적극 지원하게 되면 아이와 같은 편으로 될 수 있는 기회를 잡는 거다. 적극 지원을 했을 때 같은 뜻을 가진 관계성 때문에 사춘기가 그냥 지나갈 수 있는 가능성이 크다. 그러다 보면 아이들의 꿈을 찾아주는데 접근이 쉬워진다. 엄마가 자기 편이라고 생각하면 동기부여와 의욕을 내는 신경계 물질인 천연 도파민을 아이에게 주는 것과 같다. 자기 편인 엄마를 위해서라도 열심히 해야겠다는 생각까지 든다면 아이와 엄마의 관계는 순풍으로 향해하는 배나 다름없다. 넓은 바다를 아이와 같이 항해하며 누릴 것만 보인다.

자기가 하고자 하는 것을 실현하려고 하는 내적 동기가 충족되었을 때 자존감이 올라간다. 학교 성적이나 좋은 대학에 내적 동기를 찾아도 엄마의 기대로 몰아간다면 자녀들은 힘들어지게 되어 있다. 아이와 소통이 안 되는 엄마 일지라도 말없이 어깨를 토닥이는 행동도 아이에게는 위로가 된다. 내적 동기를 성적이나 등수에서 찾아주려고 하면 아이들의 꿈이 좌절되면서 스트레스를 많이 받는다. 무력감에 시달려 삶의 의욕을 떨어뜨리는 결과를 내게 된다.

아들의 초등학교 후배였던 중학교 2학년 남자아이 때문에 상담했던 일이 있었다. 초등학교 때부터 공부도 잘하고 모범생이었기에 엄마의 기대가 대단히 높았다. 처음에는 아이가 두통과 복통 때문에 병원을 찾았지만 소용이 없었다고 했다. 엄마는 갑자기 점수가 전체적으로 다 떨어지고 더군다나 이유를 모르게 멍하게 있는 시간이 많아져서 걱정을 했다. 요리사가 되고 싶다는 아이의 꿈을 엄마가 반대한다는 것 하나가 걸렸다. 공부를 잘하기 때문에 좋은 대학을 꿈꾸었던 엄마의 시선과 아이의 시선이 안 맞는 거였다. 요리사도 공부를 잘해서 좋은 대학을 가고 박사학위도 따고 그러더라고 했더니 그 아이 엄마의 생각이 달라졌다. 부모들은 자기가 알고 있는 만큼만 아이들의 꿈을 받아들인다.

의견이 안 맞으면 화를 내어서 조금이라도 남아있는 아이의 꿈마저 태워버린다. 그 뒤 아이들은 좌절과 함께 꿈을 포기하고 자존감도 내려간다.

한 아이의 잃어버릴 뻔했던 꿈을 엄마의 변화된 마음으로 다시 찾았고 엄마는 적극 지원을 약속했다. 아이의 꿈을 한 방향으로 봐주어야 할 엄마들이 그렇지 못할 때 아이의 꿈은 성장하지 못하고 멈추어 버릴 수도 있다.

아이들이 좋아하고 즐거운 것을 찾았을 때 같은 곳을 바라보며 적극 지원을 해야 하는 이유는 자녀들의 인생 2막을 위해서다. 제2의 시기인 직장을 가지고 가정을 이루었을 때 본인이 좋아하고 즐거운 것으로 직업이 되었으면 하는 간절한 바람이 있었다. 나에게 있어서 좋은 대학은 아이들이 가고 싶은 대학이었다. 한번 살다가는 인생이다. 자녀가 주인이 되는 인생을 살아가게 해주고 싶었을 뿐이다.

아이들에게 웃을 수 있고 웃겨 줄 수 있었던 가장 근본적인 원동력은 학교라는 제도권에 있을 때 성적에 대한 욕심이 없었기 때문이다. 왜 우리는 아이들에게 화가 날까? 주로 상담하는 어머니들은 아이 때문에 화가 난다고 했다. 성적이 좋았던 아이가 공부에 관심을 잃어버렸을 때도 어머니들이 걱정하는 것은 성적이었지 아이 내면의 아픔이 아니었다. 아이가 왜 힘들어하는가 하는 생각보다도 좋은 성적 좋은 대학에 초점이 맞추어 있었다. 막연하게 성적이 좋아야 된다는 생각의 틀에 빠져서 아이의 아픔이 안 보이는 것이다.

화의 원인은 욕심이다. 화는 물질의 욕심이든 성적에 대한 욕심이든 그것이 어떠한 욕심이든 잘 되지 않을 때 화로 표현된다. 아들이 사춘기 때 피아노 연습이 잘 안 될 때마다 화를 너무 내어서 미쳤구나 생각한 적이 있었지만 전공에 대한 열정으로 해석했다. 배우고 싶은 열정이 아들을 휘감아 버려서 미치게 하는구나 싶었다. 그 미친 열정에 감동했다. 그 때 처음으로 용광로처럼 끓는 아들의 저 화가 열정으로 변하게 할 수 있게 시스템의기본이 되는 영감이 스쳐 지나갔다. 열정의 화가 보석으로 빛날 수 있도록 해 주는 것이 엄마인 내가 해 줄 수 있는 최고의 일인 것 같았다.

아이와 엄마가 같은 곳을 바라보고 내는 열정의 화는 차원이 다르다. 욕심보다는 열정에서 나오는 화는 좋은 에너지가 되어 아이를 돕는다. 열정은 결과를 생각하지 않는다. 욕심에서 나오는 화는 결과가 중요하기에 상처와 좌절을 준다.

'무엇이 우리를 화나게 만드는가?' 라는 질문에 열정의 화인지 욕심의 화인지 구별이 필요하다. 화를 열정으로 바꿀 수 있는 기술에 대한 연구는 지금도 계속 진행 중이다.

우리가 살아가는 이유

30년이 넘는 길고 긴 직장 생활 속에서 우여곡절도 많았다. 한 번씩 의도치 않는 결과를 낳을 때마다 '왜 태어나서 이 고생을 하나?'라는 생각들이 스쳐 지나갈 때가 많다. 내 편인 줄 알았던 사람들이 자신의 이익 앞에서 신의를 저버리는 일들을 보면서 '인간이니까 그렇지.'라고 위안을 삼으며 살아왔다. 나 또한 나의 마음을 잘 모르니 그리 생각을 할 수밖에 없었다.

긴 직장 생활 속에서 근무 성적 평가서를 영어능력만 A등급이고 모든 업무 능력이 최하등급을 받은 일이 있었다. 오랜 시간 동안 해온 일이 갑자기 실수라고 새로온 미국인 상급자가 우겨댔다. 징계를 받고 몇 십만 원이 삭감되는 월급을 받고 나서야 끝났다. 인간을 해한 일들은 끝까지 파장으로 남아 부메랑으로 돌아온다. 우리 주위에는 악한 역을 맡아 우리를 깨우치는 스승들이 많다. 누가 악한 역할을 맡아가며 나를 깨우쳐 줄 수 있을까? 그런 관점에서 징계를 받는 과정에서 연출해준 동료들이 나에게는 매우 고마운 사람들이었다.

같은 동료라고 생각했던 사람들이 등을 돌리는 순간을 봤을 때 권력이라는 힘의 거품을 보았다. 징계를 주기 위해서 하는 절차가 우스웠다. 그러면서 징계를 받아야 되는 이유도 뚜렷하게 알게 되었다.

내가 눈을 감고도 할 수 있는 일들이 실수가 되어 있고 하지도 않은 일들이 한 것처럼 되어 있었다. 누군가 계속 감시를 하고 있었고 또 반대로 나를 아끼는 분들은 도와주려고 노력했다. 그러면서 이유를 모르는 일들로 심적 고통이 심해서 밤에 잠이 오지 않았다. 눈이 감기지 않고 입이 돌아가는 병도 왔었다. 모두 인생 공부가 되었다. 이유를 모르는 상황에서 밤에 잠을 잘 수 없는 고통과 얼굴 마비가 왔을 때 내가 징계를 받을 수 밖에 없는 한조각 잊어버리고 살았던 기억이 생각났다. 동료의 실수를 목격한 진술서 쓰기를 거부해서 그들이 말한 불이익 이라는 것이 나에게 징계를 주는 일이었다는 것을 깨달은 거였다. 나는 언제부턴가 직장에 오면 직장이 아니라 공부하는 곳이라고 생각하고 살아왔다. 하지만 이런 강도 높은 훈련이 찾아오면 육체적인 고통이 찾아오고 극복한 후에는 정신적인 성장이 기다리고 있었다. 좋은 스승들이 얼마나 많은지 또 아파하면서 엄청난 성장과 내적 성숙을 얻었다. 직장 동료가 내가 쓴 진술서 때문에 가족이 의식주 해결할 곳을 잃는 것보다 내 돈이 월급에서 조금 삭감되고 조금 고생스러운 것이 훨씬 마음이 편한 결과를 냈다. 솔직히 말하면 징계를 주어서 진정으로 감사했다라는 표현이 더 맞을 것 같다. 잃은 것보다는 얻은 것이 더 많았다. 힘든 날들 뒤에 무엇보다도 사람의 마음을 들여다 볼 수 있는 능력이 더 생긴 것 같았다. 저건 욕심이고 저건 사랑이고 그래서 원하는 대로 해주는 것이 정답인 것도 알게 되었다. 그래야 끝이 나기 때문이다. 요즘 말하는 코칭을 나 스스로 고통 속에서 배운 거나 마찬가지였다. 배우려면 돈도 많이 들 텐데 실전에서 바로 배워서 지금도 상담을 할 때 여러 곳에 잘 쓰고 있다. 징계를 주겠다고 결정을 내리기 전 누가 무엇을 어떻게 했는지에 대해 진행 과정이 내 머릿속에서 다 보이는 센스가 하나 더 생긴 거였다. 양심의 주홍 글씨를 쓰고도 신에게 기도하면 다 된다고 생각하며 종교를 믿는다. 인간에게 저지른 추한 일들을 숨긴다 해도 세상에는 이상하게도 다 밝혀내는 법칙이 있는 것을 알았다. 누군가를 힘들게 했다면 부메랑이 되어 다시 돌아온다는 진리가 우리 주위에 보이지 않게 존재하고 있었다. 세상의 이치가 널리 사람을 이롭게 하라고 방향성을 글로 남겨놓은 홍익인간이란 말을 항상 생각하고 살았다. 곧 인간 사랑이 그 말이고 같은 뜻이었으니까 두 아이에게 자주 들이 밀었던 말이기도 했다.

그 후 회사가 주는 아들의 장학금이 월급에서 삭감된 금액의 몇 배가 다시 들어오는 세상의 이치를 두 아이들에게 생생하게 들려주었다. 만약 사람이 먼저라는 인간 사랑에 대한 고민을 해보지 못했다면 이런 스토리 전개보다는 진술서를 써주었을 거다. 동료가 직장을 잃어도 관심이 없는 사람으로 살 수도 있었을 것이다.

"세상에 나가서 억울하다고 생각하는 일들 당하더라도 그들을 미워하지 말고 같이 대항하지도 마라. 네가 진실하다면 언젠가 밝혀질 것이다. 단지 시간이 적게 걸리고 많이 걸리는 차이가 있을 뿐이라는 것을 믿어라."

이 말을 보이지 않는 목걸이를 만들어 항상 목에 걸고 다니듯이 했다. 어떤 일이 생기면 대입해보고 실천하며 살았다. 고등부 마지막 예배 때 목사님이 세상으로 나가는 학생들에게 하신 말씀이었다. 선함이 선함을 낳는 체험을 두 아이에게 전하며 살아왔다. 타인들이 나에게 준 고통이 어쩌면 내가 예전에 누군가에게 준 고통은 아니었는지 되돌아보게 해준 귀한 시간이 되었고 인문학의 정수를 두 아이에게 고스란히 실전적인 이야기로 전할 수 있었다.

하수구에는 더러운 것들만 모인다. 세상도 악한 짓을 하면서 자각하지 못하면 하수구에서 사는 것과도 같다. 비가 오면 하수구에 살던 것들이 싹 씻겨서 어디론가 사라지듯이 내 주위에 그런 사람들은 어김없이 대가를 받고 사라져 갔다. 인간에 대한 사랑이 없으면 사람 위에 군림하려 한다. 끝도 없는 욕심에 끌려 살다가 대가를 치르게 하는 세상이다. 지혜롭게 인생을 위해 실제로 겪었던 일들을 버무려 두 아이와 자주 인문학 시간으로 이야기꽃을 피우곤 한다.

실제로 있었던 선행이 15년 후에 선함을 낳는 귀한 체험 이야기가 나에게 있다. 선함은 선함을 낳은 실제 이야기를 두 아이는 정말 좋아한다. 내가 아들을 임신했을 때 한국계 미국인이었던 직장 상사가 억울한 사건에 휘말렸다. 동료들의 진실이 담긴 진술을 부탁했으나 다들 그러마 하고 약속을 했었지만 진술하는 날이 다가오니 하나 둘씩 동료들의 마음이 변했다. 진술을 하지 않기로 결정을 했던 이유는 돌아올 불이익들이 진술을 해야 하는 용기를 꺾어 버린 것 같은 분위기였다. 이유는 돌아올 불이익들이 진술을 해야 하는 용기를 꺾어 버린 것 같았다. 이런 이야기는 세상에 널려있다. 진실하신 분이라 믿었기에 나 혼자라도 진술을 해드렸다. 그분은 사건에서 당연히 졌고 급기야 한국을 떠나셨다. 그 후 엄청난 불이익들이 나에게 쏟아졌다. 그 당시 아들을 임신하고 있었던 나는 유산을 걱정할 정도로 힘든 일이 많았다. 아들을 낳고 산후조리를 마치고 오자 나는 다른 곳으로 보내졌다. 다른 부서로 쫓겨나 일했다. 하지만 나는 어디서든 8시간 일을 하면 된다고 생각했다. 내가 보내졌던 곳에 계신 분들은 다 좋으신 분들이었다. 분명 위기였는데 새로운 기회로 내 앞에 와주었다. 정말 휴양지에 온 듯 잘 지냈다. 좋은 인연들도 맺었다. 지금도 만나면 너무나 반가운 분들로 가족처럼 남아있다.

몇 해전 한국을 떠났던 그 직장 상사분으로부터 반가운 전화가 왔었다. 한국에 다시 부임해서 지인으로 부터 우연히 자기에게 진술해 준 후 불이익으로 힘이 많이 들었다는 내 소식을 듣고 수소문 끝에 연락이 닿았다고 했다. 큰아이와 세 사람이 만나서 이런저런 이야기 끝에 큰아이가 직장을 얻는데 큰 도움을 주셨다. 큰아이 어릴 적 모습도 다 기억하고 계셨다. 미국에 있을 때 그 분의 부인은 가끔씩 나의 이야기를 하며 임신한 몸으로 혼자 외로운 결정을 해주어서 고마워 했다고 하시며 이제 자기 차례라며 열심히 큰아이의 직장을 알아봐 주셨다. 선함이 선함을 낳은 실제적인 상황을 큰아이는 직접 경험했다. 큰아이는 꾸며 낸 이야기가 아닌 실제 있었던 과거의 시간위에 있었던 엄마의 진실된 마음을 그 분으로부터 고스란히 들었다. 오히려 딸아이 앞에서 이런 연출을 해준 그 분에게 내가 더 고마웠다. 바람이 불어 먼지들이 한 쪽 모퉁이에 모이듯이 인간 사랑이 없는 추함은 먼지처럼 모여져 어느 날 큰 바람이 와서 날려 버리듯 두 아이에게 보이지 않는 세상의 이치를 알게 해주고 싶었다. 내가 겪은 일들이 두 아이가 살아갈 시간에 자양분으로 쓸 수 있도록 대화속에 녹아 있게 인문학 강의의 주제들을 모으고 있는 중이다.

나에게 두 아이가 와서 너무 행복했고 이제는 세상으로 나아가는 아이들을 바라보고 있다. 독립을 위해 서로 살아온 시간들과 비교해보면서 어떻게 살아가야 하는지에 대해 많은 이야기를 나누는 요즘이다.

그 동안 아이들이 엄마표 자유학교에서 친구처럼 지내왔던 수 많은 시간들은 오히려 복리 이자가 불듯이 엄청난 관계성을 제공해주었다. 어린 나는 엄마에게 혹독한 극기 훈련으로 세상에서 오뚝이처럼 쓰러져도 벌떡 일어날 수 있는 기술을 배웠다. 그 어린아이가 엄마가 된 지금의 나는 너무 행복하다. 달콤한 꿀맛 같은 두 아이가 다시 돌려주는 사랑으로 배가 부르다.

""너도 아이 낳고 살아 봐라. 그 때 엄마 생각할 거다." 하셨던 푸념 섞인 엄마의 말씀을 되뇌이며 엄마 말씀과 반대로 내가 이렇게 행복해도 되는지 자문해볼 때가 있다. 지금 나한테 누가 우리가 살아가는 이유를 묻는다면 인간 사랑이라고 말해주고 싶다.

심리학 책과 뇌과학 책은 내 친구

어렸을 때 책이라면 무조건 읽고 싶어서 책이 많은 큰 집에 가는 것이 너무 좋았다. 사촌 언니와 오빠들이 읽고 있는 책들이 많았고 항상 집으로 돌아오면 다음에 읽을 책들이 눈에 어른거렸다. 책을 좋아하는 성향은 아버지를 닮은 것 같았다. 어릴 때 편찮으신 아버지께서는 항상 책을 읽으셨다. 긴 전집 같은 연속된 책이었는데 책 속에 깊이 빠져 있는 아버지 모습이 참 좋았다. 영혼이 맑고 여린 아버지와 잔 다르크처럼 씩씩한 엄마를 보면서 반대로 만나셨으면 참 좋았을 텐데 하는 생각을 자주 했다. 음식 맛도 아버지가 더 잘 내셨다. 엄마가 만든 음식이 맛이 없으면 아버지 보고 다시 맛을 내달라고 하기도 했다. 아버지는 할머니의 깊은 손맛을 그대로 물려 받으셨다. 아버지가 읽으시는 책은 글자가 작고 세로로 되어 있는 나한테는 어려운 책이었다. 동네 책방에서 책을 빌려서 읽고 있으면 책만 읽고 있다고 엄마의 노여움을 샀다. 노발대발하신 엄마가 그 당시 화장실이라고 불렀던 변소 지붕 위로 책을 던져 버리곤 했다. 일을 하라고 했더니 책만 보고 있다고 가슴을 치시면서 도움이 안 된다고 화를 내셨다. 책방에 돌려줘야 하는 변소 지붕 위에 던져진 그 책을 찾으려고 울면서 안간힘을 쓰곤 했다. 참 우리 세대 못 가진 자의 딸들은 불쌍했다. 시골에 살며 도시로 식모살이를 보내지는 그런 아이들보다 훨씬 낫다고 생각하며 살았다.

탐정소설을 정말 좋아했는데 나의 자아를 자각하고 난 후부터는 인간 심리를 이야기하는 책들에 관심이 많았다. 친구들과 이런저런 이야기를 할 때면 내 말에 진정성을 느껴 빠져드는 경향이 있었다. 심리적으로 해석된 말들을 가미해서 이야기할 때면 어떻게 그걸 아느냐며 신기해 했었다. 점쟁이 같다고 하기도 했다. 신이 나서 점점 심리학 책을 좋아하게 되었고 대학에서도 심리학 시간을 제일 즐겨 들었다.

'정신이 육체를 지배한다'는 주제로 들었던 심리학 교수님 강의는 전 일생을 통해 나에게 큰 도움을 주었다.

그 날 그 강의는 인간의 정신이 육체의 우위에 있는 것에 대한 존재를 알게 해 주었다. 정신과 교수님이 상담했던 여러 가지 사례 중에 기억에 남는 것들이 많았다. 외도를 한 남편 때문에 한 여자의 인생이 자살로 이어지는 우울증은 육체를 버리는 막다른 곳으로 가게 했다. 남편은 미혼의 여자와 사랑에 빠졌고 부인이 알게 된 후 관계를 정리했다. 다시는 외도를 하지 않겠다고 선언도 했지만 그 미묘한 끌림에 다시 같은 여자와 외도를 했다. 자살을 했던 부인은 좌절했다. 남남편의 배신은 그 여자에 있어서 인생이 다 끝나는 현상을 이끌어 내는 어마어마한 폭력이었다. 그런 조건에선 자식들도 안 보이는 듯 모성애가 사라져 버렸다. 결국 가족이란 이름으로 단절과 무언의 폭력이 자살로 이어지면서 가족도 뿔뿔이 헤어졌다. 가끔씩 어렸을때 친정 엄마가 고아원에 안 보내지는 것도 다행이라고 생각 하라 한 적이 있었다. 그만큼 힘들다는 뜻이 담겨져 있었던 거다. 검은 머리 파뿌리 될 때까지 사랑을 약속을 한다. 사실 결혼이라는 것이 그리 녹록하지 않은 것이 현실이다. 자아가 약한 자살한 그 여자에게 너무 깊은 상처라 손도 대기도 전에 이미 늦은 일이 되어버린 사례였다.

심리학에 심취했던 그때 들었던 교수님의 강의가 살아가면서 많은 영향을 주었다. 나는 행복한 가족이 갖고 싶은 것이 소원이었다. 그 비결을 물었을 때 그 교수님이 하신 말씀이 뇌리를 쾅 때리 듯 생각속에 스며 들었다. 나를 먼저 사랑해보라고 했다. 하지만 어떻게 나를 사랑하는지를 모르니 고민의 끝이 보이지 않았다. 소크라테스의 악처역은 친정 엄마가 충분히 대신한 것 같았다. 상상의 날개를 펴면서 감추고 부정할수록 더 커지는 상처 덩어리를 보았다. 서로 성격이 달라도 너무 다른 친정 엄마와의 관계성에서 시작된 큰 불행이 진실을 마주 해야 할 시간도 빼앗아갔다. 서로 미워하는 증세도 중독에 들어가는 건지 빠져들면 들수록 심해졌다. 진실을 외면한 가혹한 중독이었다. 나이가 들면서 엄마가 되면서 그럴 수밖에 없었던 친정 엄마의 처지를 이해하기 시작했다. 회복은 아니지만 치유의 빗장을 여는 힘겨운 시간을 가지려고 노력했다. 지금은 그 누구보다도 진정으로 친정 엄마의 절박한 마음을 이해하지만 긴 시간이 필요했다. 한 송이 국화꽃을 피우기 위해 소쩍새는 그렇게 울었나 보다 딱 이 말이 맞는 것 같다. 돌아와 한 송이 국화꽃을 바라보듯 친정 엄마를 편안한 마음으로 받아 들이는 요즘이다.

어느 초등학교에 처음으로 부임한 착한 선생님이 담임을 맡았다. 학부모가 몰래 그 선생님 수첩에 넣어둔 촌지로 인해 교육청과 학교가 시끄러워지자 교장선생님이 잠시 집에서 쉬고 있으라고 했다. 그 착한 선생님의 귀에는 위로하는 선생님들이 돌아서면서 '원래 이런 사람이었나봐' 하고 흉을 보는 목소리가 마음 속에서 들리기 시작 하면서 괴로워 했다. 어느 날 목에 문제가 생겼다. 목이 뒤로 돌아가지 않는 거였다. 이 병원 저 병원을 다 가 봐도 효과가 없었다. 정신과에 가서야 무의식으로 깊이 빠져 버린 수치심과 모멸감 때문에 뒤를 돌아볼 수 없었던 것을 알아냈다. 마음이 육체를 지배 해버린 사례였다. 그 후 회복해도 다시 학교로 돌아갈 수 없었다는 심리학 교수님의 강의 내용이었다.

심리학 시간은 내가 좋아하는 책의 분류가 뚜렷하게 나누어지는 계기가 되었다. 나의 비뚤어져 버린 에고에 대해 알아보는 동기를 스스로 주었다. 도서관을 다니며 심리학 책에 몰입하기 시작했다.

앞으로 해야 할 일들을 결정하는 힘이 진화하기 시작한 시점이었던 것 같다. '건강한 자존감은 어린 시절 부모의 역할에서 시작된다.' 이 말 한마디를 한이 되는 듯 가슴에다 쑤셔 넣었다. 트로이드, 융 이런 분들이 쓴 책은 몇 번이고 반복해서 읽어도 좋았다. 카네기의 자기 계발서 같은 책들도 흥미로웠다. 거울이 깨져 버리면 무엇을 비추어도 조각나게 보이듯이 내 마음도 그러했다. 어렸을 때 받았던 상처들이 아무리 좋은 것들을 실천해 보려고 해도 힘들었다. 마음에서 밀어내는 무언가를 계속 고민하고 들여다보려고 했다. 눈이나 귀가 안 보이는 장애자 같은 기분이 들었다. 내가 혼자에서 둘이 되는 결혼이라는 관계성이 만들어지면서 내 마음은 지뢰밭 같았다. 어디서 어떻게 터질 줄 모르는 미친 자아를 틀어잡을 수가 없었다. 폭탄에 불을 붙여 놓은 듯 어디서 그런 화들이 밀려오는지 마음이 편하지가 않았다. 어떤 알 수 없는 정체가 나의 머리채를 잡고 이리저리 휘젓고 다니는 듯한 환상이 보였다. 엄마의 이 미친 화로 인해 어린 내가 다쳤구나 싶었다. 그래서인지 심리학 책은 최고의 위안자였고 안내자 역할을 톡톡히 해준 셈이 되었다.

그 때 읽었던 책들은 고뇌했던 잔잔한 아픔들의 원천이 어디인지 알기에 딱 좋았다. 지인들은 나와 이야기를 하다 보면 위로가 많이 된다고 했다. 큰아이가 사춘기 때 내가 해준 상담이 좋았던지 반 아이들의 상담을 듣고 어려운 사례가 있으면 들고 오곤 했다. 상담을 의뢰한 친구들의 사례는 그 동안 쌓아 왔던 수 많은 경험들을 토대로 특히 주말이 되면 질문과 답이 이어지는 토론으로 밤을 꼬박 새며 인문학이 꽃을 피웠다. 큰아이와 나 사이에 친구라는 매개체 때문에 항상 열려있는 관계 이어서 가능한 일이었다.

나는 잔소리를 웬만하면 안 하려고 노력했다. 잔소리의 위력에 친구 같은 내 아이들이 멀어질 것이 뻔했다. 할 이유가 전혀 없었다. 다음날이 시험이라도 인간의 심리라는 세상에 빠져서 잘 놀았다. 그때 상담 사례를 이야기하면서 지내던 날들은 큰 아이가 격하게 치러야 할 사춘기 시간들이었다. 힘들어야야 할 큰아이의 사춘기 시절이 어떻게 지나가 버렸는지 모를 정도로 지나가 버렸다. 큰아이와 같은 반 아이들의 상담을 해주면서 느낀 거지만 자식들은 부모를 적으로 알고 있다는 사실이었다. 부모들이 자식에게 친절하지 않다는 것도 느꼈다. 그 가운데는 학교의 등수나 부모들의 성적 욕심이 있었다. 사춘기를 앓는 환자들에게 위로나 격려가 없었다. 사춘기 시기에 부모와 사이가 안좋으면 부모를 적이라고 생각하기 때문에 어떤 권모술수를 써서 회유를 해도 믿지 않는다는 중요한 점을 알게 되었다. 부모의 예측할 수 없는 어처구니없는 화, 성적과 등수로 괴롭히는 엄마의 잔소리, 집에 가면 숨을 쉴 수 없다는 사춘기 반항 아들의 아우성이 큰아이에게 엄청난 화두를 던져주었다. 분명 부모들은 자식들을 위해서 최선을 다한다. 하지만 부모를 적으로 생각하는 점을 볼 때 소통과 이해의 부재가 있었다.

내 아이들과 같은 시대에 살고는 있지만 지금의 아이들을 신인류라고 생각한다. 우리 세대 보다 더 진화된 요즘 아이들이다. 나와 다른 세상을 살아갈 아이들이 분명하기 때문에 미래지향적인 교육을 더 추구했는지도 모르겠다. 지금 매스컴에서 말하는 제4차 산업을 위한 교육인지 아닌지는 상관없다. 내가 만든 엄마표 자유학교에서는 두 아이가 좋아하는 것을 찾아주는데 적극 투자를 했고 연구에 심혈을 기울였다. 지원을 아끼지 않았다. 심리학 책은 내 친구처럼 이러한 결정을 내릴 때 방향성을 제시해 주었다. 현 상황에서 내가 선택할 수 있는 최선의 방책을 찾기 시작했다. 아들이 사회 부적응 증세로 뇌치료의 진단이 떨어졌을 때 뇌과학에 대한 책에 관심이 많았다. 아이가 치료를 받을 동안 그곳에 배치되어 있는 뇌에 대한 책에서 빠져 헤어 나오기가 어려웠다. 어린 아이의 뇌가 스펀지처럼 빨아 들인다고 하듯이 내가 뇌에 관한 호기심이 그랬다. 비누방울들이 톡톡 터지듯이 여기저기서 그동안 풀지 못했던 미해결된 일들이 떠올랐다. 고개를 끄덕이지 않을 수 없었다. 풀가동한 공장처럼 모든 과정을 다 밟을 수 있게 정신적으로 아픈 아들을 위해 뇌 치료의 계획을 철저하게 세웠다.

앞으로 새로운 세상을 살아갈 아이들이다. 자기 뇌를 쓸 수 있는 사람이 된다면 최고다. 그보다 더 내가 해줄 수 있는 일이 있을까 싶었다. 물론 큰아이도 당연히 뇌에 대한 과정을 접목시켜 성장에 많은 도움을 받았다. 다른 학부모들에게나 지인들에게 뇌 교육에 대해 많은 권유를 했다. 비용의 문제도 그렇지만 관심이 없는 듯했다. 다들 얼마나 오래 하나 지켜보는 듯한 분위기였다. 부정적인 말로 회유하는 경우가 다반사였다. 엄청난 돈이 들어갔다. 돈의 블랙홀이 내 앞에 펼쳐져 있었다. 검은 구멍으로 돈다발들이 빠져나가는 것 같았다. 내가 써야 할 노후의 자금을 미리 당겨쓰기로 작정을 했다. 남편과 맞지 않는 결정들 때문에 의논을 할 수가 없었다. 독단적인 결정을 하는 나 때문에 남편의 고뇌도 컸다. 돈을 아끼는 사람의 특징 중에 저장성 부자들이 많다. 남편이 그랬다. 제때 돈을 쓰지 못하므로 잃어버리는 것도 많았다. 뇌에 대한 이야기는 여태껏 한 번도 들어보지 못한 나에게는 새로운 신세계였다. 신선한 충격과 함께 뇌과학 책은 나와 친구가 되었다. 왜 인간이 사는지 어떻게 진화하고 있는지 앞으로 일어날 일들에 대한 예측을 연습했다. 종이에 지도를 그려가며 두 아이에 대해 생각하는 시간이 많아졌다. 생각을 해본 적이 없었던 뇌에 대해 덜커덩 걸려서 미해결된 지난 일들에 대해 다시 처음부터 생각들을 뒤돌아보게 해주기도 했다. 뇌가 죽으면 인간의 삶도 끝이 난다. 나는 한 번도 시도 해보지 않았던 나에게 말을 걸어 보기로 했다. 뇌가 나에게, 내가 뇌에게 말을 걸어보았다. 어릴 때 적었던 일기장의 수신인이 주님이라 했던 것이 내가 뇌에게 말을 걸었던 것 같았다. 나의 뇌에게 계속 원하는 것에 대해 도움을 청했고 나의 뇌는 나를 도와 주었다. 결국 내가 나의 뇌를 쓰고 있었지만 뇌라는 존재를 자각하지 못한 차이가 있을 뿐이었다. 이미 나는 나의 뇌를 풀가동하여 사용하고 있었던 거였다. 남편은 사춘기 시절부터 가부장적인 시아버지의 화를 이기지 못했다. 떨면서 밤을 마주했다. 남편은 고독한 아이로 힘겹게 자기 뇌에 혼자라는 주홍글씨를 새기고 있었다. 누구의 말도 잘 믿지 못하고 부정적인 정점을 달리는 사람이었다. 불행하게도 고스란히 아들이 물려받았다.

아들의 문제는 유전적인 성향과 뇌 발달 단계에서 귀하다고 과잉보호했던 양육에서 문제점을 찾았다. 인간의 뇌가 인생의 열쇠가 될 수 있겠다 싶었다. 하루 동안 있었던 일을 밤에 잠을 잘 때 뇌가 정리를 한다고 했다. 하루를 어떻게 보내야 되는지가 중요한 화두로 떠올랐다. 하루를 감사하는 마음으로 살고 인간에 대한 연민을 가지고 사랑해야 뇌가 성장을 하는 거였다. 물질에 연연하기보다는 내면의 자아에 초점을 맞추며 산다면 나의 뇌는 나를 그리 살게 해줄 거라는 확신이 들었다. 상상하고 실천하며 매일 해야 될 일과 하고 싶은 일들을 반복하며 사는 것이 답으로 내렸다. 내 인생에 뇌과학이라는 분야에 관심을 가진 것은 두 아이를 교육하는데 지대한 영향을 끼쳤다. 심리학 책과 뇌 과학 책을 친구 삼아 공부하며 떠나온 시간들이 점점이 나의 뇌에 새겨있다. 알 수는 없지만 가야 할 길에 항상 동행할 것이며 인간을 이해하기 위해 계속 노력을 해 볼 생각이다. 친정엄마가 책을 좋아하는 나에게 일만 하라고 변소 지붕 위로 던져 버린 책들이 생각났다. 눈물로 부여잡고 울었던 그 책에서 지금까지 읽어왔던 책까지 다 내 친구였다. 이제 책을 매일 쓰는 작가라는 길의 초입에서 책이란 영혼의 우주라고 결론짓고 싶다.

그냥! 너면 돼

초등학생 6학년 남자아이가 아파트 베란다에서 뛰어내려 자살을 했다는 소식을 접했다. 다혈질 성향이 있는 친구가 아침 댓바람부터 전화를 해왔다. 아이들이 게임을 해도 야단치지 말아야겠다며 영혼이 없는 목소리로 했던 말을 계속 했다. 죽은 그 아이 엄마가 하루 종일 게임을 하는 아이에게 야단을 치고 잠시 잠이 들었고 꿈이 너무 안 좋아 놀래서 일어나 보니 베란다 문이 열려져 있었다. 아이가 안 보여서 본능적으로 밖으로 뛰어 나가 보니 이 세상에 하나밖에 없는 아들이 차가운 바닥에 피투성이로 죽어있었다. 이 어처구니없는 현실이 그 아이 엄마뿐만 아니라 나까지 가슴이 철렁 내려 앉게 했다. 어떻게 받아들여야 되는지 걱정을 하며 자식은 가면 갈수록 모르겠다며 친구는 정신이 없는 모양 이었다. 참담한 비극을 마주할 때마다 부모와 자녀 사이에 소통에 대한 생각을 깊게 할 수밖에 없었다. 사회가 주는 다양한 정보들을 자기만의 필터를 가지고 받아들인다. 나는 게임에 대해 관대했다. 지금도 시도 때로 없이 게임을 즐기는 아들이다. 엄마들이 모이면 열이면 열 다 게임을 반대한다. 핸드폰을 사주고 도로 뺏고 깨고 하는 전쟁의 연속이다. 아이들의 입장에서 보면 난감할 일이다. "아이고, 내가 게임 때문에 못 산다." 하면서도 아이들 보고 가지고 놀라고 만들어 놓은 게임이 들어 있는 핸드폰을 편리함 때문에 사주기도 한다. 공부를 잘해도 못해도 게임은 반대한다. 어린동생과 게임을 함께 하기를 원하는 큰아이를 위해 두 대의 컴퓨터를 사주었다. 주말이면 아침 일찍 큰아이 방에서 남매가 게임 삼매경에 빠진 소리가 들렸다. 게임이라는 도구로 아이들이 서로 공감하며 소통이라는 행복을 느껴보라는 내생각이 초점에 맞추어져 있었다. 세상이 주는 정보를 방부제처럼 덮어쓰고 싶지 않았다. 오히려 더 지능이 높아진 게임을 아이 들과 사러 다녔다. 공상과학 영화만 봐도 미래를 점칠 수 있다. 미래를 살아가야 할 신인류들에게 돌도끼를 쥐어줄 수는 없는 노릇이다. 인정하고 난 후 조절의 기술을 터득하게 할 수밖에 없다. 뺏는 순간 고립이다. 상처를 입히는 거다. 부모와 같은 방향을 바라보며 살아가는 아이들은 천국에서 사는 거나 마찬가지다. 다른 곳을 바라보는 순간 서로가 지옥 같은 고통을 볼 가능성이 매우 높다. 아들의 자살을 생각지도 못한 그 아이의 엄마는 후회와 연민으로 살아가야 한다. 다혈질 친구와 만날 때마다 한참 동안 그 이야기를 반복 했지만 여전히 그 친구도 게임을 하는 자녀들을 인정하지 않는다. 그냥 내 아이 이면 될 것을 너무 힘들게 사는 것 같다.

아들이 음악 영재원에 들어간 5학년 3월에 학기를 시작했다. 3월 중순쯤 곡을 받고 정식으로 교수님들로부터 음악 공부를 시작했다. 음악 영재원이라 그런지 피아노를 5살이나 6살때쯤 시작한 아이들이 대부분이었다. 일찍 음악을 시작한 같은 영재원 아이 엄마가 있었다. 사실 나는 이런 엄마들이 무서웠다. 외제차에 명품 백에 집에는 그랜드 피아노가 있다고 자랑을 하곤 했는데 나에게는 보여지는 삶을 사는 것처럼 헛헛했다. 무리를 지어 다니며 음악에 대한 정보들이 넘쳐났다. 4월 어느 날 나에게 "향음같이 할래요?" 하고 물어왔다. 향음이란 단어를 생전 처음 들어서 향어로 들렸다. 이 근처에 향어 요리를 잘하는 곳이 있나 보다 생각했다. 내키지는 않지만 "그래요. 언제 한 번 해요." 하니까 바로 영재원 수업을 마치고 하자는 거였다. 너무 빠른 느낌이 들어서 "향어 요리를 좋아하나 봐요?" 물었더니 귀가 떨어져 나가도록 웃었다. 알고 보니 향음이라는 것이 향상 음악회의 줄임말이었다.

당황했던 나는 아들에게 물어봐야 되는 생각을 못했다. 영재원 수업이 끝나고 생전 처음 해보는 향상 음악회를 했다. 번호 표를 집어 순서를 정하고 영재원 아이들이 연주를 하기 시작했다. 초등학생들인데 실력들이 대단한 것 같았다. 곡을 받은지 얼마 되지도 않았는데 전곡을 다 쳐냈다. 그래서 음악영재들이구나 싶었다. 아들은 교수 레슨도 처음이고 이제 곡을 받아 겨우 더듬거리고 있는 수준이라는 것을 모르는 체 아들의 순서가 와서야 아차 싶었다. 몇 소절을 더듬거린 아들은 피아노를 쾅 내리치며 안경에 서리가 가득 낀 모습으로 방을 나가 버렸다. 바로 뒤따라 나가 보았지만 어느 연습실로 들어갔는지 알 수가 없었다. 똑같은 연습실 문 모양이 있는 긴 복도 사이에 우두커니 섰다가 다시 들어와서 향상음악회를 마쳤다. 복도 벽에 기대어 하염없이 아들이 나오기를 기다렸다. 각 방에서 연습하는 소리 때문에 아들을 부르는 소리가 묻혀버렸기 때문이었다. 해가 어둑어둑할 때쯤 저 끝 방에서 나왔는지 아들이 복도를 걸어 나오고 있었다. 아들을 보니 갑자기 가슴이 먹먹해서 말을 이을 수가 없었다. 눈물이 앞을 가렸고 둘이서 부둥켜안고 울었다. 잘난 엄마들 사이에 못난 엄마여서 미안했다. 음악의 음자를 모르니 아들의 마음을 헤아려 주지 못했다.

"엄마는 그냥 너면 돼."

내가 울먹거리며 그때 아들에게 했던 말이다. 아들은 몇 시간 동안 그 곡으로 피아노만 쳤다고 했다. 그 날 아들에게 그 사건은 큰 동기부여를 주었고 음악의 몰입으로 빠뜨린 결과를 낳았다. 그 후 한 달하고 보름 후 5월 말쯤 그때 향상음악회를 같이 했던 영재원 친구들도 같이 참가한 유명하다는 콩쿠르에서 2등을 했다. 몰입의 효과를 단단히 보았다. 향상음악회를 같이 해서 아들의 실력을 보았던 엄마들이 들고 일어났다. 어떻게 한 달 반전에 더듬거렸던 곡으로 2등을 할 수 있냐며 점수를 공개하라고 주최 측에 항의를 했다. 그때 향상음악회 때 더듬거리는 아들 앞에 멋지게 연주를 해준 친구불리한 조건일지라도 긍정적으로 받아 들인다면 좋은 상황을 만들 수도 있다는 경험을 얻었다. 들은 몇 년을 쳤던 곡이라는 것을 알았다. 같은 시기에 다 같이 곡을 받아서 출발했는데 어떻게 곡을 받은 지 한 달도 채 안되었는데 그 친구들이 그렇게 잘 칠 수가 있었냐는 의문이 들었다. 잘난 엄마들의 사기 같은 향상 음악회였다. 그 덕분에 아들은 엄청난 속도를 내면서 몰입의 맛을 보게 되었다. 고등학교 2학년 때 청춘도다리에서 강연했던 내용 중에 그날의 느낀 점이 들어 있었다.

"말도 안 되는 모순 같은 일을 만날지라도 긍정적으로 받아들여서 이겨내고 나면 성장이 기다리고 있는 것을 체험했습니다."

불리한 조건일지라도 긍정적으로 받아 들인다면 좋은 상황을 만들 수도 있다는 경험을 얻었다. 우리는 그때부터 음악 콩쿠르에 나가기 시작했다. 엄청난 성과 앞에 아들이 음악에 소질이 대단한지 알았다. 생전 처음 나간 콩쿠르가 가장 어려운 큰 콩쿠르였으니 거꾸로 낮은 콩쿠르를 나가니 성과가 좋을 수밖에 없었다. 예술중학교 콩쿠르에서 피아노 1등으로, 성악 3등으로 아들의 진로가 자연히 결정이 되었다. 어릴 때 얻은 상처투성이였던 엄마와 사회 부적응 증세를 겪는 아들은 그렇게 음악의 세계로 빠져들었다.

아들이 초등학교 1학년 때 급식 도우미를 하러 갔다. 정신없이 아이들에게 밥을 퍼 주다가 아들 얼굴이 눈에 확 들어왔다. 나도 모르게 영화 맨발의 기봉이 버전인 충청도 말투로"아이고, 기봉이 여기여. 일루 와야." 걸음아 나 살려라 할 정도 사라져 버렸다.

"어, 아들 이쪽으로 와."

이렇게 말을 한 것 같은데 얼마나 몰입이 되었던지 기봉이 개그를 해버렸다. 그 날 저녁 큰아이와 아들과 배꼽이 빠지게 웃었다. 아침에 일어나면 "잘 잔겨? 기봉이"잘 잔겨? 동순이" 주고받는 아침 인사가 항상 정겹다. 웃겨주자 다짐을 했는데 평생 갈 것 같아 좋다. 이 모든 개그들은 나에게 치매 예방용으로 잘 쓰일 것 같다. 내가 기억이 가물거릴 그때는 아이들이 나를 웃겨주며 기억력 회복에 도움이 될 수 있겠다 싶다.

세월이 얼마나 빨리 흐르는지 눈 깜짝할 사이에 독립할 나이들이 되어 버렸다.

나이는 숫자에 불과하다는 말은 맞다. 하루를 잘 보내는 기술이 중요하다. 하루가 모여 인생이 되니 감사한 마음이면 된다. 두 아이가 아프지 않고 잘 자라준 그것 하나만도 감사하다. 정신적으로 아팠던 것은 성장의 밑거름이 되었다. 나의 생물학적 나이는 건강에 이상이 오기 시작하는 정점이라 세월을 이기는 장사가 없다고 겸허하게 받아들인다. 은퇴후의 삶을 잘 살아갈 수 있게 준비도 하고 있고 해야 할 일도 만들어 왔다. 살면서 만나게 된 자기계발 모임인 청춘도다라나 저자강연클럽 (브릿지) 그리고 자녀를 위한 부모 교육 (브릿지)에서도 열심히 자신을 낮추는 연습 중이다. 마음 따뜻한 사람들의 모임 속에서 여러 모양의 인생살이들이 있었다. 아름다운 정원에 피어 있는 여러 모양의 꽃처럼 향기롭다. 욕심이 없는 사람들 그저 서로 쓰담쓰담 토닥토닥 하는데도 치유가 위안이 되어 돌아온다. 소박한 사람들이 좋다. 다시 만나기 힘들 듯 한 인연이나 지나치다 좋은 사람들을 만나면 인연과 마음을 지키고 싶어진다. 만약 조물주가 하늘에서 우리를 내려다본다면 흐뭇해 할 것이 분명하다. 홍익인간의 뜻대로 널리 인간을 이롭게 하라 했는데 서로 원-윈 되게 살아가고 있으니 말이다.

"그냥 당신이면 돼요."

"아무것도 필요 없이 당신의 존재감 하나면 우리는 행복해요."

이런 마음들로 사람들을 만나고 싶다. 누군가 나를 소중하게 생각하는 사람이 단 한 사람만 있어도 행복하다. 인간 사랑의 결정체다. 모르는 사람끼리도 가족이 되는 마법에 걸려 잘지낸다. 두 아이를 키우면서 경쟁 속에서 만난 사람들 속에는 소중한 사람들도 보였다. 진실을 왜곡하는 사람들이 많으면 많을수록 인연을 맺었던 소중한 사람들이 더 귀하게 드러난다.

나에게 시작해서 혼자에서 넷으로 가족이 되어 살고 있지만 나의 가족들도

"그냥 너면 돼 너의 존재감 하나면 돼."

"다른 건 필요하지 않아."

이렇게 자연스럽게 시작되었던 우리 가족이다. 어느덧 산 중턱을 향해 걸어가고 있다. 각자의 삶에서 서로를 바라다 보며 가끔씩 힘들 때도 있었지만 서로의 존재감에 흡족해하며 살아왔다. 부모들이 서로에게 상처를 주는 것을 보고 자라왔던 나와 남편이다. 그 힘든 시간과 반대로 두 아이와 서로 상처 받지 않고 주지 않으려고 나름대로 애쓰며 살려고 버둥거렸던 것 하나만도 감사하다.

바람 빠지는 고무풍선처럼 어디로 날지 몰라 허둥지둥 살아온 나의 유년의

시절과 남편의 유년의 시절이 같다. 우리 내면에는 속삭이는 소리가 있다. 방해꾼의 소리도 있고 격려해주는 소리도 있다. 자기검열에 빠져놓고 기억도 못한다. 상대를 위해 변할 수 있는 힘이 있었기에 정신줄을 놓을 수 없었다.

대학생과 젊은이들을 위한 강연을 한 적이 있었다. 엄마의 급한 화와 편견 때문에 집을 나왔다는 한 대학생을 상담한 적이 있었다. 흡사 도플갱어인가 할 정도 나랑 어린 시절이 닮아 있었다. 동생들과 자신의 사이를 편견으로 대하는 엄마가 싫다고 했다. 나와 같은 고통을 겪는 그 친구에게 엄마로 부터 독립을 권했다. 관계를 정리해도 될 만큼 자랐으니까 자신의 인생을 살아보라고 했다. 자기 마음의 말을 못하는 착한 아이 콤플렉스가 우리 세대만 있는 줄 알았는데 아니다. 상담중 계속 눈물만 흘린다. 어릴 적 심어놓은 착한 자아 때문에 갈팡질팡하는 젊은이들이 나랑 같은 아픔을 겪으며 살아가고 있었다. 집을 나올 정도로 용기 있는 친구라면 무엇이든 할 수 있을 거라 격려했다. 이만큼 키워 주신 것만도 감사하자 했다. 나의 강의에 감동받아서 상담을 신청한 그 친구의 눈물이 오래도록 잊혀지지 않을 것 같다.

엄마와 잘 맞는 사람들도 있고 나처럼 잘 맞지 않아 힘들어하는 사람들도 의외로 많이 있다.

친정엄마의 불같은 성격 때문에 억눌린 감정이 갱년기와 맞물려 우울증에 걸린 친구들도 있다.

올해 초 나랑 동갑 나이의 미국 분이 부임해 오셨는데 한국계 미국인이라 한국 정서가 그대로 묻어 있어 말이 잘 통했다. 동갑이라서 친구하며 터놓고 지낸다. 장남만 좋아하는 엄마와 정말 마음이 안 맞는다고 했다. 내가 가지고 있던 힘든 부분 같아서인지 마음이 통했다. 엄마의 불공평한 처사와 화 때문에 자존감이 낮아서 마음속에 부정적인 생각으로 어린 시절이 힘들었다고 했다.

"너는 누구를 닮아서 그래!"

라며 면박을 당하기가 일쑤였다고 했다. 그런 그분의 엄마가 나의 친정엄마가 동갑이었다. 화 많고 편견이 심한 부분에서 대 공감을 하고 동병상련의 마음으로 서로를 위로했다. 한 번씩 커피라도 한 잔씩 할 때면 가족으로 산다는 것이 정말 힘든 어린 시절이었다고 웃으며 좋은 방향으로 잊어버리려 한다.

아들이라서 귀하다는 편견을 가지고 있는 엄마는 다른 자녀에게 상처가 된다. 몰라서 그런 실수도 할수 있다. 두 아이들은 내가 자기들 엄마라서 너무 좋다는 말을 자주 한다.

"엄마가 내 엄마라서 좋아."

적어도 편견이 없다는 진심이 담긴 말이다. 빈말 일지라도 엄마로서 이런 말들은 정말 살맛나게 하는 말이다. 사람을 살릴수 있는 말들을 일부러 많이 만들어 보려고 애쓰면 산다.

아들에게 PC방에 가서 열심히 게임을 해보고 과감히 끝내보기도 해보라고 한다.

"정신적인 똥을 버리는 시간을 만들어봐."

정신적인 똥은 육체적인 똥과 같다. 차면 큰일 난다. 하루 종일 똥을 싸면 그것도 큰일이다. 하루 종일 게임을 한다는 것은 똥구멍이 하루 종일 열려 있는 거와 같으니 게임은 정도껏 해야 된다고 조절력을 강조했다. 무조건 게임은 안된다라는 명제는 자녀와 전쟁을 선포하는 격이 되어버린다. 우리 사회가 그 명제와 맞지가 않다. 게임으로 아이들을 유혹하는 곳이 너무 많다. 안된다가 아니라 조절력을 키워주는 것에 방법을 나름대로 찾아야한다. 시험을 망쳤다고 하면

"그러면 어떻노! 시험은 계속 있으니 걱정할 필요 없다. 잘하고 싶다고 하는

생각이 들면 또 열심히 하면 되고 시험은 평생 있는 거니까."

라고 먼 시야를 보여주며 말해준 적이 많다. 나의 시야는 제도권에 있는 학교에 머물러 있지 않다. 두 아이의 전 일생을 투영시키며 항상 계획과 말을 고른다. 제도권 학교 또한 사회이니까 큰 틀이 되어주는 것으로 만족한다. 내가 만든 엄마표 자유학교는 성적을 강조하지 않는다. 경쟁에 시달리는 현실을 두 아이의 생각에 심어주고 싶지 않아서 더 강조했다. 평생 즐기며 직업을 놀이 삼아 살았으면 하는 것이 목적이다. 고3 입시생 아들의 반에는 반 이상이 출석을 하지 않는다고 한다. 입시가 다가오니 준비로 바쁜 입시생들을 위해 학교가 편의를 봐 주는 것 같았다. 흔들리지 말고 여태껏 해왔듯이 즐기는 수업이 되라 한다. 엄마표 자유학교에서는 특별한 일 때문에 가정을 등한시하고 가족에게 상처 주는 일들은 하면 안 되는 것이라고 가르쳐 왔듯이 성적에 부담이 없으니 입시가 특별하지 않다고 말해준다. 엄마표 자유학교는 부담이 없다. 입시생인데 학교생활이 재미있다. 엄마가 두 팔로 가만히 안아 주며 토닥토닥 해주어도 힘이 나는 아이들이다. 이렇게 아이들의 기를 살릴 수 있는 것들을 찾아보면 너무 많다. 계속 이런 부분도 습관 들여서 치유를 위한 도구로 사용하고 싶다.

영재원 새내기였었던 아들이 사기당한 듯한 향상음악회 때 서로 부둥켜안고 울었을 때 이렇게 말했다.

"미안해. 엄마가 잘 모르고 그랬어."

"엄마는 그냥 너면 돼."

이 말은 아들을 살린 말이었다. 갑자기 나타난 현실에 화가 나서 자기도 모르게 피아노를 내리쳤다고 죄송하다고 했다. 결국 아들을 성장시키게 해주려고 연출해준 부자 엄마들과 잘나고 싶었던 아이들에게 오히려 감사하자고 했다.

그들은 그날 자만심을 얻어 갔다면 아들은 열정과 동기부여와 몰입을 몸소 체험한 좋은 일로 자리매김을 했다. 그날 이후 엄청난 흡입력과 몰입으로 음악에 폭풍적인 열정을 쏟아 부었다. 예측할 수 없는 음악의 세계로 아들은 예비 음악인으로 소양을 열심히 다졌다. 2년 후 영재원을 졸업할 때 부자엄마들이 탐내었던 총장상을 타고 말도 많고 탈도 많았던 음악 영재원을 떠났다. 음악을 전문으로 하는 중학교로 갈아타면서 엄마인 나도 많은 성장을 했다.

영재원 초입에 있었던 사기 향상음악회 때 내가 울면서

"엄마는 그냥 너면 돼!"

하고 내가 아들에게 했던 말은

"엄마가 내 엄마라서 좋아요."라는 말로 기쁨의 눈물과 함께 되돌려 주었다.

아들과 내가 주고받은 진실한 사랑과 음악의 소명을 확인했던 첫 경험으로 기억하고 있다.

엄마는 개그우먼

내 안에 가진 것 하나를 발견하면서 이것이 미래에 올 아이들을 위한 큰 도구로 쓰일 줄은 몰랐다. 억눌린 감정들이 초등학교를 벗어나 중학교에 들어오니 내 안의 좋은 본성들이 비집고 나오는 듯했다. 친구들과 대화 속에 무엇이 끌어당기는지 친구들이 내 주위로 모여들었다. 상대의 마음을 빨리 알아내는 능력이 있었다. 친구들에게 몇 마디만 해도 위로가 된다는 말들을 들었다.

중학교 들어와 처음 시작되는 국어 시간이었다. 소똥만 굴러가도 웃는 중학생 여자아이 들이다. 국어 선생님의 틱 장애가 장난 아니었다. 국어 선생님의 세 가지를 동시에 하는 틱 장애를 몰래 웃느라 숨이 멎을 만큼 재미있었던 적이 있었다. 그때 내가 종이에 '100번째다' 라고 메모를 돌렸다. 틱 장애가 이번이 100번째라는 단어 한 마디에 다들 킥킥거리며 웃음을 참느라 숨넘어가는 소리들이 여기저기서 들렸다.

선생님이 나가자마자 아이들과 참았던 웃음과 함께 내가 국어 책을 들고 선생님의 틱장애를 흉내를 내었다. 우리 반이 완전히 웃음바다로 뒤집어졌다. 너무나 똑같은 흉내에 그 시간 이후 선생님들의 흉내를 내는 코미디언으로 자주 친구들을 웃겨 주었다. 처음 만난 친구들인데 서먹서먹한 분위기가 사라졌다. 웃겨주는 그 순간 서로 웃어주면서 마음들을 보여주고 받는 시간이 되어 버렸다. 그때 나에게 이런 일도 다 있나 할 정도 의아해했다. 구석탱이에 처박혀진 아무도 보아주지 않는 물건 취급당하던 나였는데 친구들이 인정해주는 느낌이 자존감 회복에 도움이 되었다.

노년에 와서도 부모님은 사이가 좋지 않으셨다. 내가 아버지와 닮은 꼴처럼 많이 닮았다는 것을 인정하는 시간이 오고 있었다. 친정 엄마의 부재가 있었던 몇 년 동안이 회복과 치유의 선물을 아버지와 나에게 주었다. 혼자 계신 아버지와 아이들과 함께 여행을 자주 하면서 친정 아버지를 많이 닮았다는 것을 뒤늦게 알게 되었다. 유머도 많으신데 엄마와의 관계에서 억눌려 있었던 감정 때문에 화만 내시고 계셨던 거였다.

여행을 하면서 빵 터지는 유머로 아버지와의 여행은 행복하고 즐거웠다. 엄마의 특별한 성격으로 많이 아파한 아버지였구나 싶었다. 치유와 성장 여행이었던 시간에 두 부녀가 가지고 있던 유머의 끼는 제대로 한 몫 단단히 해주었다. 내가 만든 엄마표 자유학교에서 두 아이에게 무조건 웃어주자, 웃겨주자고 한 다짐 때문에 나의 개그의 끼는 엄청난 발전을 했다. 그동안 갈고 닦아놓은 나의 개그 때문에 틀니가 빠질 정도로 아버지는 자주 크게 웃으셨다.

이 세상에 와서 잘한 일중 엄마의 부재로 혼자가 되셨던 아버지의 생활을 돌보아 드렸던 시간이었다. 엄마로부터 받았던 같은 색의 상처를 마음 나눔과 치유를 반복하며 여행지에서 보냈던 것 같다. 지금 아버지와의 이별이 온다 해도 꽉 찬 석류알처럼 아버지가 그리울 때마다 빼먹을 수 있는 좋은 추억이 많다. 시간이 흘러 부모님이 합치면서 아버지와 자주 가던 여행은 끝이 났다. 아버지가 내 개그를 들으시며 지금도 웃고 계시는 것 같다.

언제부터인가 두 아이가 내가 웃겨주면 오히려 나를 더 웃겨주었다. 애쓰는 모습이 우스워서 물끄러미 바라보면 개그의 끼가 유전되었나 하는 생각이 들었다. 요즘 아들은 학교에서 흉내쟁이 딱지를 붙였다 했다. 선생님 목소리 흉내를 똑같이 낸다고 친구들에게 인기가 많단다. 성우시험을 보겠다는 말이 그냥 하는 말이 아니었나 싶었다. 게임에 나오는 대사를 연습하고는 밤늦게 집으로 돌아가는 차안에서 마음껏 보여준다. 친정엄마가 어린 나에게 나처럼 웃겨주었다면 어땠을까 생각을 해 본 적이 있었다. 아버지와의 여행 때 만났던 행복을 엄마하고도 누렸을 것 같다. 많은 시간을 허비하지 않았을 것 같은 생각이 먼저 들었다. 아파하느라 갖다 버린 시간들이 너무 아까웠다. 고뇌하느라 너무 멀리 돌아와야 했던 길이 보였다. 안 해도 되었을 일들이 주마등처럼 스쳐 지나갔다. 행복하지 못한 시간들이 아쉬워서 억울했다. 두 아이에게 줄 웃음과 웃김에 독이 되는 엄마한테 물려받은 화를 정복해야만 하는 고통도 아팠다. 아직도 가끔씩 끓어오르는 화들이 전쟁을 치르고 있을 때도 있다. 절대적으로 두 아이한테만은 근접할 수 없게 철두철미하게 방어벽을 설치해 놓았다. 한 번씩 만나는 주위 분들 중에는 존경하는 큰엄마가 같은 성품을 가지신 분들이 계셨다. 큰엄마 생각을 하면서 두 아이의 엄마로서 나를 뒤돌아보는 시간 속에 화는 포박되어 보였다. 두 아이와 친구 되기 세 가지 프로젝트가 성공을 했다. 고안해낸 세가지 습관을 만들기 위해 화를 눌리는 강력한 무기로 내가 스스로 만든 엄마표 자유학교로 나 자신을 무장했던 것 같다.

친정 엄마와도 자주 만나 이야기를 들어 드렸지만 푸념과 아버지에 대한 노여움으로 구성된 엄마의 이야기는 항상 돌림 노래처럼 들렸다. 이 세상 모든 힘듦을 엄마만 지고 가는 듯 표현을 늘 하셨다. 어쩌다 해드리는 나의 웃김은 탁구공 쳐내듯 허공에 날아가고 없었다. 유머 코드가 없으신 엄마였다. 뭐 그런 쓸데없는 말만 하냐고 참 실 없다 그러신다. 여러 사람들이 섞여 사는 우리네 인생이지만 엄마와 코드가 맞지 않고 부부가 소통이 안 되는 경우의 수는 형형색색 다른 모습으로 우리들 인생을 좀먹는다. 어렸을 때 기억으로 외갓집을 갔을 때 그 당시 바닥이 대나무로 된 가족 식당이 따로 있었다. 가족들이 거기서 식사를 했다. 친할머니 집과는 너무나 차이나는 생활이었다. 어린 나이에도 집을 여기저기 돌아다녀 보는 일이 신기했다. 어리고 작은 몸이어서 상대적으로 그런 것도 있었지만 집이 너무 넓고 좋았다. 엄마는 부잣집 맏딸로 태어났다. 신학을 전공해서 선교사가 되고 싶었지만 외할아버지는 과년한 딸의 혼사를 먼저 생각하셨다. 가난하나 양반집이라는 명분 하나로 아버지와 사진도 없이 결혼을 시켜버리셨다. 잔다르크 같은 성격의 엄마와 소심한 양반집 자제가 결혼을 했으니 행복할 리가 없는 결혼이었다. 그 사이에서 내가 태어났으니 나의 불행은 이미 예정된 일이었다. 더군다나 그 당시 남아선호사상에 젖어 있는 사회현상 속에서 내가 딸 이어서 더 속상했을 엄마였다. 상상이 되었다. 내가 아들로만 태어났어도 엄마와 나의 인생이 달라졌을 수도 있었겠다 싶었다.

결국은 엄마의 꿈인 선교사는 남동생이 목사가 되면서 이루어졌다. 그때는 몰랐지만 많이 흡족해하셨을 것 같다. 엄마의 헝클어진 자화상을 대신하듯 화풀이 대상은 나였다. 어린 나한테 이것저것들을 시키고 마음에 안 들면 화도 내고 했었던 것 같다. 시골에서 도시로 식모살이 살러 온 중간 정도의 삶이 내 처지로 기억된다. 엄마는 부유하게 자라서 그런지 살림도 잘하지도 못하셨다. 할머니는 며느리였던 친정 엄마를 떠받듯이 대했다. 여린 아들을 대신해서 며느리 눈치를 보셨을 부드러운 분이셨다. 친정엄마는 할머니가 돌아가시고 나서 할머니 살아계실 때 잘하려고 노력을 많이 했다고 말씀을 하시곤 했는데 미안한 마음이 묻어있는 엄마의 하소연 같았다. 내 기억의 큰엄마와 할머니는 부드럽고 여리셔서 나랑 맞는 인품이셨다. 나를 낳아주신 친정 엄마는 용감하고 진취적이지만 나랑 안 맞는 사람으로 기억하면서 자랐다. 만약 친정 엄마가 할머니나 큰 엄마처럼 같은 성향이었다면 나와 두 아이처럼 친구같이 잘지낼 수 있었을 것 같다. 두 아이와 여행도 다니고 영화 구경도 같이 가고 할 때면 간혹 친정 엄마와 좋은 인연으로 살아갈 수 있었을 상상을 하곤 했다. 주위에서 친정 엄마와 잘 지내는 친구들을 보면 한없이 부러웠다.

유년시절 마루에 앉아 큰엄마와 도란도란 웃으면서 이야기할 때면 많이 웃어 주셨다. 일부러 힘내라고 많이 웃어주신 큰엄마였다. 두 아이에게 많이 웃어주고 웃겨주면서 큰엄마 생각을 많이 했다. 큰엄마의 웃음소리가 사랑이었다는 것을 알게 되었다. 이런 생각을 할 때면 정말 큰엄마와 할머니가 너무 보고 싶었다. 내가 도로 그 웃음을 돌려줄 수 있을 만큼 개그우먼이 되어 있는데 안 계신다. 그 사실이 한 번씩 눈에 눈물을 고이게 하곤 한다.

명절에 가면 어린 마음에 항상 큰엄마 옆에서 심부름이라도 도와 드리고 싶어 했다. 나에게 예쁜 마음이 있다고 칭찬을 많이 해주셨다. 이 얼마나 코드가 딱 맞는 인간관계인지 관계의 소통이 되고 존중해주는 마음만 있다면 행복하지 않을 수 없다. 사촌들의 마음 씀씀이를 보면 큰엄마의 모습이 많이 보인다. 형제자매끼리 잘 지내는 모습도 부럽다. 나의 사촌들처럼 두 아이도 주위에 따뜻한 마음을 나누는 삶을 살았으면 하는 마음이 간절하다. 지금 나와 두 아이의 코드는 내가 바라던 대로 딱 맞는 인간관계를 유지하고 있다.

언제까지나 두 아이의 개그 엄마가 될 거다. 운이 좋다면 손자 손녀를 위한 개그 할머니도 될 수 있었으면 좋겠다. 나는 개그의 끼를 잘 사용해서 자식들과 흡족한 삶을 살아온 사람이다. 어쩌면 이런 끼가 있어서 아이들이 세상에 오면 무조건 웃어주자, 무조건 웃겨주자는 생각을 할 수 있었는지도 모르겠다. 아이들이 자랄 때 주위에서 지인들이나 친구들은 나의 양육방식을 많이 걱정해주었다. 오만가지의 예를 들어가며 오판이라고 회유할 때도 있었다. 조카나 친구 아이들의 성적 때문에 푸념을 할 때 나의 교육방법에 대해 이야기 해주면 다들 어처구니 없어하며 4차원 엄마 취급했다.

두 아이가 자라면서 통상적으로 말하는 19금에 가까운 성교육을 할 때도 개그의 끼로 잘 이끌어 주었다. 웃으면 복이 온다. 웃는 얼굴에 침 못 뱉는다. 너무나 많은 웃음에 대해 좋은 말들이 많이 있다. 잘 웃지 않기 때문에 이런 말들이 많은 것 같다. 얼마 전 두 아이와 외식을 했다. 종업원에게 주문을 하고 나서도 한 참 동안 음식이 안 나왔다. 종업원에게 음식을 재촉하고 난 후 두 아이들이 한 목소리로 한 말이다.

"엄마! 아까 그 종업원도 어느 집 귀한 딸일 거예요."

얼굴에 웃음을 거두고 종업원을 대한 나를 두고 한 말이었다.

더 자주 웃는 연습을 해야겠다고 또 다짐을 했다. 암 말기 병동에 코미디 프로를 틀어서 고통의 크기를 줄이는 실험을 한 의사들이 있었다. 고통보다 더 우위에 있는 웃음을 약으로 처방한 사례였다.

이부자리에 같이 아이들과 누워서 나의 본연의 개그 끼를 발산할 때면 이보다 더 행복할 수가 없었다. 잠시 서로 헤어지기 전에 배꼽 빠지게 웃으며 잠자리를 든다. 태어나면서 함께 잠을 잤던 아이들이다. 육체적인 병보다 더 깊은 정신적인 병들이 치유되는 약이 되는 시간들이 되었다. 밤에 잠을 잘때 함께 다 같이 자도록 한 것은 정말 잘한 일인 것 같다.

남편은 자기가 만든 세상이 무서워 웅크리고 아무리 손을 내밀어도 잡지 못했다. 항상 우리 셋이었다. 보이지는 않지만 정신이 아픈 사람들이 내 주위에 많다. 육체적인 병은 상처가 보이니 약을 쓸 수가 있지만 정신적인 병마는 한순간 죽음으로 몰아가는 병이다. 남편은 몇 번씩 자살을 생각할 정도로 자신을 내팽개쳐본 경험이 있는 사람이다. 적응이 어려워 자신이 파괴되는 줄도 모른다. 이런 생각까지 하다 보니 아프다는 말도 못하는 병을 껴안고 살아가야 할 뻔한 아들이었다. 남편의 깊어진 아픔까지도 치유할 수 있기를 바라는 마음은 여전하다. 나아진 듯하지만 폭발하는 화가 또 남편을 가둔다. 반복적이다. 누구나 그러듯이 그러다 옅어지리라 본다. 엄마의 웃음은 보약이다. 커가는 자녀들에게 매일 웃어주는 엄마가 되자. 아이를 양육하는 엄마표 웃음은 자녀들이 필요한 천연 보약이라고 감히 말해주고 싶다.

제3장
그 골 때리는 순간

성적이 행복을 좌우한다는
사이비 종교

사춘기 아이들은 가끔씩 자신의 문제를 극단적인 방법으로 몰고 간다.

몇 년 전 우리 집 근처 남학생만 다니는 명문 고등학교의 한 남학생이 목을 매고 자살했다. 신문에 날만 한 사건이 내 주위에서 일어나니 가슴에 구멍이 난 것 같았다. 몇 날 며칠을 멍하게 보낸 적이 있었다. 공부도 잘하고 모범생이고 외아들에 가정 형편도 좋은 뭐하나 문제 될 것이 없는 아이였다. 아이 엄마가 누구인지 알지만 말을 걸어본 적은 없었다. 참 어처구니가 없는 남의 이야기가 아닌 우리들의 이야기였다. 아이가 목을 맨 나무가 있는 곳은 가끔씩 내가 운동을 위해 산책하는 길이다. 우거진 나무가 숲을 이루고 있는 곳이었다. 얼마나 힘이 드는 일이 있었으면 그랬을까 하는 생각도 들었다. 조금만 좀 참아보지 그랬냐고 그 숲길을 산책할 때 가끔 되뇌이곤 했다. 무엇이 이 아이를 자살로 몰고 간 것일까? 친구들은 이구동성으로 성적이라고 말했다. 공부를 잘하니 기대도 컸으리라 생각되었다. 반대로 죽은 아이는 부담감 때문에 힘이 들었을 것 같았다. 영화에나 나오는 이야기였다. 성적에서 벗어 날수 없는 우리도 어쩔 수 없는 학부모 입장이라 같은 문제로 자녀들과 힘이 들어 하고 있는 중이었다. 나만 빼고 다들 만나면 성적 문제로 아이들과 사이가 안 좋았다. 이럴 줄 알았으면 결혼도 안 하고 아이도 안 낳을걸 푸념섞인 말을 하곤 했던 친구도 있었다. 누가 우리에게 성적이 행복을 좌우한다고 말해 주었을까?

우리나라가 농업 시대에서 공업화를 거쳐갈 때가 있었다. 어느 소작농 집 막내아들이 서울대를 들어가면서 신분이 바뀌었다. 가난을 면한 그 소작농 집안이 부자가 되면서 너도 나도 공부만 잘하는 한 아들에게 지원을 해주었다. 그 성공한 아들은 집안을 일으켜 세워야 했고 희생한 부모 형제들을 책임져야 했다.

어느 교장선생님의 자녀가 사춘기를 지나려 할때 불현듯 자퇴를 하겠다고 자퇴서에 부모의 도장을 원했다. 더 이상 공부가 싫어서 학교를 나오고 싶다는 이유였다. 너무 기가 차서 기절을 하니 쇼하지 말라고 했다고 한다. 1등만 유지 했던 그 아이는 인생이 지긋지긋 하다며 자기가 원하는 것을 하고 살고 싶다고 했단다. 요구를 들어주지 않으면 아파트에서 뛰어 내릴 참이였다. 결국 크게 깨우친 교장이였던 그 엄마는 내가 만든 엄마표 자유학교처럼 유사한 자율을 선택했고 지금 행복하다고 책도 내었다고 한다.

아들이 다녔던 예술중학교는 조경시설이 잘되어 있는 아담하고 아름다운 학교다. 아들이 피아노 전공으로 예술중학교를 들어 간지 얼마 안 되어서 나는 어떤 생각에 집착하게 되었다.

나무 밑 벤치에 앉아 벚꽃이 만발한 학교 정경들을 바라보고 있었다. 예술을 하는 아이들을 위해 해 줄 수 있는 것이 무엇이 있을까? 자문의 시작으로 상상의 나래를 폈다. 그 때 짧은 영감으로 상상된 음악회가 벌써 12회째 무대를 마쳤고 많은 어린 예술지기들이 음악적 성장을 했으리라 믿는다. 미래의 예술지기들이 성인이 되어 해야 하는 실제 현장에서 하는 음악회였다. 미래를 상상하며 미리 해보는 공부의 연장선 같은 음악회를 만들어주고 싶었다. 실기연습하기도 힘든데 무슨 음악회냐며 레슨 선생님들이 안 좋아하신다고 1차 모임에서 무산된 음악회였다. 오뚝이 근성이 있는 나는 포기하지 않고 시도했던 음악회가 옆에서 지켜본 아들에게는 큰 공부가 되었다. 엄마표 자유학교에서 성적이 자유로운 장점으로 아들은 여러 가지 음악회를 시도해 볼 수 있었다. 신정 이것이 진짜 공부라고 생각한다. 무에서 유로 창의적인 사고로 만들어 가는 즐거움으로 세상에 내놓을 작업을 이미 고등학생 때 창의적인 맛을 아는 아이로 성장 중이다. 성적이 자유로운 아이들은 실패를 두려워 하지 않는다는 말이 맞아떨어졌다. 내가 화쟁이 엄마에다 성적에 목을 매고 볼 때마다 잔소리를 해대는 그런 엄마였다면 과연 내 아이들이 이렇게 자랄 수 있었을까? 한 번씩 내가 아들에게 물어보면 웃으면서 벌써 집을 나갔을 거라고 농담을 한다.

큰아이가 5살 무렵 옆집에 있는 친구 집에 놀러 갔다. 아이가 생각보다 금방 집으로 돌아왔다. 서 있는 나의 바짓가랑이를 꼭 껴안으며

"엄마가 내 엄마라서 좋아."

그랬다. 그때는 조기교육 붐이 일고 있을 때였다. 옆집 엄마가 아이에게 한글을 가르쳐 주고 있을 때 제대로 따라 하지 못한다는 이유로 순간 화를 내며 아이 머리를 사정없이 때렸단다. 그런 옆집 엄마를 보고 기겁을 해서 집으로 왔다고 했다.따로 공부를 가르치지 않았지만 책을 읽을 때마다 물어보는 질문에 공부가 스며들어 있었기에 애써 글을 가르치려고 애쓰지 않았다.

조기교육의 열풍으로 백화점 문화센터에서 여러 가지 교육이 이루 지기 시

작했다, 아기 스포츠단이라는 새로운 유치원 교육이 붐이 일어나기 시작할 단계였다. 큰아이 또래 엄마들은 주말이면 백화점으로 아이들을 데리고 다니면서 이것저것을 배우게 했다. 학교를 들어가기 전에 너도 나도 무언가를 배워야 되는 분위기였다.

나는 그 시간들을 큰아이와 여행으로 보냈다. 산에서 바닷가에서 절에서 먼 타지의 여행에서 얻는 공부가 더 많았다. 운전석 뒷자리에 방을 만들어 주면 너무나 좋아하는 큰아이를 보고 책만 가득 싣고 별일 없으면 무조건 주말이면 떠났다. 친구들은 나보고 청개구리처럼 산다고 놀렸지만 두 번 다시 오지 않을 큰아이의 어린 시절을 공유하고 싶었다. 외국계 회사의 특징이었던 5일제 근무라서 여행하기가 좋은 조건이었다. 발 빠른 조기 교육을 하는 친구들이 나를 볼 때는 답답했을 것 같지만 왠지 그러고 싶지 않았다.

책 속에서 읽었던'자연에 모든 공부가 다 들어 있다'는 말을 믿고 실천을 하려고 노력한 것 같다.

바닷가 바위에서나 냇가에서 잡은 고동이나 다슬기를 삶아서 탱자나무 가시로 까먹는 재미도 쏠쏠했다. 산속이나 바닷가 풍경을 바라보며 라면을 끓여서 김치 한 가지에 호호하며 먹던 맛도 잊을 수가 없다. 창이 넓은 모자를 멋들어지게 쓰고 사진도 찍었다. 숙소에 들어가기 전에 그날 찍은 사진을 현상을 해서 저녁 먹고 사진 보는 재미 하나만도 추억이 한 가득이다. 절 밥을 먹어보면서 찬이 많이 없는데도 잘 먹던 큰아이가 기억이 난다. 바닷가에서 물이 무서워서 아빠 등에서 내려오지 못하는 큰아이였다. 물을 극복해 보려고 7살 때 수영을 배워 보겠다고 했던 다짐도 자연에서 터득 했다. 지금은 인어 공주급 수영을 자랑하지만 그때는 아무리 물에 몸을 담가 보려고 해도 기겁을 했다.

큰아이가 좋아하는 것이 생기면서 덩달아 나까지 즐거운 날들의 연속이었다. 큰아이는 수영을 배우면서 배움이라는 것과 조금씩 나아지는 수영 실력에 자신감을 느낀 후 노력을 하면 무엇이든지 해낼 수 있다는 생각을 굳힌 것 같았다. 성적에 신경을 안 쓰는 대신 좋아하는 것을 찾는 아이에게 무한 칭찬을 했다. 나에게 칭찬을 했던 큰엄마에게 더 잘 해드리려고 노력을 했던 어린 나처럼 큰아이도 엄마에게 보이려고 열심히 노력을 하는 것 같았다. 내가 웃어주는 웃음과 칭찬은 큰아이에게 앞으로 나아가게 하는 원동력이 되었던 것 같다.

공부를 잘하는 아이를 둔 친구가 있었다. 초등학교 들어가서 첫 시험에 올 100점을 받았다. 다음 시험에도 올 100점을 받아 왔을 때 흥분해서 밥도 얻어 먹고 같이 기뻐했다. 그때 그 친구는 아이의 성적에 초점을 맞추고는 사는 나와 반대되는 교육을 선택했다. 예민한 성격은 더 예민해졌다. 시험기간이 다가오면 공부방을 했던 그 친구는 두문불출하며 아이 옆에서 시험공부 지도를 해 주었다. 물론 아이의 성적은 탑을 달리고 있었다. 그 당시 엄마들의 세상 이야기도 아이의 성적 이야기와 좋은 대학에 초점이 맞추어져 있었으니 당연했다. 시험 기간도 모르는 엄마가 엄마냐며 나를 몰아세울 때도 있었다. 성적때문에 그 친구와 아이가 너무 힘들어할 때는 아이를 성적으로 나무라지 말라고 했지만 먹혀 들어갈 리가 없었다. 적성과 맞지 않는 과를 선택했지만 그 친구의 소원대로 좋은 대학을 들어가서 대기업에 취업을 했다. 중요한 것은 또 새로운 경쟁에 놓여 있는 아이의 현실이었다. 하나도 즐거운 것이 없는 생활이 기다리고 있었다. 상사들 눈치 보느라 계속 다녀야 할지 말아야 할지 모르겠다고 한다. 꿈이 무엇인지도 모르는 체 쉼 없이 달려온 친구 아이 였다. 성적에 자유로웠던 큰아이를 바라보고 있노라면 대조적이다. 자녀의 결과물은 많은 시간을 필요로 하기 때문에 눈을 감고 가는 것처럼 아직도 모른다. 하지만 적어도 인생을 조율하거나 유유자적한 모습은 큰아이가 더 많아 보였다. 좋아하던 것을 찾아 즐기던 것을 해온 큰아이다. 엄마의 기대에 부응하기 위해 자신의 꿈을 뒤돌아 볼 시간도 없었던 친구 아이 보다 좋은 대학은 안 다녔지만 행복하다. 쫓기다시피 살아온 그 친구 아이에게 늦었지만 자신이 하고 싶은 것을 찾아보라고 권하고 싶다. 좋은 대학과 대기업은 성공으로 보이는 모습이지만 정작 아이는 행복하지가 않을 수 있다. 좋은 성적이면 다 되는 듯한 세상은 끝나가고 있다. 좋은 대학이나 안 좋은 대학은 없다. 진정하고 싶은 것을 도와주는 대학이 좋은 대학이다. 그 대학은 자신이 스스로 만드는 대학이라고 두 아이에게 수도 없이 이야기 했다. 사회의 잣대로 만들어진 대학은 진정한 대학이 아니다. 실업자들에 대한 다큐를 보았다. 카이스트, 서울대, 연세대, 고려대 한국에서 내노라는 대학을 졸업한 사람들이 실업자로 나온다. 열심히 공부만 하고 대학을 들어오니 진정 할 것이 없었다고 했다. 진정하고 싶은 것을 찾지 못해서 꿈이 없었던 거였다.

제4차 산업혁명이 어쩌고저쩌고 하면서 알 수 없는 말들을 들은 지가 얼마 안 되었다. 가만히 들어보면 앞으로 없어져야 할 직업의 수가 엄청나게 많아진다고 했다. 기계가 대신하고 사람이 하는 일들은 창의적인 일을 한다고 한다. 즐겁게 하는 일들이 직업이 되는 세상이 오고 있다. 청년 실업자와 대학을 졸업하고 빚을 갚아야 하는 대학생들의 고민이 계속 늘어가고 있다. 원하는 대기업에 취업을 해도 행복하지가 않다고 하는 요즘 젊은이들까지 암담한 현실이다. 언제까지고 같이 해줄 것 같이 옆에서 코치를 틀던 엄마와 학교가 사라져버린 대학 현실에서 길들어져버린 아이는 혼자가 된다. 난처해진 것은 우리 아이들이다. 성적만 좋으면 모든 것이 해결될 것 같은 분위기에서 덩그러니 혼자서도 행복해야 하는 기술까지 필요로 하는 시대가 온 것이다. 일자리가 없을 뿐더러 있어도 적응이 어려워 직장을 그만 두고 나와서 혼숙이니 혼밥이니 이런 단어가 새로이 등장하고 있다. 직장이 없으니 결혼이 늦어지면서 비혼이란 말들도 나온다. 우리 때는 하면 된다고 해서 열심히 하면 직장이 널려 있었다. 시대적 착오에 빠져 열심히 하면 되는 줄 알았지만 사회는 예전 그대로가 아니였다.

아들이 운영하는 음악회 포스터를 맡아 주신 웹디자이너 아들 이야기이다. 자동차 만드는 것을 너무 좋아해서 과학 고등학교를 보냈다. 대학은 나중에 스스로 필요하면 가겠다고 결정했다. 대학을 갈 돈으로 세계 여행을 하면서 자동차나 드론 기술을 보러 가는 계획을 짰다. 일본부터 다녀 보겠다고 했다. 지인도 나와 같이 성적에 자유로운 아이를 지향했다. 엄마끼리 아들 둘을 친구 맺어 주었다. 기계를 잘 다루고 컴퓨터에 능통한 그 친구는 아들의 연습실에 비디오카메라를 설치를 해주었다. 좋아하는 게임 음악을 피아노로 연주한 동영상을 유튜브에 올리는 작업을 도와준 것이다. 같이 가족끼리 여행도 다니면서 서로의 꿈을 지원하고 있다.

정말 성적이 행복을 좌우한다면 내가 만든 엄마표 자유학교의 내 아이가 행복함은 물론이고 성적을 잘 관리해서 좋은 대학에 들어간 아이들도 행복 해야 된다. 자기 인생의 주인이 되는 방법도 배워서 행복한 한 사람으로서 세대를 이어갔으면 하는 바람이다.

엄마들이여!
제정신으로 삽시다

혹독한 훈련을 시켜준 친정 엄마가 진짜 사랑한 자식은 내가 아닐까 하는 역방향 감사를 할 때가 있다

오뚝이처럼 일어날 수 있는 문제해결능력을 키워준 원인을 제공한 사람은 친정 엄마였다. 불우하다 하면 불우했던 어릴 적 환경이 멀티플레이를 하듯 문제를 제공해 주었다. 한 사람이 여러 개 접시를 동시에 돌리며 재주를 부리는 동작을 가만히 지켜본 적이 있다. 많은 연구와 기술적인 연습이 필요로 했을 그전 단계를 그려보는 재미가 쏠쏠했다. 상상하고 실천한 후 이루어졌다. 상상하고 실천하지 않으면 생각으로만 남는다. 그러면 열매가 없다. 지금은 멀티니 하는 그런 말이 있듯이 동시에 많은 생각을 하는 연습을 했다. 원래의 나로서 한 남자의 아내로서 아이들의 엄마로서 며느리로서 직장인으로서 다양한 역

할을 필요로 하는 여자의 일생이다. 내가 중심이 되어 관심과 지속적인 실천을 수정하면서 이어 온 엄마표 자유학교 안에서 지낸 시간은 두 번 다시 누릴 수 없을 것 같다. 한 사람 한 사람을 위해 여러 개 접시를 돌리는 마술사처럼 살았다. 사랑하는 사람들의 인생을 깊은 통찰력과 전체를 보는 눈으로 한사람, 한 사람 구체적인 계획을 세웠다.

마술사가 돌리는 접시 위에 구체적인 계획들을 올려서 사랑의 힘으로 돌리는 상상만 해도 재미있었다. 이미 습관이 되어버렸다. 시스템이 만들어지는 순간이다. 상담을 신청한 사람까지도 1회차, 2회 차, 회 차마다 구체적인 나만의 상담계획을 세웠다. 그 사람의 인생으로 접시를 돌린다. 어떤 엄마는 14차까지 갔는데 오히려 내가 더 큰 공부가 된 적도 있었다.

전문가는 아니지만 삶이 힘든 사람들의 말을 들어주는 일을 좋아한다. 실컷 이야기할 수 있게 추임새와 칭찬을 하면 마음 편히 자기 속내를 내어 보인다. 대부분 성적과 관련된 아이들의 문제이지만 사실은 엄마들의 어릴 적 상처 같은 문제가 다반사였다. 어릴 때 받았던 모멸감이나 수치심이 깊은 사람일수록 말이 많고 자기 말만 계속한다. 어떤 엄마는 6시간을 자기 이야기로 채운 사람도 있었다. 같은 과정을 겪으며 이겨 내왔기 때문에 누구보다도 그 마음을 이해하고 같이 아파해줄 수 있었다. 아무리 돈이 많고 지위가 높아도 본인이 불행하다고 생각하면 아무 소용이 없는 일이 된다. 모든 문제점을 자녀에게 있듯이 말하는 엄마가 있다. 성적은 부모와 자식을 원수로 만드는 제도적 문제가 틀림없다. 다 들어보면 거기에서 아이의 성적만 빼면 해결점이 훤히 보였다. 자식의 전체 인생에서 부모에게 머물러 있는 시간은 그리 길지 않다. 우리 사이를 갈라 놓을 성적에 초연하기로 했던 생각은 잘한 결정이었다. 친정 엄마와 함께 할 시간을 가져 보지 못했었기에 두 아이와 낭비되는 시간을 막을수 있었다. 두 아이가 성인이 되기 전까지 계획을 철두철미하게 짜기 시작했다. 아이들이 태어나면서 계획했던 대로 실천했다. 즐겁게 행복하게 27년이 어떻게 흘렀는지 빠른 세월에 놀랐다. 진솔한 삶을 아이들과 공유했고 평생 친정 엄마한테 받아 보지 못한 사랑을 오히려 아이들이 대신 돌려 주었다. 아이들과 함께 웃었던 시간은 지구를 몇 바퀴 돌아온 시간처럼 강도가 높은 행복이었다. 상담하는 엄마들은 나의 두 아이를 예를 들면서 원래부터 잘해온 아이라고 반박할 때가 많았다. 달걀이 먼저인지 닭이 먼저인지 그런 이야기 같은데 아무래도 상관없다. 중요한 것은 두 아이가 행복한 모습으로 잘 살아 주고 있기 때문이다.

고 3이 된 아들의 입시를 위해 학교를 방문해서 담임선생님을 만났다. 학교도 대부분의 학부모도 관심 분야가 서울에 있는 대학을 갈 수 있을지 성적을 앞에 놓고 고민에 빠져 있는 분위기였다. 담임선생님께 들은 아들에 대한 학교생활이 마음을 훈훈하게 해주었다. 담임선생님은 아들에게 고맙게 생각하고 있다고 했다. 흐트러지지 않는 자세로 2년이 넘는 동안 자신의 수업을 경청 해 주었다고 강조했다. 아이가 가고 싶은 대학이 어디이던 엄마인 나는 아무 상관이 없다고 했다. 대학이 다가 아니라고 거듭 강조했다. 인생에서 대학은 과정의 한 부분이라고 내 생각을 전했다. 아들은 지금 고등학교도 대학이라고 생각한다. 예중에서도 항상 수업시간에 선생님의 수업을 명강의라고 생각했다. 시험의 대비가 아닌 옛날 같으면 서당에서 계시는 스승으로부터 지혜를 배우는 마음으로 학교를 다녔다. 내가 만든 엄마표 자유학교는 시험을 위해서는 공부하지 마라고 내내 가르친다. 아들에 대한 이런 내 생각을 선생님께 전했다. 수업을 마치고도 복도에서 토론이 이어질 때가 기뻤다고 하신 선생님을 잊지 못할것 같다. 이미 대학 수업을 듣고 있듯이 학교 수업을 하고 있는 아들의 사고는 이미 대학생 수준만큼 높다. 자기 생각으로 부터 질문을 만들어 선생님께 물어본다는 것은 자기 주도적인 삶을 창의적으로 쓰고 있다는 말이 된다. 초등 1학년 학교의 성적 제도권에 들어오기전 부터 쓰레기통에 들어갈 시험을 위한 공부는 하지 마라 했던 나였다. 예술고등학교를 둘러보면서 시험을 위한 수업이 아닌 선생님의 명강의에서 지혜를 구하고 있는 아들이 그려졌다. 고등학교에서 선생님의 귀한 강의를 듣지 않고 있다는 것은 대학에 가서도 교수의 강의를 잘 들을 수 없다는 결론이 난다. 수업시간에 자는 친구들을 보면서 누가 친구들에게 꿈을 빼앗아 갔는지 아들이 물었다. 엄마들이 무턱대고 성적으로 몰아가다 보면 무언가를 하고 싶은 내적 동기를 잃어버리기가 쉽다. 엄마가 아무 말 없이 등을 쓸어주고 웃어만 주어도 엄마의 사랑을 감지하는 아이들이다. 마음이 평화롭고 아이의 뇌가 숨을 쉬게 되면 여유가 생기고 그러다 보면 좋아하는 것을 찾기가 쉬워진다.

아들이 어릴 때 왕따라서 사회 부적응 증세나 공황장애라서 문제라고 생각해 본 적은 없다. 모르면 의사에게 물어서 고쳐나가면 되니까 그래서 정신과를 빨리 찾게 되었는지도 모른다.

변화를 거쳐 성장하는 두 아이를 지켜보면서 인간의 여정에 대해 많은 생각을 한 적이 있었다. 엄마의 생각이 자녀들에게 얼마나 중요한지 뼈저리게 느꼈다. 아이를 가질 엄마들에게 아이에게 만은 화내지 말라고 말해주고 싶다. 부부의 문제가 있더라도 엄마가 영향을 안 받고 웃어주고 아이 편에 있으면 아이는 잘 자라게 되어있다. 엄마와 한 몸으로 살았던 기억을 아이는 무의식 중에 알고 있기 때문이다. 잠시라도 아이에게 서운하게 했다면 분명 사과를 해야 된다. 초보 엄마라서 그렇다고 미안하다고 꼭 사과를 해야 한다.

아이는 엄마의 해바라기처럼 엄마만 바라보게 되어 있다. 내가 몸소 전 인생을 통해서 경험한 일이다. 나를 미워하는 것을 알면서도 친정엄마의 사랑을 계속 갈구하게 되었던 기억이 말해준다.

'내가 이 세상에 오고 싶어서 온 것이 아니다. 부모가 자식을 이 세상에 데려와서는 친절하지가 않다. 화내고 때리고 멸시하고 성적으로 괴롭히다 나중에는 버리다시피 포기해버린다. 형평성에 어긋나는 일이며 평등하지 못하다' 아들 친구가 상담 중에 한 말을 요약한 글이다.

성적 때문에 부모와 사이가 안 좋았던 아들의 반 친구가 있었다. 결말은 친구들을 괴롭히는 것을 즐기다 일반 중학교로 전학을 갔다. 엄마의 원망이 무섭게 자리 잡고 있었다. 차마 말로 표현할 수 없는 분노 때문에 눈이 멀어 안 보이는 듯했다. 무슨 말을 해도 안 들리는 상황까지 가버린 최악의 경우였다. 엄마는 이미 아들을 포기해버린 상황이었기에 엄마의 설득도 잘 안되었다.

그 아이와 소통으로 이야기를 할 수 있는 나보고 자기 아들을 키워보라고 부탁하듯이 말한 기억이 난다. 성악을 전공했는데 얼마나 노래를 잘 부르는지 정말 아까운 아이였다. 겉으로는 부모의 사회적 지위도 높았고 아무 문제가 없어 보이는 가정이었다. 무엇이 파국을 치닫는 결말을 내었는지 큰 공부가 된 상담 사례였다. 초등학교 6학년 때 아들의 예술중학교 설명회 때 만났다. 음악회도 같이 하고 부모 하고도 잘 지내 왔었다. 끝이 이렇게 끝나버리니 마음이 많이 아팠다. 예술 하는 아이들의 사고는 보통 아이들 보다 뭔가가 독특하다. 그래서 더 기다려줘야 하고 마음에 힘을 실어 줄 수 있는 엄마가 필요하다.

몇몇 엄마들은 내가 추구하는 엄마표 자유학교의 핵심인 세가지 자녀교육을 가슴으로는 와닿는데 잘 되지 않는다고 고백했다. 자신도 모르게 잔소리를 하고 있고 화를 내고 있는 상황이 정말 괴롭다고 했다. 나의 에고인 화를 심각하게 고민했듯이 그 엄마들이 각자의 에고가 문제라고 생각하는 것이 다행스러웠다. 예고의 어떤 엄마는 자기 아이가 무엇을 전공하는 지도 모르는 엄마도 있었다. 아이 스스로 좋아하는 것을 찾아 즐겁게 하고 있어도 지원하지 않는 이유가 있다. 아이의 꿈을 반대하기 때문이다. 아이 혼자 힘들게 걸어가지만 언제 꿈을 포기할지 위태위태하다. 친구 중에 자녀가 그림에 천재적인 소질이 있다는 것을 알았지만 거의 그림을 포기하게 만들었다. 적성이 그림인데 엄마가 흥미를 꺾어 버린 셈이 되었다. 엄마의 잣대대로 계산을 했다. 친구는 그림으로 자녀의 미래가 어렵다고 생각한 거다.

적성과 흥미가 같으면 그것처럼 확실한 꿈은 없다. 거기에다 부모의 적극 지원이 된다면 그 아이는 꿈의 날개를 달은 거나 마찬가지다. 하지만 현실은 그렇게 녹록하지가 않다. 꿈을 찾았다 해도 아이를 위해서 하는 말들이 잔소리가 될 수도 있다. 사춘기를 거쳐가는 길에 자녀의 꿈은 변형이 된다. 심한 간섭과 잔소리에 자식은 엄마를 적으로 느낄 수 있다고 한다.

가만히 기다려주고 지켜보고 공감하다보면 문제해결능력이 자란다. 해결 능력을 키울 수 있는 중요한 순간들을 엄마가 발견하고 칭찬으로 이어지면 서로에게 득이 될 수 있다. 자존감 회복과 더불어 자신감도 올라간다.

남매를 어릴 때부터 영국으로 유학을 보냈던 국밥집으로 성공한 지인이 있었다. 아이들과 떨어져 사는 용기가 대단했다. 결론을 먼저 이야기하자면 지금은 남매가 국밥집을 이어가기 위해 부모로부터 음식 맛을 배우고 있다. 이렇게 될 줄 알았다면 그동안 들어간 돈도 그렇지만 그렇게 떨어져 살았던 남매의 어린시절을 같이 못한 것이 한스럽다 했다.

두 번 다시 오지 않을 자녀들과 같이할 시간을 허비한 현실이 지인을 낙심시켰다. 자식에게 큰 기대를 걸었던 만큼 사회는 대답을 안 해주었다. 하면 되었던 시대적 착오가 있었던 결과들이 속속 나타나고 있다. 처음부터 국밥집을 이을 생각을 했더라면 어땠을까? 수많은 돈과 아이들과의 좋은 시간들을 잃어버리지 안 했을지도 모른다. 잃어버린 아이들과의 시간은 두 번 다시 오지 않기에 후회의 날들을 보냈다. 남들과 다르게 키워 보겠다는 희망을 가져본 것이 일이 커져버린 거였다.

무엇이 이렇게 될 결말을 못 보게 했을까 가만히 생각해보면 부모의 욕심이었다. 공부를 잘하는 아이들이었기에 힘이 들어도 참을 수 있었다. 못 먹고 못 입고 빚을 내어 가면서도 두 아이의 뒷바라지에 목숨을 걸었다. 적어도 자기들처럼 살지 말기를 바라는 부모의 마음이 욕심으로 연결되어 버린거 였다. 결과물 같은 현실이 무엇을 말해주는지 이웃의 이야기지만 생각할 부분이 많다. 엄마들이 자식에게 무엇을 어떻게 해주어야지 서로에게 득이 되는가에 대해 생각을 깊이 해야 할 시간이 도래했다. 앞으로 들이닥칠 4차 산업혁명이 오면 국밥집 지인처럼 시간차로 인한 실수가 벌어지게 되어 있다.

좋아하는 것을 찾아주고 지원해주고 직업으로 연결될 수 있도록 자식을 위한 큰 그림을 한 번쯤 그려보면 어떨까 싶다.

아이 행복,
이것이 전부 아닌가요?

태어날 때부터 웃고 웃겨준 아이들과 대화는 천연 그대로 맑고 달다. 아무 첨가물이 들어가지 않은 무공해 교감이었다. 웃음으로 소통이 되어 두 아이들의 영혼을 살찌웠다.

큰아이는 대학을 들어간 후 편의 점 파트타임 일을 시작했다. 2학년 때부터는 수영강사를 해서 돈을 모으고 있었다. 시키지도 않았는데 스스로 돈을 벌고 있는 아이를 보면서 내 꿈을 지키기 위해 스스로 돈을 만들었던 시절이 생각났다. 앞에서 서술한 것처럼 내가 동생들 뒷바라지를 위해 스무 살 시절 37년전 그때 돈 390만 원을 만들어 엄마에게 드렸다. 내가 대학을 가겠다는 속내를 숨긴 채 차근차근 계획대로 움직였던 계획 중에 하나였다. 그때의 내 모습 같은 큰아이를 보면서 여기까지 걸어온 나도 대견했구나 싶었다. 큰아이가 일하는 편의점 사장도 만나 보았다. 근무태도나 인성이나 그런 것들을 물어보면서 큰

아이와 대화 도중 도움이 될 만한 상황들의 자료를 모았다. 큰아이와 이런저런 이야기를 할 때 이해의 폭이 넓을 것 같았다. 손님처럼 가서 일하는 아이의 모습을 보고 오기도 했다. 그후 YMCA 수영장에서 수영을 가르치고 있을 때도 큰아이를 보고 있노라면 수영을 갓 배우고 있는 때가 생각났다. 특히 꼬마 아이들을 가르칠 때는 어릴 때 수영을 배우던 아이가 오버랩되는 환상이 보일 때도 있었다. 배우고 있던 곳에서 반대로 가르치고 있는 자리에 있는 큰아이가 되었다. 보고 있노라니 그동안 여러 가지 추억들이 떠올라 이것이 행복이구나 실감했다. 큰아이는 갱년기 어머니들 사이에서 인기 좋은 명 경청자를 수강한다. 잘 들어주며 추임새로 스트레스 같은 쓰레기를 잘 비워주는 경청과 공감을 잘했다. 사람들은 계속 자기의 말만 하고 들어주기를 원한다. 들어주기가 그리 쉬운 일은 아니다. 이야기를 잘 들어주는 자기 자식 같은 나이의 수영강사를 이뻐했다. 스승의 날이 오면 월급보다도 더 많이 받아오는 선물들을 보면서 실감했다. 지금 다니고 있는 외국계 회사에 들어오기까지 수영강사로 일을 했다. 수영장 관리자들도 큰아이를 신뢰하는 분위기였다. 몇 년 씩 오래 일하다 보니 정직원이 아닌 파트타임 일을 해도 거의 중추적인 역할들로 큰아이를 신뢰하는 분위기였다.

외국계 회사에 들어간 지 2년 동안 상금과 상장을 벌써 네 번이나 받았다. 아이 둘을 학교 성적보다는 세상 보는 이치를 깨우쳐주고 싶었다. 큰아이는 배운 대로 펼쳐보였고 결과를 보았다.

생각의 출발점은 한 번 살다가는 세상이었다. 또 내가 없는 세상을 만나게 될 두 아이의 시간도 계획에 넣었던 시나리오였다.

학교 성적처럼 시험 치면 금방 나타나는 결과물이 아니었다. 눈을 감고 더 듬거리며 가는 길 같았다. 세상의 정보를 빨리 읽어 낼 수 있는 속독법을 세상의 정보를 빨리 들을 수 있는 속청법을 정보 분석 능력을 키우기 위해 큰아이를 위해 선택한 것들이다. 3년을 넘게 큰 아이는 세상을 살아가기 위한 준비를 속독학원에서 성실하게 해주었다. 또래 친구 엄마들은 미친 짓이라고 했다. 그 돈이면 과외를 해서 학교 성적을 올리지 않고 무슨 일인가 하는 눈치였다.

가장 중요하게 생각했던 것은 고공법이었다. 무엇이든 전체를 보는 눈을 가져야 된다고 생각했다. 두 아이의 인생에 필요한 장치 중 하나가 고공법 훈련도 들어 있었다. 아이와 대화 속에 고민거리가 있는 것에 대해 접근할 때 자신의 지금의 상황을 내려다볼 수 있게 훈련 시켰다. 만약 교과서를 읽는다면 위에서 내려다보는 마음으로 제목을 펴놓고 부족한 부분을 먼저 읽어 보라 했다.

큰아이가 대학에 들어와서 방대한 정보들을 분석할 때 적중했다. 그때서야 왜 엄마가 그 당시 생소하고 특이한 속독과 속청을 배우게 했는지 알겠다고 고마운 마음을 전했다. 일머리와 일의 끝을 읽어 내는 기술을 가지고 사회로 나가니 전체를 분석하는 능력으로 미국인 상사에게 인정을 받았던 것 같다. 무엇이든 이 방법으로 대입해보면 지혜를 녹여낸 시스템을 인생에 적용시켜 살아가면 좋을 것 같았다.

만약 전체를 보는 고공법이 없었다면 이보다 덜 지혜롭게 살아가고 있을 수도 있겠다 싶다.

자녀가 부모에게 와 주었을 때는 같이 행복한 삶을 살아 보자고 왔을거라고 내내 생각했다. 양육자의 성향에 따라 화에 부딪혀 자녀에게 상처 입히는 경우의 수는 다양하다. 자녀를 잘 키워보려는 마음이 소유욕으로 변하면 문제는 커진다. 자녀에게 필요한 교육을 벗어나게 되는 것은 불 보듯 뻔하다. 그동안 부모가 준 사랑이 어긋나는 있는 아픔을 간직한 사람들은 자신도 모르게 흘리는 눈물이 어디서부터 나오는지 모르겠다 했다. 상처가 무의식속으로 숨어 버렸으니 알길이 없다.

아무리 부모가 잘해줘도 자녀는 딱 한 번 화낸 것만 기억하게 되어 있는 것 같다. 우리의 뇌는 가장 충격적이고 강력한 기억을 학습의 뇌인 해마에 보관한다. 망각이란 것이 있어서 부모가 잘해주었던 부분은 잊어버리기가 쉽다. 학교라는 제도권에 들어가면 엄마들이 달라진다. 공부 잘하는 옆집 아이와 비교하는 마음이 생긴다. 자녀를 힘들게 하고 열심히 해서 성적을 올리는데 초점을 맞춘다. 수고했다는 말보다 더 잘해라는 말로 자녀의 마음에 상처를 입힌다. 내적 동기가 사라지려는 순간이다. '하면 뭐 해' 이런 생각이 들면서 공부에 손을 놓아버린다. 꿈도 없이 학교에 가면 아예 수업시간에 자는 아이로 변한다. 아주 사소한 틈새에 있었던 칭찬과 친절이 사라져버린거다. 이 두 가지로 무장만 해도 자녀와 친구가 될수 있다.

자녀의 행복은 엄마의 표정과 말에 좌우된다. 잔소리 없이 웃음과 격려이면 된다. 돈도 안 든다. 자녀가 힘들어서 상담하는 엄마들에게 왜 못하는지 물어보면 그 웃음과 격려가 잘 안 된다고 어렵다고 한다. 당연하다. 나 또한 나에게 있는 삐죽삐죽 나오려는 화를 얼마나 많이 밀어 넣었는지 말을 다 못한다.

화가 올라오려고 할 때 두 가지 세계가 내 마음에 공존하는 것 같았다. 수치심과 모멸감으로 부정적인 마음과 긍정의 마음이었다. 두 아이가 내 곁에 머물러 있는 것만도 감사하는 힘을 선택하는 연습을 계속했다. 감사의 긍정 에너지를 키우는 것은 평생 행복한 나의 숙제가 되었다.

내가 경험한 긍정의 에너지 사용을 두 아이에게 어떻게 습관화를 시킬 것인가? 나에게 한 질문에서 시작한 답은 웃음과 웃겨주는 거였다. 두 아이가 오지 않았다면 아직도 내 안의 화와 전쟁을 치르고 있었을 것 같다. 남편처럼 수만 가지 부정의 성을 쌓아 고생하며 살아온 사람이 되어 있었을 수도 있었다. 만약 그렇다면 지금의 두 아이는 영영 만날 수가 없다는 결론이 난다. 수많은 표정 연습과 말하는 연습은 내가 달고 살았던 공부였다. 얼마나 많은 시간을 웃겨주고 웃었는지 나의 연습시간과 닮아있다. 어린 아들이 정신과 치료 때문에 했던 부모 심리 검사가 '남편의 답이 아들에게 있고 아들의 답이 남편에게 있다'고 결론 지어졌다. 융통성 없는 아집이 주식으로 엄청난 돈을 날리게 했지만. 그때마다

"그러면 어때?"

돈이 문제가 아니었다. 부정성이 강한 사람이라 나쁜 생각으로 잃어버릴까 걱정부터 했다. 살아 있음에 감사하자고 했다. 살아 숨 쉬고 있다는 진리 하나만도 충분했다. 소박한 밥 세 끼면 어떻고 한 평 누울 잠자리면 어떠냐 싶었다. 두 아이가 선물이 되어 감사함을 느끼는 진실을 마주하며 사는 것이 그 무엇보다도 귀한 것이라고 생각했다. '소박한 밥 세 끼에 한 평 누울 자리'라는 아이 둘과 나만 아는 암호코드이다. 나누라는 의미다. 인간 사랑이 기본이다. 살아 있는 것만도 감사하다는 것과 나누어 주는 삶을 살아갈 수 있도록 자주 부탁한다.

어느 날 왕따를 당한 아들이 나에게 한 말이

"왕따를 시키는 친구들이 왕따를 시키다 지치면 안 하겠지."

라고 말해 주었을 때 긍정의 에너지가 자라고 있구나를 확인했다.

친구들이 뚱돼지야!

하고 놀려도

"응, 그래."

이런 말로 자주 대답했다. 아들이 사용하는 단어를 들었을 때 긍정의 길로 가고 있는 아들을 많이 칭찬했다. 왕따를 시킨 아이들 마음을 공감한다는 뜻으

로 만들어낸 단어인 것 같았다. 왕따를 당해도 아픈 느낌이 없는 것 같아 성장하는 내면이 눈에 보였다. 유전적으로 받은 부정적인 마음에서 긍정의 씨가 심어져 자라고 있었다.

미국에서 어떤 부모가 자녀에게 저지른 끔찍한 사건이 있었다. 태어나서 13년 동안 변기 위에서만 살아온 소녀의 이야기였다. 정신이상자인 부모가 지하실에 신생아 때부터 감금해 놓았다. 한 번도 세상에 나와 본 적이 없는 상황에서 소녀는 세상을 만났다. 소녀의 몸은 13세지만 지능은 18개월 아이의 뇌 상태였다고 했다. 부모가 주지 않았던 교육의 부재가 뇌 발달에 상당한 영향을 미쳤던 거였다.

아들의 경우는 유전적인 면도 그렇지만 조부모의 넘치는 사랑이 사회 발달에 지장을 준거였다. 사회 발달의 뇌가 자라던 시기에 과잉보호로 배울 기회를 놓치면서 뒤처지게 되었다는 것이 정신과 의사의 소견이었다. 모자라도 안 되고 넘쳐도 안되는 자녀교육이다. 초보 엄마들한테 제일 큰 과제인 것 같다.

성인이 되어 나타나는 강박증이나 사회 부적응 증세는 직장 생활과 전반적인 사회생활을 힘들게 한다.

수많은 강연을 들어보면 부모로부터 받은 학대와 화로 인해 다친 마음들이 의외로 많았다. 그 의식이 순식간에 무의식으로 잠기면 겉으로는 알 수가 없다. 스스로 자기검열에 빠지고 마음속 방해꾼이 계속적으로 안 좋은 상황을 만들면서 사회 부적응 증세가 나타나게 되는 것 같다. 그 아이가 자라 부모가 되니 같은 상처들을 반복하며 세대들로 이어진다. 자녀교육을 이야기할 때 당근과 채찍이라는 말을 많이 하지만 나는 당근만 해도 된다고 생각한다.

엄마가 항상 온화한 마음으로 경청과 공감 그리고 칭찬으로 이어지는 단계를 연습해야 된다. 쉽지 않은 일이다. 생각의 끈을 쥐고 연습하다가 보니 오히려 내가 먼저 문제해결능력이 자라나게 되는것 같았다. 상대가 누구이든 아무리 잘해주어도 화를 버럭 냈다가는 관계가 좀 어려워진다. 이런 땐 꼭 상대에게 사과를 해야 하는데 그것이 참으로 어렵다. 이 부분에서 관계가 개선이 안된다.

남편은 두 아이에게 인기가 없었다. 왜냐하면 잘해주고도 마지막에 버럭 화를 내버리니까 아이들과 남편은 항상 끝이 아팠다. 아이들은 남편이 엄마가 아니라서 정말 다행이라고 한다. 한 번씩 심도 있는 대화에서 빠지지 않은 단골 이야기가 되어버렸다. 엄마를 신뢰한다는 말로 들려서 좋았지만 남편에 대한 장점들도 나열해 주면서 아빠에 대한 생각을 바꾸어주는데 애를 먹었다. 두 아이 마음속에 남편이 버리고 간 쓰레기를 치우는 느낌이 들었다.

이 세상으로 초대한 아이들을 위해 친구라는 관계로 먼저 손을 내밀었다. 친구를 위해 만들어놓은 습관들은 아이와 나를 이어주는 다리 역할을 충분히 해주었다.

유전적인 화로 인해 나에게 습관 만들기는 어려울 수밖에 없었다. 친구같은 두아이와의 약속을 위해 화로부터 이겨내고 또 이겨내야 했다. 약속의 힘은 작은 습관부터 만들어 가는 지혜를 주었다. 영어 공부할 때 한 문장을 수백 번도 더 소리 내어 읽었던 방법을 동원했다. 친구 같은 아이들을 위한 작은 습관도 수 백 번도 더 생각하고 다짐했다. 두 아이를 위해 도서관에서 심리학이나 인문학 등 다수의 관련 도서를 읽으면서 메모도 했다. 철저히 준비해서 대본을 만들었다. 아이들에게 해야 할 인문학 강의 준비를 이런 식으로 해서 연습한다. 드라마 대본 연습처럼 했던 것이 대를 이어나갈 자식 교육의 역사가 될 수도 있기를 희망해본다. 아이를 행복하게 해주려면 엄마가 행복해야 한다. 웃다가 보니 행복이 따라온다는 말은 진실인 것 같다. 남편은 매일 심각한 대화이면서 반복적인 내용이다. 아찔한 생각이 많이 들 때가 있다. 조기 치유를 하지 않았다면 아들의 미래를 보는 것 같았기 때문이다. 반대로 남편이 내 아들이었다면 남편의 환경은 많이 달라졌을 거다. 항상 남편의 폭발된 화로 대화가 마감했다. 무엇이 이런 차이를 만들어 내었을까? 이미 행복할 수 있는 조건을 갖추고 살면서도 행복하지가 않다. 윗대 조상들의 급한 성격과 연관이 있었기 때문일 수도 있다.

바윗돌로 태어나 전 일생을 살면서 힘든 고난을 이겨내면서 자기의 형상을 만든다는 우화가 있다. 내가 겪은 모든 경험과 데이터는 두 아이가 좋아하는 것을 찾아주고 지원해주는데 큰 도움이 되었다. 독립을 앞두고 있는 두 아이를 바라보면 어느새 각자의 형상대로 되어가고 있는 것을 확인할 수 있다.

잘 크는 아이, 엄마가 망친다

두 아이를 학교에 보내다 보니 돈이나 권력으로 학교를 쥐었다 놓았다 하려는 학부모들이 있었다.

아들이 초등학교 6학년 때 한 엄마가 나를 찾아와서 상담을 요청했다. 졸업을 한 달 앞두고 자기 아들을 학교가 전학을 가라고 했다는 거였다. 그 당시 학교 운영위원장이라는 직책을 맡고 있는 나에 도움을 요청하는 뜻이 담겨 있었다. 학교에 영향력이 있는 아이와 다툼이 있었다. 권력이 있는 상대 부모가 교장선생님께 전학을 선처했다는 내용이었다. 전학을 가야 될 친구는 다혈질이긴 해도 공부도 잘하고 학교에서도 또래를 몰고 다니며 리더십도 있는 아이로 알고 있었다. 아들을 왕따시키며 놀렸던 아이이기도 했다. 나는 학교에 아이들의 문제에 어른들이 나서는 것은 형평성에 어긋나는 문제라고 전학은 거두어 달라고 부탁을 드렸다. 결론은 전학도 안 갔으며 교장선생님이 전학 갈 뻔한 친구를 불러 격려도 해주었다. 지금 그 아이는 명문 고등학교를 다니고 있고 가끔씩 볼 때가 있는데 항상 인사가 깍듯하다. 하마터면 아이의 마음에 어른의 잣대로 상처를 줄 뻔한 일들을 생각하면 아찔하다. 그 아이의 깍듯한 인사를 받을 때마다 그때 용기를 내어 준 나에게 칭찬을 할 때가 있다.

내 아이만 챙기게 되어 버리면 자칫 잘못 아이를 잘못된 길로 가게 하는 경우를 종종 보게 된다. 어디에서든 인간의 욕심은 고개를 번쩍 들어 파괴를 일삼는다. 무엇이든 돈이고 권력이면 다 된다 생각하는 사람들이 있다. 어쩌면 선한 사람들을 빛나게 해주는 사람들일 수도 있다. 그들이 없다면 선함도 알아볼 수가 없으니 다 필요악이다.

아들이 중학교 2학년 때 오케스트라 오디션을 볼 때 일이다. 매년 하는 학교 축제 때 한 명의 오케스트라 협연자를 뽑는다. 초빙된 심사위원들이 오셨고 각 악기별로 오디션을 보았다. 악기별로 최고 점수를 받은 아이들끼리 또 오디션을 봐서 최고점을 받은 친구가 오케스트라 협연을 할 수 있는 자격을 얻는다. 테크닉을 바꾸려고 결심한 때여서 기대도 안 했다. 나가보고 싶다 하니 그런가 보다 했다. 아들이 협연 오디션을 준비하는 시간은 좋은 공부를 제공했다. 경험 삼아 준비한 오디션이었다. 사춘기와 겹쳐져 있는 아들은 혹독한 자신과의 싸움에 내던져졌다. 스스로 선택 했기에 아들은 자신 속에 숨어 있는 엄청난 화를 스스로 느낄 수 있었다. 용광로 같이 끓는 아이의 화를 열정으로 바꿀 수 있는 절호의 기회였다. 기다림과 칭찬을 무기 삼아 나도 같이 견디어 나갔다. 오디션이 안 되더라도 그동안 열심히 해서 남아 있는 공부가 더 중요했다.

2월에 오디션에 합격하면서 5월에 학교 축제의 꽃이라고 하는 협연 무대를 준비했다. 아들은 내면의 성장을 위해 최선을 다했다. 처음 해보는 오케스트라와 하는 피아노 협연이었다. 자신의 다음 학기 실기시험을 준비하기 보다는 공인이라는 마음으로 협연곡에 올인하는 상황이었다. 하루하루를 설레게 하는 시간들이 지나갔다. 오케스트라와 협연하는 아들의 모습은 나에게는 신선한 충격으로 다가왔다. 아들이 무대에 나오는 순간 관객석에 있던 나는 볼을 타고 흐르는 눈물을 주체할 수가 없었다.

"이 아이를 한번 키워 봐라. 재미있을 거야."

했었던 점쟁이 할머니 이야기도 그때 떠올랐다. 몇 년 전 음악영재원에서 음에 음자도 몰랐던 엄마와 사회 부적응 증세의 아들이 보였다. 열심히 하다 하다 보니 일은 기회였는데 영재원처럼 오만가지 억측이 나왔다. 교장선생님이 아들의 오디션 심사점수를 보관하시고 언제라도 공정했었던 점수를 보여주겠노라 했다. 엄마의 집요한 관심이 도가 지나치면 이성을 잃은 행동으로 이어진다. 아이까지 힘든 길로 가게 되는 과정을 겪는다. 어떤 경우에는 음악을 접는 아이들도 있었다. 학교에 다 맡겨두면 될 일들이 엄마들의 지나친 간섭이 학교도 힘들어지고 아이들도 힘들어진다. 친구들과의 관계에서 정신적으로 아이의 힘듦만 남게 된다. 잘 크고 있는 아이들을 엄마의 욕심으로 아이의 꿈을 망치는 결과가 종종 있다. 남이 잘되는 것을 질투한 사람들은 스스로 떠나갔다. 인간의 마음에 있는 질투는 사람의 질을 낮추게 한다.

방송에서 하는 다큐 프로그램을 본 적이 있었다. 전교에서 상위 등급 고등학생 몇 명을 학기 초에서 대입까지 취재를 하는 프로그램이었다. 방송을 보고 느낀 점이 많았다. 건강과 아이들의 안위를 걱정하면서도 성적만이 관심이 있는 엄마들이 있었다. 안쓰럽다고 하는 부모와 성적에만 신경을 쓰는 학부모가 큰 점들로 보였다. 하루 종일 공부에만 매달리며 24시간이 모자랄 정도로 사는 아이들이 측은하게 느껴졌다. 오로지 꿈은 좋은 대학이 목표였고 아이와 엄마의 꿈이 같았다.

취재에 응했던 남학생 중 한 명이 엄마한테 1개만 틀린 칭찬 받고 싶은 모의고사 결과를 보여주었다. 칭찬 대신 엄마는 친구 딸 누구는 올 백 받았다고 했고 엄마 말에 고개를 숙이며 한 점을 바라보는 아이가 내 눈에 들어왔다. 잠시 스치고 지나가는 순간에 영혼이 멍들어가는 것이 보였다. 엄마를 기쁘게 해주기 위해 시험공부에만 매달리는 동기는 엄마가 주는 거다.

결국 학교에서 원하는 대학을 갈 수 있는 실력이었던 그 아이는 재수를 선택했다. 엄마의 기쁨을 위해 또 1년을 견디어 내야 하는 시간으로 들어갔다. 만약 그 엄마가 누군가와 비교하지 않은 친절을 배풀었다면 어떻게 되었을까? 아이에게 고생했다고 격려를 했었더라면 원하는 대학을 들어가서 행복한 대학생활을 했을 거다.

어느 대학 연구원이 대학생들 중 성적이 상위권인 학생들을 추적해서 취재를 했었다. 강의시간에 교수님의 강의를 글자 하나 안 빠지게 노트북에 받아적어서 시험을 위한 답안 같은 요약을 한다고 했다. 반면 성적이 하위권인 학생들 몇 명을 취재해보았다. 강의 시간에 들었던 내용에 대해 자기의 독창적인 생각을 질문해서 토론을 유도했지만 성적이 잘 안 나온다고 했다. 결국 대학을 들어가도 성적만을 잘 받기 위해 신경을 쓴다는 거다. 학생들이 학문으로 받아들이지 않고 있다는 것을 증명했다.

미국에 있는 어느 대학에서도 학생들에게 똑같은 취재를 했었다. 우리나라와 반대의 결과가 나왔다. 어떻게 글자 하나 안 빠지게 강의 노트를 만드는 것도 신기해했다. 오히려 아이들의 독창적인 생각을 교수와 토론 형식으로 나누는 것을 선호했다. 성적을 걱정하지 않고 서로의 의견을 들어보며 공부하고 있었다.

입사 면접도 엄마가 대신 해준다는 말이 돌아다닐 정도이다. 독립해야 할 자녀의 자기주도적 삶을 방해하고 있다. 초등학교부터 아이는 부모가 원하는 성적에 초미에 관심을 보이기 시작한다. 공부 잘하는 아이가 되기 위해 공부를 잘하는 아이들은 시험을 위한 공부를 자연스럽게 선택한다. 꿈이 무엇인지를 대학을 가서 찾아보는 것으로 알고 있다. 좋은 대학을 나와도 직업이 모자라서 청년실업이 늘어나는 뉴스를 듣고 있다.

일 년에 두 번 가는 미용실이 있었다. 오랜만에 가니 처음 보는 남자 직원이 보였다. 이런 곳에서 일할 사람이 아닌 것 같아 이런저런 질문을 했다. 사범대학 3학년인데 휴학 중이고 미용기술을 배우고 있다고 했다. 학자금 대출로 빚도 많았다. 엄마와 학교를 따라 대학을 왔지만 적성에 맞지 않는다고 했다. 미용기술을 익히다 보니 이 일이 적성임을 알았다고 계속 이 길로 갈 거라고 했다. 엄마도 마음을 바꾸어 주었다고 행복해 했다. 혹시 성적 위주의 삶이 창의적인 자기주도적인 삶을 살 수 있는 아이를 못 본 것은 아닌가 싶었다.

대학가나 금융가나 법조계 거리를 카메라를 들고 외국인이 방송국에서 취재 나온 것처럼 했다. 영어로 인터뷰를 하면 10명에 8명은 인터뷰를 피했다. 서로에게 미루며 제대로 된 영어를 못하고 있는 다큐를 보았는데 무엇이 이런 결과를 낳은 것일까 생각이 많아졌다. 시험에 비중이 큰 영어 공부를 몇 년을 했지만 오히려 소말리아 사람보다도 더 말을 못한다고 한다. 충격을 받았다. 몇몇 나라는 영어 성적을 뺀 수업을 진행하다보니 자연스럽게 영어를 배우는 실정이었다.

나는 어릴 때부터 아이들과 하루 5분 동안 영어로만 대화를 나누는 방법으로 시작했다. 나의 원어민 영어 선생님이 가르쳐 준 대로 영어로만 토론을 하는 수업을 했는데 잘해서 한 것이 아니었다. 두 아이와 영어로 이야기할 때 느낀 것이 있었다. 만약 내가 아이들에게 영어 점수를 잘 받게 하려고 하루 5분

영어를 했더라면 실패했을 가능성이 컸다. 부모가 자식의 공부를 가르쳐 주기는 어렵다. 안 좋아질 가능성이 높은 이유는 성적이라는 존재가 숨이 있기 때문이다. 이런저런 일어나는 주위의 힘든 일들을 생각해보면 탁월한 선택으로 위기를 잘 넘기고 살아온 것 같다.

한 번도 두 아이와 언성을 높여 본 적도 없다. 친구처럼 서로의 마음을 나누며 살아온 것이 성적에 초연했었기 때문이라고 감히 말해본다. 공부는 평생 하는 거라고 두 아이에게 항상 이야기해 준다. 성적이 필요 없는 공부를 쭉 해온 아이들은 편안하게 받아들인다.

친구 같은 아이들의 평화를 지키기 위해 장착한 세 가지 교육 방법은 성공적으로 마쳐가고 있다. 큰아이를 처음 만나던 그 신생아실 앞에서 강한 느낌으로 나에게 들려오던 마음의 소리들이 있었다. 사라져 버리기 전에 메모를 해두어야겠다고 병실로 돌아와 끄적거린 글은 나무로 자라주었다.

너무나 좋았던 친구 같은 두 아이였다. 보냈던 시간들은 열매로 주렁주렁 나무에 달려 있다. 언제라도 따서 볼 수 있는 추억이 있어 너무 감사하다.

큰아이가 어렸을 때 토요일에 회사를 가지 않았기 때문에 근처에 있는 복지관에서 영어 봉사를 가끔 했다. 영어 봉사를 하고 있을 때 몇몇 학생들의 엄마와 친분이 있었다. 그중에 공부를 아주 잘하는 학생의 엄마와 오랜만에 연락을 하게 되었다. 이런저런 안부를 물어보다가 공부 잘하던 그 제자가 몇 년 전 자살을 했다고 전했다. 인간은 절박한 상황에서 자살을 선택할 수밖에 없나 보다. 항상 우울했던 아이였다. 일찍 아빠가 돌아가셔서 그렇거니 했었다. 결국 이렇게 되고 보니 자식이란 무엇인가를 깊게 생각했다. 남매를 키우다 이제 하나 밖에 없는 딸과 살면서 마음을 달래고 있다고 했다. 우울증을 치료하지 않으면 그 끝이 자살로 이어지는 것이 안타까웠다. 그 아이 엄마는 가슴에 구멍이 나 있는 것 같다고 했다. 어떤 마음으로 위로를 해야 할지도 몰라 괴로운 심정이었다. 아이의 마음을 읽어내는 기술이 필요하다. 웃음과 개그로 두 아이의 마음을 열 수 있는 귀한 경험을 했다. 나 혼자 알고 있는 것보다 공유해도 좋을 듯 생각했다.

인생을 80으로 본다 해도 아직 23년을 더 살아야 된다. 이 세상에 혼자 와서 두 아이를 키운 양육의 지도를 나누고 싶다. 자식들과 행복할 수 있는 아까운 시간들을 도둑맞지 않도록 해주어야 할 것 같다.

그러면 좀 어때!

아이들을 위해 힘이 나는 말을 많이 만들려고 노력했다. 틈만 나면 백지 위에 힘나는 말들을 적어보았다. 연습을 하면서 말에 대한 습관을 만들었다. 수도 없이 사용한 짧지만 효과가 큰 언어의 조합들이 많았다. 아이들에게 그 언어들을 건네면서 진정 나 자신이 정화되는 느낌을 많이 받았다. 한 번이라도 내 기억에 엄마로부터 따뜻한 위로의 말이 저장되어 있지 않아서 보이지 않는 목마름이 있었다. 내가 나를 위로하듯이 마음이 따뜻해지는 경험을 두 아이로부터 체험했다. 조물주가 우리에게 입을 주신 이유는 사람 살리는 말을 하라고 주셨다면 우리는 제대로 사용 하지 못하고 있다고 봐도 될 것 같다.

아들이 피아노 실기시험이 끝나고 집으로 오는 길이였다. 같은 반 친구가 아들의 전화기를 빌려서 시험을 망쳤다는 전화를 엄마한테 한 모양이였다.

"네가 그러면 그렇지!"

꾸중하는 듯한 반 친구 엄마의 목소리가 전화기 너머로 들렸다고 했다.

다른 테크닉을 배우기 위해 새로운 교수를 만나서 피아노를 시작하는 걸음마 단계로 다시 돌아갔던 어려운 실기시험이라 친구 따라 아들도 전화를 나한테 바로 했던 모양이었다. 시험을 엉망으로 쳐서 많이 힘들다고 했다. 그때 내가 "그러면 좀 어떻노! 그것도 1분 전인데, 오늘 아침에 엄마가 만원 준것 가지고 PC방에 가서 신나게 오락하고 친구와 신나게 놀다 와라." 했다. 앞에도 잠시 언급했지만 그 순간 아들은 꾸중했던 반 친구 엄마와 나를 비교 했노라 했다. 이 세상에 엄마가 자기 편이라는 생각이 들었다고 했다. 내가 만든 힘나는 단어 중에

"그러면 좀 어때!"

이 단어에 울컥 했다고 했다. 항상 아들 편인 이 엄마의 마음을 알아 봐 준 거였다. 집으로 돌아온 아들은 자기를 이해해주어서 너무 고맙다며 많이 울었다. 내가 두 아이를 위해 만든 힘나는 단어 덕분에 한 건 단단히 한 것 같았다. 아들의 뇌가 지각변동을 일으키듯 했다. 사춘기를 앓고 있는 힘든 상황에서 큰 깨달음이 있었던 계기가 되었다. 반 친구 엄마의 거친 고함소리는 무슨 이득이 서로에게 있었을까 싶었다. 엄마들은 화부터 내는 자신의 모습을 잘 모른다. 무의식 속에 있는 화와 함께 하는 말속에 가시가 가득 들어 있을 때가 있다. 어릴 적 나도 친정엄마의 무지막지한 화에 상처를 입었듯이 아이들도 마찬가지라는 사실을 잊으면 안 되었다. 그리고 평생 나처럼 사회생활 전반적으로 힘들게 살아가게 된다. 엄마를 시작하는 이들을 만나서 이야기해주고 싶다. 자녀를 가지려면 태교 중에 자신의 마음의 상태를 점검해야 한다. 예상하지 못한 상황에서 화부터 낼 수밖에 없기 때문이다. 마음 내려놓기 훈련도 해야 된다. 적어도 아이 앞에서 화는 내지 말아야 아이를 잃어버리지 않는다. 성인이 된 사람

들 중에 부모에게 상처입지 않은 사람이 드물다. 어쩌면 강한 자에게 약하고 약한 자에게 강한 권위 의식형 자아가 형성될 수도 있다. 화가 나면 무조건 웃어보는 훈련이 필요하다.

엄마의 화난 얼굴과 부정적인 마음은 말 안 해도 아이들은 본능적으로 알 수 있는 것 같다.

갓난아기에게 엄마가 웃어주면서 잘 놀아주다가 PD가 신호를 하면 갑자기 엄마의 화난 얼굴을 5분 넘게 보여주도록 했다. 대부분의 아기들은 계속 노려보는 엄마를 보고 울어버렸다. 아기도 엄마가 화난 것을 직감한다는 말이다. 어떤 아기는 그래도 웃으면서 엄마의 의중을 떠보지만 계속 웃지 않고 화난 엄마를 보고 결국 울어버렸다.

이 실험처럼 아이에게는 엄마의 웃음이 곧 행복이다. 긍정적인 말을 해주면 마음이 편안한 상태가 된다. 친구처럼 27년을 이렇게 이어온 것 같다.

아이들과 대화를 나눌 때 들어주면서 첫마디에 항상 "아, 맞나. 그랬구나."로 시작한다. 경청하면서 들어주는 추임새를 넣어준다. 웃는 얼굴로 하루에 있었던 일들을 서로 이야기할 때마다 절반은 개그 분위기로 이끌어간다. 무슨 말이든 다하려고 하는 아이들이다. 어떨 때는 감당하기 어려운 감정을 상담을 해달라고 할 때도 있다. 요즘 들어 특히 직장생활 2년 차인 큰아이와 같은 사회인으로 많은 이야기를 나눈다. 큰아이가 회사를 들어갔을 때 미국으로 유학을 갔다고 생각하라고 했다. 거의 미국 사람들과 근무를 하니까 유학이라는 단어를 써도 무방했다. 배우는 자세로 봉사를 하는데 용돈 같은 월급도 주니 얼마나 좋으냐고 생각의 틀을 바꾸어 주었다. 사람 살리는 말을 많이 연습해서 사용해보라고 추천을 해주니 영어로 사람 살리는 말들도 같이 공부하는 것 같았다. 친구들의 상담도 곧 잘해주는 어른으로 자라는 중이다.

큰아이가 자라면서 흥미로워 하는 것을 찾아주기 위해 애쓰는 가운데 언어 능력이 뛰어나다는 걸 알았다. 대대적인 지원을 했다. 어릴 때부터 미국 동료에게 영어 말하기 공부를 집중적으로 지원했던 것이 득이 되었다. 지금 생각해 보면 탁월한 지원이었다.

어느 날 퇴근해서 집에 오니 중학생이었던 큰아이가 사진을 주면서 미술 할 멈이 쓰는 모자를 만들어 달라 했다. 창의적인 생각이 궁금해서 무엇에 쓸려고 그러는지 묻지도 않고 열심히 만들어 주었다. 사진과 비슷한 모자가 완성이 되니 큰아이는 진짜 좋아서 어쩔 줄을 몰라 했다. 어디서 사 왔는지 파란색 긴 가발을 쓰고 모자를 써보며 엄마가 최고라며 춤을 추고 난리도 아니었다. 아들과 나는 영문도 모른 채 깔깔대며 웃기에 바빴다. 옷을 만들기 위해 천을 떠와서 수선실에 맡기고 왔다 했다. 나무로 만든 장도가 필요하다 해서 준비를 해주었더니 그때 서야 코스프레인지를 한다고 고백했다.

만화 주인공을 흉내 내며 한 장소에 모여서 만화에서 하는 포즈를 취하며 노는 문화인 것 같았다.

남편은 노발대발 반대 입장이었다. 나는 그러면 좀 어떠냐고 좋은 경험이라고 편을 들어주었다. 스스로 하고자 하는 과정을 정하고 준비를 하며 여러 가지 경험을 창의적으로 하는 아이를 칭찬했다.

남편의 시야와 나의 시야가 다르다. 마찰이 일어날 때마다 아이들을 남편으로부터 보호했다. 아빠로부터 받은 상처들을 싸매는 작업이 가장 어려웠다. 어쨌든 큰아이는 파란색 긴 가발에 마법사 모자를 멋들어지게 쓰고 있었다. 옷같지도 않은 너덜너덜한 옷을 입고 장도를 손에 들고 사진을 찍어 대는 사람 앞에서 포즈를 잡고 서 있었다. 태워주고 나니 따라오지 말라고 해서 그러마 해놓고 몰래 보러 갔다. 만화 캐릭터로 변장을 한 사람들이 서로서로 사진을 위해 같이 공유하고 있었다.

"허브님! 안녕하세요. 이렇게 뵈니 감개가 무량해요."

아들과 나는 큰아이가 사이버 상에서 허브라는 이름을 사용하는 것을 알고는 킥킥 거렸다. 몰래 훔쳐보는 재미가 더 재미있었다. 우리가 온 줄을 몰라서 다행이었다. 인기가 많은 큰아이는 무척 만족한 듯 여러 사람에게 같이 사진을 찍을 수 있게 멋진 포즈를 취해 주었다. 이런 것이 산 공부라고 생각하고 열심히 지원을 했다. 한 번씩 주말이며 그 파란 가발을 서로 서로 써보고 사진을 찍어 보기도 했다. 정말 웃음을 참지 못할 정도로 재미난 사진들을 많이 얻었다.

커서는 코스프레 이야기가 나오면 큰아이는 겸연쩍게 웃으면서 자기가 왜 그랬는지 잘 모르겠다고 한다.

한때 성장하는 과정에 있었던 일이 멋진 추억이 되었다. 한 번씩 이야기꽃을 피울 때가 있다. 만약 남편의 반대에 꺾여 하지 못했다면 좋은 공부와 추억도 놓칠 뻔했다.

아직도 큰아이 방에는 그때 즐겨 쓰고 재미나게 놀았던 파란색 가발과 마법사 모자가 있다.

혹시 모르겠다며 손녀 손자들이 쓰고 놀고 있을 수도 있겠다는 농담 속에 계속 보관하는 쪽으로 의견을 모았다. '그러면 좀 어때.' 라는 큰아이의 창의성을 살려준 이말이 오래도록 기억될 코스프레 추억을 선물했다. 나는 웬만하면 경험을 우선시하는 경향이 있다. 아무리 생각을 그럴싸하게 잡아 놓아도 실천하지 않으면 그것을 그냥 생각일 뿐이다. 큰아이가 대학 1학년 여름 방학 때 잠시 남편이 있는 직장에서 인턴으로 일을 한 적이 있었다. 남편이 가지고 있는 남에게 잘 보이려는 심리와 아이를 보호하려는 나의 심리가 부딪힌 적이 있었다.

아이들을 키울 때 인사만은 하루에 100번을 만나도 해야 된다고 가르쳤다. 누군가가 남편에게 큰아이가 인사를 잘 안 한다고 일렀을 때 잘 알아보지도 않고 큰아이 탓을 하며 크게 화를 낸 적이 있었다. 큰아이가 그럴 리도 없지만 누군가의 말만 믿고 아이를 혼내는 어처구니 없는 일이 있었다. 어떤 경우에도 부모는 아이의 편이 되어 생각 해 주어야 한다. 일러줄 것은 일러주되 상처가 되지 않도록 아이와 같은 편이라는 것을 잊으면 안 된다. 큰아이 앞에서 남편에게 그럴 리가 없다며 당당하게 아이 편을 들어 주었다. 가끔씩 그때를 생각하면 울먹거릴 때가 있다. 남의 말만 믿고 자기 말을 믿어주지 않는 큰아이는 억울한 마음이 아팠던 거였다. 화와 상처는 사람들을 이렇게 오래도록 힘들게 하는 힘이 있다. 그 당시 아이의 상처보다 남의 이목이 더 힘들었던 남편이었다. 지금은 많이 변해서 깊은 반성으로 큰아이에게 사과를 했지만 늦은 감이 있어 보였다.

큰아이는 대학 1학년 때 보다 훨씬 강해졌고 자기주도적인 삶에 자존감이라는 엔진을 달고 순항 중이다. 지금의 큰아이를 바라 보노라면 너무나 꽉 찬 추억이 가슴을 졸이게 한다.

어느 날 큰아이와 아들이 주고받은 카톡 문자에 자꾸 기억력이 없어지는 나를 걱정하는 대화를 보게 되었다. 엄마가 더 나이 들어 자기들을 기억 못 하게 된다면 어떻게 해야 되는지 미리 걱정이다. 치매에 대한 걱정이 묻어있는 글이었다. 고맙고 따뜻해서 눈물 나게 행복했다. 인간의 삶이라는 것이 봄 여름 가을 겨울이 있듯이 어쩔 수 없는 갈림길 여행이다. 아직 오지도 않은 미래를 걱정하는 아이들이 나에게 보내는 사랑과 관심의 표현이라 생각한다. 뇌 영양제를 한 통 샀다. 더 건강하게 살아야 할 이유를 제시하는 두 아이의 따뜻한 마음을 들여다본다. 하루를 충만하게 살아야 되겠다 싶다. 타인에게 무의식적으로 상처 주지 않는 사람으로 살기 위해 명상을 자주 한다. 나 자신의 상황을 바라다볼 수 있게 노력을 계속할 참이다. 백조가 호수에 떠 있으려고 물속에서 부지런히 발길질을 하듯이 말이다. 두 아이를 키우면서 많은 독서를 했다. 아이들에게 씹어서 어렵지 않게 인문학 강의를 개그와 함께 주었다. 두 아이는 인성이 바르다는 말을 많이 듣는다.

"저의 어머니는 어머니로서 친구로서 가끔은 선생님으로서 좋은 역할로 저를 이끌어주셨고 평생 제가 존경해야하지 않을까 싶습니다."

아들이 몰래 촬영해서 나에게 보내는 영상편지에서 했던 말이 가슴에 박혀 있다. 아이들과 누려온 시간들이 빛이 나는 시간들로 다가오고 있다.

나에게 온 아이들이 오히려 자식으로서 친구로서 가끔은 스승으로서 나를 성장시켜주지 않았나 하는 나는 나대로의 감사함이 있다.

머지않은 날에는 성인으로 성장한 두 아이가 나를 챙겨야 하는 시간들이 오겠지만 지금은 생각하고 싶지 않다. 오늘 하루가 더 소중하니까 감사와 충만한 마음으로 살아가고 싶다.

계속 사람 살리는 말과 사랑이 가득 들어있는 언어들을 만들어 연습해 놓고 혹시 인연이 닿아 나를 '할머니'라고 불러줄 손자 손녀들에게 선물하고 싶다.

입시는 너의 축제

큰아이가 고등학교 3학년 때 담임선생님이 서울에 있는 대학을 추천해주었는데 거절했다. 떨어져 살고 싶지도 않았지만 대학을 서울까지 갈 이유를 찾지 못했다. 제일 중요한 것은 큰아이도 원하지 않았기 때문이기도 했다. 나는 이상하게도 실리주의자 처럼 현실적인 생각이 지배적 이었던 것 같았다.

큰아이가 오히려 전문대 쪽으로 가서 빨리 취업을 했으면 했다. 큰아이의 앞날을 여러 가지 방법으로 지도를 그려 놓았기에 실천만 하면 되는 거였다. 친구와 지인들은 왜 그런 생각을 해서 아이의 앞길을 막는지 이해가 안 된다는 눈치였다. 실업계를 간 큰아이 또래 친구들은 일찍 직업을 잡았고 금융계나 병원 원무과에서 직장생활을 하고 있다. 이미 학점은행제를 이용해 4년제 대학 졸업장을 가진 친구도 있었다. 큰아이도 선직업 후진학을 선택하려 했지만 학교와 타협이 잘 되지가 않았다. 오히려 학교로 부터 4차원 엄마라는 딱지만 받

있었다. 당시 유럽 쪽에서는 대학원을 가는 대신 취업이 잘 되는 전문대를 다시 들어가는 추세였다. 그 당시 일본은 대부분 학벌이 높은 이유로 중소기업에 가지 않으려고 하다가 경제 위기가 왔다. 회사가 문을 많이 닫다 보니 일자리가 없어지면서 편의점 아르바이트로 사는 고학력들이 늘어났던 때였다. 지금 우리 청년들의 현실처럼 그 당시 일본이 그랬었다. 두 아이가 살아가야 할 시대는 학력이 중요한 시대가 아니라고 생각했다. 즐거운 일을 찾아 행복한 인생을 사는 것이 최종 목적이었다. 우리 때는 대학만 나오면 직업을 골라서 갈 정도로 취업 걱정이 없었지만 큰아이때는 직업을 가지고 살지 못 살지를 걱정하는 시대가 올 것 같아서 취업 걱정이 앞섰다. 결국 몇 년을 빙돌아 대학을 졸업하고 큰아이는 컴퓨터 공학과를 직장을 다니며 복수전공으로 취득했다. 보안 프로그램 쪽으로 공부를 하고 싶었던 계획을 실천중이다. 공부를 더하고 싶으면 좋아하는 것을 찾아서 하면 되는 것이다. 그 당시 여러 가지 나타날 상황들을 고려해보고 수시를 전문대 쪽으로 넣었다. 담임선생님은 절레절레 손사래를 쳤다. 이해할 수 없는 엄마로 낙인이 찍혔다. 제도권 학교에서 머지않아 직장 구하기가 힘들어 질 것을 걱정하는 나를 이해가 안 되는 것이 당연했다.

정시가 다가오자 담임선생님은 큰아이와 둘이서 교무실에서 대학을 정해버렸다. 정말 나를 이해할 수 없다고 지인들이 하나같이 입을 모으며 나무랐다. 여러가지 경제사정이 방향성을 가리키고 있는데도 좋은 대학에 매달려 있었다. 주위 사정을 이해했기에 내 생각을 포기하기로 했다. 중3 때부터 방학이면 컴퓨터 학원에 워드나 엑셀, 파워포인트 같은 공부를 같이 했다. 어릴때 부터 게임에 흥미를 보이던 큰아이여서 그런지 컴퓨터 관련 분야를 좋아했다. 학원에서는 강사가 엄마와 자녀가 같이 배우러 오는 경우는 처음이라며 신기해했다. 적극성 때문인지 많은 것을 가르쳐주었다. 더 나아가 마이크로 소프트사에서 하는 시험에 통과하여 자격증도 가졌다. 필요한 것들을 같이 배우면서 추억이 되어버렸다. 컴퓨터를 잘 가르쳐 주셨던 강사님이 몇 년 후 수영강사인 큰 아이와 다시 만나게 되었다. 반대로 수영으로 강사님을 제자로 만나는 희한한 인연이 만들어졌다.

먼 미래의 일이었지만 컴퓨터 능력을 하나하나 만들어 가는 중이었다. 그 시간이 씨앗이 되어 지금은 보안 프로그램 자격증을 따려고 공부하고 있다. 시간이 지나면 물질로 채워지는 작은 옹달샘 하나 정도의 직업이 곁에 있어서 의식주를 해결할 수 있으면 된다고 생각했기 때문이었다. 인생길을 걸어갈 때 언제라도 하고 싶은 것들을 할 수있도록 경제관념을 계속 생각 하게 했다. 대인 기술까지도 심리학을 토대로 많은 이야기를 해주었다. 좋은 대학을 보내려고 아이를 키우는 것이 아니다. 어떤 곳에 있든지 행복한 사람으로 키우고 싶었다. 창의성을 키워주어 열악한 환경에서도 지혜롭게 인생을 즐기며 살 수 있는 내적 힘을 길러주고 싶었다. 지금도 변함없이 심리학이나 인문학 분야에 관심이 많다. 문제해결능력을 기본 교육으로 잡았으니 아이가 어려운 상황에서 해결 능력을 만들어 낼 때까지 조급해 하지 않았다. 기다려주는 습관을 계속 길렀다. 아이에게 문제해결능력을 만들어 주기 위해서는 화를 먼저 내면 안 되니까 이미지로 연습을 많이 했다. 습관을 만드는 과정이었다. 비싼 과외 시켜서 좋은 대학 가서 좋은 회사에 취직해도 행복하지가 않다고 연일 인터넷에 뜨는 기사를 읽고 있는 요즘이다. 무엇이 문제가 되었을까? 상사 눈치 보느라 새로운 곳에 적응하느라 진급 신경 쓰느라 취업한지 얼마 안 되어 사표를 내고 있다고 한다. 무엇을 해야 할지 모르고 삶의 방향성을 잃어버리고 방황하는 청년들이 늘어가고 있다. 아이들의 자존감을 키워주고 싶어서 성적에 무관심 했던 거였다. 나에게 없었던 자존감이란 스펙을 만들어 주고 싶었다. 좋아하는 것, 하고 싶은 것들을 찾아주는 것을 도와주기 위해 학교 성적으로 부모 눈치 보지 않도록 철저히 위로하며 다독거렸다. 성적에 쫓기지 않은 큰아이는 대신 일머리를 잘 아는 아이로 자랐다. 편의점 파트타임 일도 자기가 주인처럼 해주니까 편의점 사장도 큰아이를 칭찬하며 오래 같이 있고 싶다고 했다. 수영강사할 때도 그 동안 배워 놓았던 오피스 워드나 엑셀 파워포인트로 사무실내 잡다한 여러 일들을 도와줄 수 있었다. 좋아하는 일들이 누군가를 도와 줄수 있다보니 없어서는 안될 사람이 되었던 거였다. 성적을 받기 위해 노력하는 수업시간 보다 지혜를 얻어 갈 수 있게 계속적으로 방향을 잡아 주었다. 지식을 얻어 가는 학교수업 위에 성적은 스스로 관리하게 했다. 지혜를 배워서 인간 사랑을 실천할 수 있게 엄마표 인문학 강의도 계속 해주었다.

도움이 필요한 친구를 도울 수 있는 마음을 실천할 수 있게 했다. 여러 예를 들어가며 우리들의 인문학 시간은 그렇게 쌓여갔다. 아들은 반주가 필요한 친구들을 위해 반주연습을 하는 수고스러움을 당연한 마음으로 해주었다. 반주비가 비싸다 보니 친구들이 레슨을 한 번 더 받을 수 있게 해준 선한 영향력이 오히려 반주경험이라는 인적 자산을 남겼다. 먼저 나누는 삶 뒤에 몇 배 더 부메랑처럼 돌아오는 진리를 자연히 경험하게 되었다. 왜 엄마가 인간사랑을 강조했는지 알 것 같다고 했다. 아들은 자주 하루 24시간이 너무 짧다고 한다.

자기가 가야 할 길을 정확히 알고 있는 아이나 스스로 할 것을 정하는 아이는 시간이 모자란다. 왕따에서 자기 삶을 주도적으로 이끌어 가는 삶의 변화를 몸소 체험했고 강연가로도 경험을 쌓았다. 음악회 운영자로 사회자로 반주자로 연주자로도 많은 경험들이 아들을 성장시켜주었다. 엄마의 잔소리 대신 많이 웃어주고 웃겨주는 습관이 아들의 뇌를 찌들지 않게 했다. 다른 아이보다 여유로운 마음이 더 많다. 고등학교에 들어가서는 많은 활동들을 스스로 만들어서 했다. 입시도 준비하지만 하고 싶은 것도 다하며 지내고 있다. 그림도 좋아해서 자기 전에 그림을 그린다. 본인이 좋아했던 게임의 배경음악을 연주를 녹화해서 유튜브에 지속적으로 올리고 있고 구독하는 사람들도 계속 늘어가고 있다고 한다. 엄마가 하지 마라 해라 이런 간섭이 없기에 자유로운 사고들이 자라나기 시작했다. 자신의 삶에 주인이 되어가고 있다. 사실 따져보면 아이들에게 해줄 수 있는 것들은 금전적인 것들이 아니다. 엄마가 인내해서 나오는 돈 안 드는 기술들이다. 나 또한 두 아이로 인해 인간성 회복을 갖추어가고 있는 거나. 서로에게 약이 되는 관계성은 그리 어려운 일이 아니다. 어차피 잘 살아보라고 붙여준 가족들이다. 그 본질을 알고 있다면 화를 내거나 폭언을 하거나 학대 수준의 매질은 하지 말아야 한다. 뉴스에 나오는 이런 이야기들은 비일비재하다. 아이가 자라서 같은 자리에서 부모와 같은 사람이 되어 비슷한 인생을 살 가능성이 매우 높다. 남편이 두 아이에게 준 안 좋은 기억은 매우 닮아있다. 남편은 시아버지에 대한 안 좋았던 기억을 그대로 아들에게 이입 시켜 놓았다. 한 번 입력된 기억은 평생을 괴롭게 한다. 이겨내지 못하면 또 반복된다. 상처가 상처로 반복 되어지기 전에 이겨내었던 방법을 나는 잘 안다. 남편에게 시간을 두고 진정성 있는 삶을 살아보라고 계속 대화를 시도하고 있다. 나까지도 친정 엄마 성격대로 두 아이를 키웠다면 뻔한 결론을 유추해볼 수 있다. 서로 원수처럼 보지 않고 살고 있을 수도 있다.

"벌써 집을 나갔을 거예요."

라고 두 아이는 이구동성으로 웃으며 말했다. 집을 나간 두 아이 때문에 내 인생도 어쩌면 피폐해져 있을 수도 있다. 인생을 포기하고 불행한 일이 될 수도 있는 상상의 이야기다. 상상보다 현실이 더 행복한 이 순간들이 너무나 감사하다. 요즘 아들은 기쁘다. 대학 입시를 위한 준비 때문에 많이 배울 수 있는 곡들이 많아져서다.

몇 년 전 아들에게 무슨 바람이 불었을까? 상위권을 유지하며 잘 나가던 피아노에 대해 테크닉을 바꾸겠다고 다니던 학원을 나오고 싶어 했다. 사춘기 최고점을 겪고 있는 시기였다. 무슨 일 인가 골똘히 생각을 해보니 짚이는 일들이 몇 가지가 있었다. 거의 예중 2학년이 끝나갈 가을쯤이었다. 밤늦은 시간에 마치는 아들을 위해 항상 차 안에서 기다렸다. 시간이 꽤 지나도 나오지를 않았다. 걱정을 하고 있는 차에 아들이 울먹거리며 차에 탔다. 한 번도 그렇게 억억 소리를 내며 고통스러운 아들의 얼굴을 본 적이 없었다. 왕따를 당해도 그날 본 고통스러운 얼굴은 아니었다. 무슨 일이냐고 물어도 대답을 못할 정도로 꺼이꺼이 소리도 못 내고 있었다. 순간 자꾸 아들을 괴롭히는 피아노 보조 선생이 있다는 이야기가 생각났다.

"에이, 누가 너를 이렇게 괴롭히는 거고?"

"내가 오늘은 가만히 못있겠다!"

엄청나게 화난 목소리로 그 선생을 만나보고 오겠다고 말해 놓고 차 문을 일부러 쾅 닫으며 화가 난 행동으로 건물로 들어갔다. 나로 인해 간접적으로 화를 풀어보라고 한 제스처였다. 건물로 들어가 본들 할 일이 딱히 없었다. 건물을 몇 바퀴 돌고 돌아와서 아무 말 없이 운전을 해서 집에 도착했다. 아이는 무척 궁금한 표정이었다. 차를 주차하고 나서 차 안에서 이제 좀 나아졌냐고 마음 상태를 물었다. 조금 전보다 진정된 모습이었다. 하교하는 스쿨버스가 늦어져서 다들 피아노 학원에 늦게 도착했다. 많은 아이 중에 유독 아들만 나무랐다고 했다. 마치고도 모두 다 간 후 30분을 넘게 혼을 내었다 한다. 듣고 보니 많이 힘들었겠다며 말문을 열었다.

"만나보니 그 선생님은 너의 가능성을 다른 아이와 다르게 보고 있더라."

"아끼는 제자라 애정이 넘쳐 잔소리를 본인도 모르게 많이 하다 보니 너가 많이 힘들 거라고 하더라."

했더니 감동의 눈물인지 아이는 또 울고 있었다. 입시학원에 다니고 싶다고 예중 1학년에 아들이 찾아가 인연이 된 학원이었다. 그 후 내가 본격적으로 알아본 결과 그 선생뿐만 아니라 선배들한테도 왕따를 당하고 있었다는 것을 알아냈다. 학원에서도 단체 생활이다 보니 왕따가 존재했다. 콩쿠르에 다 같이 나가서 좋은 성적을 받은 것이 왕따를 당하는 원인 제공도 했던 것 같았다. 예술하는 아이면서도 사춘기 나이에 있을 충분히 이해가 되는 일들이다. 그리고 2학년 초에 있었던 명문 대학 콩쿠르에 몇 백 명이 접수를 했던 콩쿠르에 3학년과 같이 2학년이었던 아들이 혼자서 본선을 올라갔을 때 선배들을 이겨버린 일도 원인이 되었다. 사회 부적응 증세가 있는 아들로서는 버거운 단체 생활이었던 거였다. 이런저런 이유로 학원을 그만 다니려고 그러는구나 싶었는데 나중에 안일이지만 음악에 대해 깊은 고민이 있었던 아들이었던 것을 알았다.

예중 3학년 때 아들이 원하는 피아노 선생님을 만나 다시 시작한 아들의 음악은 또 다른 고통의 시작이었다. 처음으로 다시 돌아가면서 그전 테크닉을 없애는 작업이 피를 말리는 듯한 일이었다.

음악에 음도 모르는 엄마인 나는 괴로워하는 아들을 지켜볼 뿐 위로와 웃음밖에는 줄게 없었다. 테크닉을 바꾼 후 첫 실기시험을 치는 날이었다. 심사위원들이 심사를 하다 중단할 정도로 아들의 음악은 걸음마 수준이었다. 엄마로서 해줄 것이 없는 그런 날들이 지나가고 있었다.

2년 동안 예중에 있는 어머니 합창 단장으로 활동을 한 적이 있었다. 합창단 반주자 선생님이 그날 그 실기가 있던 날에 대해 이야기를 해주셨다. 선생님은 그날 1학년을 심사하셨다 했는데 3학년 심사하셨던 위원들이 걱정을 많이 했다고 했다. 아들이 피아노를 접었는지 궁금해 하셨다고 하면서 그 아이가 단장님 아들인 줄 몰랐다며 깜짝 놀라했다. 왜 그렇게 되었냐고 궁금해 했지만 할 이야기가 딱히 없었다. 그동안 열심히 쌓아 놓은 피아노 공부를 다 지우는 고통 속에서 매일을 보내는 것 같았다. 나중에 알고 보니 아들이 예중 2학년때 음악을 포기하든지 아니면 음악적 진화를 원했다는 것을 알았다. 스스로 질문과 답이 오고갔던 아들의 고뇌의 시간을 생각하니 기뻤다. 성적에 자유로웠던 아들이었기에 할 수 있었던 고민이었다. 자신이 원하던 테크닉을 찾았을때 그 동안 배웠던 음악의 색을 버리는 과감한 결정을 한 거였다. 원하는 것을 배우는 시작점 앞에서 답답해 하고 있는 아이 였지만 열정만큼은 불이 났다.

"하다하다 보면 이루어져 있을 거야."

라고 위로할 뿐 내가 해줄 것이 없었다. 시간이 흐르면서 원하는 것을 알아가는 기쁨이 달다고 아들이 처음으로 환히 웃었다. 어느 정도 궤도에 오르고 모르는 것을 알아가는 앎에 대해 자리가 잡혀가고 있었다. 엄마인 나도 많이 기뻤다. 아들은 그러면서 성악 공부도 계속했다. 초등 영재원 부터 성악에 대한 애정을 놓지 않았다. 힘든 2학년 한 학기 정도는 쉬었지만 다시 하고 싶다고 했다. 테너 선생님을 부지런히 찾고 있었다. 지금의 성악 레슨 선생님은 간절한 나의 기도 같은 바램이 연결해준 거나 같다. 연주를 많이 하시다 보니 포스터를 자주 보았다. 포스터에 있는 사진을 보며 이분이 아들의 성악을 가르쳐주면 참 좋겠다고 기도 같은 독백을 했다. 신기하게도 지금 그분께 성악 공부를 하고 있다. 간절히 바라는 마음은 이루어진다는 명제와 마주했었다.

얼마 전 아들은 해설이 있는 톰과 제리라는 팀을 만들었다. 톰은 아들이고 제리는 일반고에서 성악을 전공하는 친구다. 둘 다 같은 성악 선생님이 가르치는데 거기서 만난 사이다. 그 친구의 반주를 해주다가 서로 봉사하는 마음이 통해서 팀을 결성하게 되었다. 두 친구가 고등학교 때 결성해서 평생 봉사하며 즐기며 사는 상상을 하면 음악을 하는 보람을 느낀다. 아이들이 고등학교때 결성한 음악회에 대해 나이 들어 지금의 출발점을 생각하면 얼마나 보람될까 하는 생각도 해본다.

여름 방학에는 집중적으로 환우를 위한 병원 봉사 음악회를 위해 여러 병원을 다녔다. 고 3 입시생이다 보니 더 열광하는 것 같았다.

그동안 열심히 해온 지역주민을 위한 봉사 음악회가 86회를 맞았다. 여름 방학을 맞이하여 유니세프 기금 조성 음악회도 성황리에 잘 끝났다. 힘든 날들도 있었지만 운영자로, 사회자로, 반주자로, 연주자로 진행을 하면서 꾸준히 한다는 점이 큰 공부가 되는 셈이다.

상상이 현실이 되는 과정을 똑똑히 지켜본 아들이다. 아들을 창의적인 생각에 불을 붙이고 있고 성우가 되기 위해 게임에 나오는 대사를 흉내 내며 연습 중이다. 한 번씩 들어보면 제법이다. 농담반 진담반으로 영화배우도 도전해 보라 했더니 못할 이유가 없다 해서 많이 웃었다. 그래 이거다. 도전하려고 하는 자세가 중요하다. 가지고 있는 시간 위에 자신의 실천력을 곱하면 뭔가가 나온다는 것을 아는 것이다. 1%로의 영감에 99%의 실천력을 입히는 시간을 즐긴다. 아무것도 안 하면 제로인 것처럼 이미 아들은 세상의 비밀을 알고 있다. 나를 통해서 이 세상에 왔지만 나보다 더 진화되어 있다.

인간사랑을 실천할 수 있는 기회가 더 많은 인생을 살아가길 바라본다.

아들은 미래에 음악 학교 같은 고아원 설립을 꿈꾸고 있다. 지원이 안 되지만 예술에 가능성이 있는 어린 친구들을 발굴해서 돌보겠다는 포부다.

왕따를 수도 없이 당하고 사회 부적응 증세로 세상과 문을 닫을 수 있는 힘든 과정을 어떻게 이겨내었는지 곰곰이 생각해본다. 부정의 텃밭에 긍정의 씨를 오래도록 가꾼 결과다. 두 아이의 마음에 긍정의 힘이 자라고 있었던 것 같다. 자식의 결과물은 시간이 오래 걸린다. 검증된 자녀 교육이 아니어서 힘든 시간도 있었다. 흔들리지 않는 마음으로 27년전 자식과 친구 되고 싶어 친구가 되었다. 생각이 비바람을 견디어 내며 큰 나무처럼 두 아이는 튼튼한 결속력으로 단단하다.

'상상하면 이루어진다'하는 법칙을 체험했기에 믿었다. 영어 잘하는 꿈을 위해 내가 대학을 가야겠다는 의지를 대학 졸업사진에 사각모를 쓴 내 모습을 뇌에 사진으로 각인시켰다. 힘들 때마다 상상하며 노력을 했었다.

대학을 졸업하는 날 깜짝 놀랐다. 상상했던 사각모를 쓰고 사진을 찍고 있는 나 자신을 보고 세상에 이런 일도 있구나 싶었다. 그동안 고생했던 모든 일들이 나의 자유의지로 이루어졌다. 친구들이 같이 놀 시간이 없는 나를 보고 빈정되었을때 속상했던 시간도 떠올랐다. 늦은 공부였지만 가진 꿈을 위해 의지를 불태웠다. 그 결과 평생 다닐 수 있는 외국계 좋은 직장을 얻게 되면서 인생이 바뀌었다. 집에서 지원이 이루어지지 않는 상황에서 돈을 벌어가며 꿈을 향해 갔다. 나 자신을 뒤돌아보면 사막을 횡단하는 목마름이 있었다. 태양빛이 따가워 힘들고 고독한 길을 혼자 뚜벅뚜벅 걸었다. 내 편이 되어주어야 할 친정 엄마는 오히려 더 힘든 상대였다. 세상에서 제일 힘든 교관을 만난 거였다. 감사하다. 두 아이와 친구되어 살아보게 하려고 훈련을 잘 시켜준 친정 엄마였다. 자식과 친구하자는 내 생각은 막다른 골목에서 다시 돌아 나와야하는 돌파구였는지도 모르겠다. 한 번씩 과거를 돌이켜보는 시간에 생각해보면 다 같이 가는 편한 길을 가지 않고 인생 전반을 치열하게 살아온 것 같다.

내 마음에 누군가가 나를 이끄는 안내자가 있는 듯했다. 어디서부터 생각이 주어지는지는 알 수 없지만 항상 안내자가 있는 듯한 느낌이 들었다. 아침에 일어나 잠시 하는 감사 기도 중에도 문득 떠오르는 생각들이 있었다. 급히 적어놓고 실천을 해볼 때도 있었다. 어떠한 선택의 앞에서 서로 득이 되는 쪽으로 선택하려고 노력 해왔다. 나의 경험을 비추어 보면 두 아이는 어떠한 어려운 일이 오더라도 헤쳐나갈 긍정의 힘이 있다고 판단된다. 마음이 가도록 방향을 알고 결정하는 힘들을 많이 길렀다. 남들이 말하는 일반적인 좋은 대학이 아니라 아이들에게 맞는 대학이 좋은 대학이 아닐까 싶었다. 음악을 전공하는 아들은 시험기간이라고 해서 피아노와 성악 레슨을 빠져 본 적이 없다. 입시라고 들떠 있지도 않고 원래 하던 대로 피아노, 성악 레슨도 꾸준히 잘 받고 있다. 자신이 하고 싶었던 게임의 배경음악을 피아노로 연주해서 유튜브에 올리는 작업도 계속하고 있다. 더 좋은 촬영장비도 사주었다. 여전히 자기 전에는 그림을 그리고 잠이 든다.

아들이 내게 말했다. 매일매일이 입시이고 축제라고 했다. 생각이 자유로운 아이답다.

세상이 바라보는 입시와 아들이 바라보는 입시에는 분명 생각의 차이가 존재했다. 자신이 인생의 주인이라는 깊은 뜻이 들어있는 자기주장이 보인다.

미국에서 받아본 엄마 편지

영어를 좋아하는 큰 아이를 위해 미국 여행을 몇 년간 준비해 나갔다. 금전적인 것부터 시작했다. 거금이 들어가는 탓에 꼼꼼한 계획이 필요했다. 여행의 목적을 설정해 놓고 자료를 수집하면서 전체적인 틀을 짜보았다. 큰아이가 놀랄 얼굴과 여행을 마치고 돌아와서 성장과 변화를 생각하며 혼자 즐거워했다. 여행의 전체적인 일정을 받아 들고 한참을 보고 있으니 좋은 생각이 떠올랐다. 여행 중에 머물러야 할 한 호텔에서 생각한 것을 감행 해야겠다고 그 호텔 이름에 빨간색으로 별표를 그려 놓았다. 큰아이가 고등학교 1학년 때 미국에 있는 대학들을 탐방하는 여행을 마치고 돌아온후 전화 한 통을 받았다. 큰아이가 미국 여행 때 가이드 선생님이었다. 공항에서 처음 뵙고 내가 생각한 엄마 편지를 큰아이에게 전달할 수 있도록 도와주신 분이다.

큰아이에게 편지를 전달하기 전에 궁금해서 먼저 읽어버렸다고 고백했다. 늦었지만 죄송하다고 하는 전화인 줄 알았다. 우리는 꽤 오랜 시간을 통화를 했고 자기도 같은 또래의 딸아이가 있다 했다. 사춘기 들어오면서 사이가 안 좋아져 고민하고 있는 중이라고 했었다. 도대체 내가 어떤 내용으로 편지를 보냈는지 궁금해서 어쩔 수 없이 뜯어보고 많이 울었다고 고백했다.

"처음 만난 날부터 나의 친구가 되어줘서 고맙다. 그리고 나의 가족이 되어줘서 고맙고……. 네가 보는 세상이 다가 아님을 보고 오길, 그리고 나누는 삶이 되길."

신생아실에서 처음 만난 날부터 지금 이 여행을 준비한 엄마의 마음과 바램을 빼곡히 적은 편지였다. 가이드 선생님은 내가 큰아이를 생각하는 마음에 감동했다고 했다. 편지를 읽는 동안 자신의 딸에게 미안한 생각이 많이 들었다고 했다. 여행이 끝난 후에도 편지의 내용이 자꾸 생각나서 전화를 하게 되었다고 어떻게 그런 생각을 했느냐고 감동을 전했다. 그리고 딸과 화해했고 그 편지 덕분에 많은 걸 깨달았다며 감사 전화를 했다고 했다.

큰아이가 가이드 선생님이 엄마가 보내신 편지라고 전달했을 때 의아해서 깜짝 놀랐다고 했다. 어떻게 미국에서 엄마 편지를 받아 볼 수가 있는 건지 도무지 이해가 안 되었다고 했다. 그리고 가이드 선생님이 많이 우신 듯 눈이 부어 있었다고 혹시 뜯어보신 건 아닌지 그런 생각이 들 정도 당황한 모습이었다고 회상했었다. 호텔방을 같이 쓰는 친구와 편지를 읽고 감동해서 한참 같이 울었다 했다. 여행에서 돌아와서는 오래전에 준비한 엄마의 마음이 고맙고 고마워서 또 많이 울었다. 어떻게 편지를 보낼 생각을 했느냐고 물었다. 1%로의 영감과 99%로 실천의 결실이었다. 한 가지 일을 오래도록 깊이 생각하면 좋은 생각들이 떠오르곤 해서 메모를 열심히 해놓는다. 또 들여다보며 생각하는 습관이 실천으로 이어져서 얻은 아이디어라고 했다. 내가 생각해도 미국 여행은 이 편지 때문에 2배 3배의 효과를 본 것 같았다. 탁월한 선택으로 큰아이의 전반적인 삶의 틀을 잡는데 많은 도움이 되었던 것 같다. 편지의 내용대로 많은 것을 느끼고 체험하고 좋아하는 영어 공부에 도움이 되었다. 세상이 어떤지 보고 인생의 틀을 잡는 귀한 여행이 되었고 바라는 것보다 더 많은 것을 수확한 느낌이었다. 미국 여행 후 큰아이의 행보는 해외봉사와 영어 해외 연수 등 스스로 찾아서 나서는 여행으로 젊음을 즐겼다. 글로벌하게 해외 친구들도 많아지면서 영어실력을 자연스럽게 더 키워 나갔다. 대학을 들어가서는 스쿠버 다이빙을 한다고 여행을 떠나기도 했다. 윈드 서핑도 배워서 인생을 즐기는 모습을 보고 있노라면 내가 준비한 미국 여행의 열매를 맺은 듯해서 나 자신이 오히려 더 행복했다.

한 사람의 인간으로 볼 때 나의 지원이 있는 큰아이가 가끔씩은 부러울 때도 있었다. 친정엄마는 오로지 남동생에게만 초점을 두고 사신 분이라 옆에 내가 있는지 잘 보이지 않으셨다. 오히려 무관심한 분위기가 나 스스로 인생을 개척하게 했던 것이 다행스럽다는 생각에는 변함이 없다.

큰아이에게 미국 여행을 처음 이야기했을 때 고개를 절래 전래 흔들며 안 가겠다는 답을 했다. 예상은 했지만 두려워하는 눈치가 역력했다. 시간을 두고 생각을 해보라고 잠시 뜸을 들였다. 여행을 가는 일정과 그동안 내가 모아놓았던 자료들을 넘겨주며 큰아이의 답을 기다렸다.

그 후 질문들이 많았고 관심이 증폭되면서 가보겠다고 답을 주었다. 그때부터 필요한 준비들을 적어가며 여행의 준비를 철저하게 하기 시작했다. 하버드 대학을 시작해서 미국의 유수의 대학을 탐방하는 여행이었다. 우리나라 유학생을 만나는 시간도 있어서 질문지도 만들어 보았다. 미국의 문화를 즐기는 프로그램 안에 뮤지컬 오페라의 유령 관람도 있었다. 시간이 있어서 여행을 가기 전까지 반복해서 DVD를 사서 온 가족이 보곤 했다. 맨 처음 시작하는 부분에서 큰 샹들리에가 천정에서 떨어지는 장면이 나오는데 큰아이가 앉은 자리 머리 위로 떨어져서 말할 수 없는 감동이 밀려왔다고 했다.

미리 알고 가는 여행은 좋은 추억들을 많이 가져올 수 있다. 감동도 서너 배가 된다. 오페라의 유령이 실제로 눈 앞에서 펼쳐지니 큰아이의 감동은 말로 표현이 안 될 정도였다고 했다. 뮤지컬은 여행의 기쁨을 최고조로 느끼게 했다. 엄마가 자기를 위해 준비해놓은 선물을 풀어서 무엇인지를 확인하는 순간을 느꼈다고 했다. 여행을 오랜 시간 준비한 엄마의 무한한 사랑을 느꼈다고 했다. 눈물겹도록 진하게 느껴지는 뭉클함 때문에 주체할 수 없을 정도로 행복했었다고도 했다.

자신이 모르고 있던 시간에 계획을 짜는 엄마의 모습이 보였고 준비했던 과정을 역으로 상상을 해보며 많이 배웠다고 고백했다. 낯선 곳에서 낯선 또래들과 같이 생활하는 동안 자기 안의 좋은 것 들을 확인했다고 했다. 가이드선생님 말씀 중에도 가냘픈 여자아이로 보였는데 대범할 때는 대범하다고 했다. 일처리가 똑 부러지더라고 귀띔도 했다. 큰아이의 인생에서 미국 여행은 하나의 획을 그은 중요한 여행으로 자리매김을 했다. 한 번씩 여행 이야기가 나오면 꼭 잊지 않고 고맙다고 한다.

엄마가 자녀의 좋아하는 것을 찾아봐주고 적극 지원한 결과는 좋다. 좋아하는 것이 직업으로 연결이 되면 한 아이의 인생의 반은 성공한 셈이 된다.

성적으로 고민해보지도 않았고 쫓기지도 않았다. 물 흘러가듯 아이의 마음은 여유가 많았다. 여유로운 마음은 많은 것들을 익힐 수 있게 했고 도전의식도 자연히 생겼다. 자신의 적성을 찾고 흥미를 매치시키며 가는 인생 여정은 행복하지 않을 수 없다. 수업시간도 부모의 성적을 전혀 신경 쓰지 않기 때문에 수업시간을 더 진지하게 들을 수 있어 많은 것들을 얻어오는 시간이 되었다.

아이들에게 고등학교 졸업이면 어떻고 중학교 졸업이면 어떠냐고 그전에 이기적인 사람보다는 인간 사랑을 강조했다. 신이 인간을 내려다 보시기에 누가 어여쁜지 항상 생각해 보라고 했다.

아들이 다니는 예술 학교는 중학교와 고등학교가 같이 붙어 있어 운동장을 같이 쓰고 있다. 예고를 다니면서도 예중 선생님들을 가끔씩 운동장에서 나와 마주치면 아들의 안부를 묻곤 하는데 마음에 여유로움이 있는 학생으로 기억하고 계셨다. 학교 봉사도 친구들이 하기 싫은 분리수거 관리를 자발적으로 했고 청소 당번이 되면 피아노 연습이 하고 싶어 친구들을 복도로 나가라고 해놓고 혼자서 빨리 끝냈다고 했다. 연습하는 시간이 아까워서였다. 좋아하는 것과 억지로 하는 것에 차이를 느낄 수 있는 대목이다. 마음의 여유로움과 좋아하는 것에 대한 열정을 가지고 있다면 아이들이 유유자적한 편안한 마음으로 살아가지 않을까 하는 생각이 든다. 어디에서 무엇을 하든 마음의 평화를 지켜내는 낮은 자의 모습으로 살아가길 원한다.

두 아이는 나의 스승이 되어 주었고 친구도 되어주었고 소중한 자식도 되어 주었다. 언젠가는 나를 돌보아 주며 죽음조차도 지켜보는 마지막 역할이 남아 있다.

두 아이는 나의 건강과 치매나 그런 일들을 미리미리 예견하며 조금이라도 늦출 수 있는 방법이 뭐가 있나 연구 중인 것 같았다. 가끔씩 치매에 대한 다큐를 보고 나면

"엄마가 우리를 못 알아보는 일은 없겠지?"

엄마가 자기들을 몰라보고

"누구세요?

하면 정말 많이 힘들 것 같다고 했다. 사랑은 서로 주고 받는 것처럼 두 아이가 나한테 보내는 사랑이 가득한 것 같다.

큰아이는 미국에서 받아본 편지를 잘 간직하고 있다. 가끔씩 꺼내서 읽어 보고는 읽을 때마다 누구를 감동시키는 일에 관심을 가지게 되었다고 했다. 기억해보면 어버이날이나 내 생일에 항상 감동이 있었던 것 같다. 아침 출근이 빠른 나는 제일 먼저 집을 나선다. 어버이날이 되면 현관문에 꽃 바구니에 편지를 꽂아놓고 감동을 준 적이 많았다. 이런 감동을 준비한 딸의 모습이 그려졌다.

따라배우기 하는 아이들이다. 작년 내 생일날이었다. 생일 선물로 티슈 상자에 50만 원을 테이프로 일일이 붙여서 감동을 주었다. 행복한 마음으로 감동을 만들 줄 아는 두 아이로 자라났다. 대견하고도 감사하다. 큰아이가 동생의 유학을 돕기 위해 유로화를 저축하고 있었다는 것을 얼마 전에 알았다. 그 생각의 깊이가 정말 고마웠다. 누가 시키지도 않았는데 자발적으로 생각을 끄집어내는 큰아이가 그저 든든하다. 인생의 중반에서 폭풍처럼 살아온 아이들과 같이 했던 날들이 쏜살같이 흘러가버린 느낌이 든다. 학교의 제도권에서 성적의 자유를 준것은 아이들에게 진정한 자유를 선물한거였다. 자녀 이기전에 학생이기전에 친구처럼 한 사람의 인격체로 인정해 준 것이 탁월한 선택이었다.

미국에서 받아본 엄마의 편지는 큰아이와 함께 공유했었던 시간의 정점에 있었다. 1%의 영감이 스쳐 지나간 순간 있었다. 잘하는 것을 찾아 도와주고자 했던 마음이 만들어 내어 주었다. 순도 99%의 치밀한 실천으로 잘 마무리 되었던 초대형 프로젝트였다. 큰아이를 위한 생각의 틀이 완성되었던 순간을 오래도록 간직하고 싶다.

제4장
좌충우돌 내 아이 성장기

앗! 엄마 소풍 가는데

내가 살아냈던 시절은 어려운 세상이었고 살아가는데 무엇보다도 문제해결 능력이 필요했다. 두아이에게 이 문제는 나에게 있어서는 큰 화두였다. 키워 주고 싶었다. 방법이 없어 많은 책을 읽었다. 내 안의 화 때문에 어렵다는 것을 알았다. 화의 참음과 경청, 공감, 문제해결능력, 칭찬으로 이어지는 시스템을 짰다. 지금은 새로운 단어의 조합으로 문제해결능력이라고 하지만 내가 학생 일 때는 오뚝이처럼 넘어져도 벌떡 일어난다는 표현을 썼다. 억척같은 사람을 칭하는 단어였다. 어렵고 힘든 일이 있을 때마다 많이 아파하면서도 잘도 이겨 냈던 것 같다. 계속 덜커덩 걸려서 소리 나는 어릴 적 세월을 돌이켜보면 어디 서 그런 억척이 나왔는지 지금도 알 수가 없다. 이미 그때부터 나만의 자기경 영을 준비하고 있었는지도 모르겠다. 이것을 하려면 저것을 준비해야 하고 하 고 싶은 것을 하려면 가지고 있는 시간에 뭔가를 하면 되는가를 생각했다. 전국에 폐병이 유행할 때인데 친정아버지가 폐병으로 가세가 완전히 기울였다. 평생 일을 안 해본 엄마의 고생은 말도 못했다. 집안일은 내가 하고 아버지 대신 엄마는 돈을 벌어야 했다. 어린 동생들을 밤늦게 돌아오는 엄마가 보고 싶다고 떼를 쓰면 달래기가 힘이 들었다. 엄마를 대신해서 해야 할 일들이 산더미였다. 소매치기를 당하고 돌아오셔서 식음을 전폐하고 누운 날이 여러 날이었다. 처음 하는 양말 장사가 엄마에게는 버거운 일이었다. 호강하고 살다가 무슨 일인가 싶으셨을 일이었다. 병원비를 위해 좁은 집으로 옮기면서 불편한 여러 가지들을 참아야 했다. 중학교에 들어가서는 회비를 자주 못 내었다. 지금은 생각도 못할 일이지만 그 당시에는 교무실에서 손을 올리고 벌을 세우는 일이 다반사였다. 아버지가 중병으로 병원에 계시다 보니 몇 달을 못 내고 교무실에서 벌을 쓰는 일 잦아졌다. 어느 날 벌을 쓰고 있을 때 머릿속에서 신문을 돌려서 회비를 내어야겠다는 생각이 스쳤다. 회비도 내고 동생들에게 학용품도 사주고 엄마에게도 뭔가 도움이 될만한 일들을 상상했다. 내가 말하는 그 문제해결능력들이 그때 나에게서 나왔던 거였다. 뿌듯해 했었다. 신문 보급소를 찾아가서 해결한 과정들이 공부가 되었다. 1%의 영감이 99%의 실천을 이끌어 내었던 거였다. 큰아이가 가을 소풍 가던 날 처음 문제해결능력이 나왔다면 신문을 돌려 봐야겠다는 생각은 나의 첫 문제해결능력이었을 것 같다. 신문을 돌린 후부터는 회비를 밀리지 않고 낼 수 있었다. 새벽에 신문을 돌리다 보면 길거리에는 빈병들이 많이 버려져 있었다. 지금도 공병을 팔지만 그 당시도 공병들을 팔면 돈이 되었다. 영어 단어를 적은 종이를 목에다 걸고 외우면서 신문을 돌렸다. 길에 버려진 병들을 버려진 위치를 기억했다가 돌아오는 길에 수거해 오는 시스템을 짰다. 지금 생각해보면 실천을 하면 할수록 문제해결능력들도 더 많이 늘어났던 것 같다. 돈은 돈대로 불어나서 학비 걱정도 사라졌다.

돈이 어떻게 모아지는지도 어렴풋이 알게 되었다. 무조건 안 쓰고 안 입고 아끼면 돈은 모아졌다. 어려운 환경을 이겨내고 싶은 의지가 오뚝이처럼 일어설 수 있게 했다. 동생들은 기억을 못 하겠지만 언니, 누나보다는 엄마 역할이 더 컸다. 누군가가 마음속에 속삭이듯이 지혜를 심어놓고 잘하나 못하나 보는 것 같은 생각이 들었다. 아버지의 병이 오래가면 갈수록 엄마의 고생은 말도 못할 정도로 더 힘들었다. 고이 자란 사람일수록 똑같은 고생도 배가 되는 듯했다. 동생들 씻겨서 밥 해먹이고 청소하고 빨래하고 소녀 가장처럼 살아야 했다. 그 당시는 나처럼 사는 아이들이 많았던 시절이라 고생이라 말할 수도 없었다. 일상처럼 주어진 대로 사는 사회 분위기였다.

겨울 동안에는 찬물에 빨래를 하고 나면 동상이 터져 갈라진 틈으로 피가 배어 나오곤 했다. 따뜻한 곳에 가면 가려워서 힘든 기억이 생생하다. 그때는 공동으로 쓰는 수도가 한 군데만 있었다. 시간을 정해서 주기 때문에 시간에 맞추어 물을 부지런히 길러다 와야 되었다. 그런 일들이 다 내가 해야 할 일이어서 겨울이면 손이 어는 일은 다반사였다. 지금 내 손을 보고 있으면 언제 고생 했는지 알 수 없을 정도로 깨끗하다. 제일 힘든 것은 피곤한 몸으로 집으로 돌아온 엄마의 화를 다 받아야 내는 거였다. 잔소리를 쉴 새 없이 계속하셨는데 내가 하는 일이 다 마음에 안 든다는 잔소리였다. 한다고 열심히 하는데 나의 뇌를 수장시키듯 공격의 끝을 늦추지를 않았다. 지금 생각해보면 모든 환경들이 자연적으로 만든 문제해결을 훈련시키는 고급 프로그램이었다. 지금의 프로그램이 잘 짜여진 해병대 극기 훈련이 나를 의지가 강한 자아로 성장시켰던 것 같다. 자라면서 아무리 힘든 상황일지라도 오뚝이처럼 어떻게든 벌떡 일어설 수 있었다. 프로그램이 설정이 되어 있는 것처럼 나름은 강한 자아를 키운 것 같았다. 말대꾸를 못하게 하는 엄마 때문에 잔소리를 들을 때마다 혼자 생각하고 결정하는 것이 습관이 되었다. 사회생활을 할 때 혼자 생각하고 질문 없이 결정을 해서 실수를 많이 했다. 질문을 못하는 사람이라는 것을 그때 알게 되었다. 지금도 질문 있냐고 물으면 질문하기가 어렵다. 큰아이에게 인생을 살아가면서 정말 선물하고 싶었던 것은 이 문제해결능력을 심어주는 것이었다. 하지만 환경이 다르고 어떻게 틀을 잡을지가 난감해서 많은 책들을 읽는 것이 우선인 것 같았다. 일단 나의 경우는 잔소리가 많은 엄마 때문에 정신을 차릴 수 없었다. 마음이 깨어진 유리조각처럼 깨어진 대로 비추어지는 비이성적인 자아가 만들어져 있었다. 적어도 나처럼은 안 되어야 한다는 생각이 지배적이었다.

큰아이를 키우면서 심각한 고민에 빠질 때가 많았다. 일단 무조건 아이의 말을 잘 들어주는 습관을 만들어 보기로 했다.

"그래서 어찌 됐니?"

"아, 그랬구나."

눈썹을 위로 올리며 웃는 표정으로 욕실에서 연습을 시도 때도 없이 했다. 혼자 있을 땐 거울을 보고 시간 날 때마다 대본 연습하듯 했다. 내 안의 구조를 바꾸는 일은 쉬운 일이 아니었다. 다시 리모델링하는 느낌으로 부단한 노력을 했다. 공감을 많이 해줄 수 있는 풍성한 어휘력을 사용하며 고개를 끄덕여주는 상황들을 상상해 보았다. 그리고 아이가 문제해결능력을 내었을 때 칭찬으로 이어지게 기다려주었다. 문제해결능력을 만드는 레시피가 완성되었는데 문제는 내 안의 화를 조절하는 힘을 키우는 일이 제일 중요했다. 또 화를 참는 습관을 만드는 이미지 훈련을 열심히 상상하며 했다. '세상에 노력하면 안 되는 것은 없다.'중학교 수업시간에 들었던 이 말은 나를 끌어당기는 정신 줄이었다. 실천했을 때 분명한 성공의 실체를 보았기에 의심 없이 받아들였다.

큰아이가 초등 2학년 때 일이다. 아이가 학교 일정표를 안 받아 오면서 일어난 해프닝이었다. 좋은 경험을 하게 해주었다. 어느 때와 같이 출근을 하려고 현관문을 막 나서는데

"앗! 엄마! 나 소풍 가는데."

했다. 아이도 나도 서로 놀란 표정으로 바라보았다. 안 그래도 지각을 할 것 같아 허둥지둥 나가는데 순간 정신이 혼미했다. 무의식 속에 있는 화가 명치 끝에서부터 차오르는 느낌이 들었다. 화쟁이로 변하려고 하는데 그동안 습관 들여진 것들이 생각났다. 일단

"아! 맞나? 어쩌지?"

하면서 한숨을 돌리며 내가 물었다. 일어나버린 일에 대한 해결 답안지를 제시하기 위해 아이가 생각에 잠겼다. 엘리베이터를 타고 가면서 기다려 주었더니 최고의 문제해결방법을 내어 주었다. 그 순간 큰아이는 나의 칭찬을 엄청나게 받았다. 순간 칭찬을 받은 아이의 얼굴은 자신감과 자존감으로 행복해했다. 아이는 스스로 해결했던 생각이 현실로 나타나는 소풍을 즐겼을 것 같았다. 신나게 자기를 칭찬하며 자존감이 어디까지 올라갔을 큰아이를 상상해보면서 행복했다. 화를 이기지 못하고 지금 이야기하면 어떻게 하냐고 무안을 주고 흥분하면서 난리를 쳤다면 문제해결능력을 끌어내는 기회를 놓쳤을 것이다. 만약 그랬다면 그 소풍사건은 큰아이가 나처럼 자존감 낮은 길을 가야 하는 처지가 될 수도 있는 순간이 될 수도 있었다. 그동안 연습해온 나에게도 칭찬을 했다.

아이도 기분이 좋았고 나도 기분이 좋았다. 무엇보다도 상상했던 현실을 만나니 노력하면 된다는 것을 확인하는 날이 되었다. 만약 친정 엄마가 내가 큰아이에게 하듯이 관심과 사랑을 주었다면 과연 어떤 모습으로 성장을 했을까

하는 생각을 해보곤 했다. 언제인가 목사가 된 남동생이 큰누나에게 많은 지원을 했어야 했다는 말에 울컥했었다. 억울하게 야단맞고 있는데 누군가가 편들어 주는 느낌이었다. 주인집 아들과 식모살이하는 나라고 생각하고 남동생을 바라본 적이 많았다. 남동생이 다치면 엄마의 매 타작이 기다리고 있었다. 귀한 아들이니 그럴 만도 했다. 나에게 올 아이들에게는 차별을 안 해야지 절대로 안 해야지 얼마나 되뇌면서 살았는지 모른다.

큰아이가 초등 6학년 때 컴퓨터 게임에 빠져 있을 때였다. 그 당시 4살이 된 아들이 자기도 해보겠다고 해서 큰아이가 양보를 해줬다. 이게 무슨 세상이야 하는 신기한 표정으로 아들이 계속하겠다고 떼를 쓰고 있었고 큰아이는 기다리고 있고 참 난감했다. 신나는 동생을 물끄러미 보던 큰아이가 여기저기서 돈 다발을 끄집어내고 있었다. 그동안 명절 때 친척들이나 손님들이 주신 돈이었다. 십만 원씩 돌돌 말아 고무줄로 묶어놓은 다발 7개를 주었다. 엄마가 돈을 더 보태서 동생을 위해 컴퓨터를 한대 더 사달라고 부탁하는 거였다. 문제해결능력을 단번에 내어버리는 큰아이가 대견해서 오래도록 칭찬을 해주었다. 자기 것을 나누는 마음까지 보태어 내어준 문제해결능력은 오래도록 내 마음 속을 따뜻하게 했다. 얼마나 오래된 돈이었던지 돌돌 말린 돈이 펴지질 않아 다리미로 한참을 다렸다. 기특한 큰아이의 해결책을 바로 실행에 옮겼다. 둘이서 컴퓨터에 앉아 게임을 하는 뒷모습이 너무 행복해 보여서 부지런히 간식을 날랐다.

"누나는 지금 어디야?"

"응, 나는 지금 호수 쪽으로 가고 있어. 너는 어디야?"

사이버 공간에 누나와 동생이 있는 것 같았다. 어린 아들은 누나의 문제해결능력으로 행복한 시간을 보낼 수 있었다. 아들은 게임의 대마왕으로 이름이 나 있었다. 초등학교 6학년 졸업식장에서 몇몇 친구들이 아들과 사진을 같이 찍으려고 줄을 서고 있는 모습을 보고 물었다. 그동안 게임을 많이 깨주어서 다음 단계로 갈 수 있게 도와주었다는 무슨 말인지 모호한 말을 했다.

아이들이 게임에 빠져 있을 때 부지런히 간식을 날라다 주며 같이 구경도 하고 물어보기도 했다. 그 때 다른 시간을 살아야 하는 두 아이와 나의 시간이 보였다. 내가 가지고 있는 시각이 두 아이들을 키워내는데 방해가 되는 것은 분명해졌다. 다름을 인정 해야 하는 순간이었다. 저녁을 준비하고 있으면 초등학생이 된 아들이 부른다.

"엄마 내가 만든 것 좀 보세요."

하고 건물을 짓는 컴퓨터 게임을 보여주곤 했다. 지금 아들은 그때 즐기면서 해보았던 컴퓨터 게임 음악을 악보로 옮기는 작업을 하고 있다. 아이들에게 잔소리를 하지 않기로 결심했기 때문에 웬만하면 게임을 해도 자유롭게 놓아두었다. 뉴스에 나오는 우발적인 사고로 생기는 불행한 일들이 주로 게임에 관련되어 있다. 컴퓨터 게임에 자유를 주는 것은 나와 다른 진화된 유전자를 가지고 있기 때문이다. 같은 공간 같은 시간대를 살고 있지만 아이들은 더 진화된 시대에 살아가야 한다. 지금 한 번씩 정신적인 똥을 누는 시간에 아들은 글로벌 친구들을 게임속에서 만나고 영어로 질문과 답을 하면서 말도 주고 받는 것 같았다. 다름을 인정해야 했다. 하지 마라 하면 더 하고 싶은 심리가 있다. 잔소리를 하지 않으면 불안해하지 않는다. 눈치를 안 보면 스스로 조절할 수 있는 능력이 자라는 것 같았다. 오히려 아이들의 정신적인 건강을 챙겨주는 쪽으로 신경을 썼다. 또래 친구들 엄마는 나보고 제정신이냐고 했다. 나는 소신대로 흔들리지 않게 가기로 했다. 아무리 잔소리를 안하려고 해도 나도 모르게 나오는 친정 엄마로부터 습관으로 내려오는 유전적인 잔소리를 가끔씩은 나의 의지와 상관 없이 듣고 살았을 아이들일 수도 있다. 서로에게 신뢰가 있기에 그렇게 문제가 되지 않았던 것 같다. 새로 나온 게임이 있으면 사주기도 하면서 청소년기를 지나왔다. 얼마 전에도 미처 사주지 못했던 원하는 게임기를 사주기도 했다. 얼마나 고마워하던지 며칠을 계속 정말 갖고 싶은 게임기였는데 고맙다고 했다. 입시생인데 그래도 되냐고 했지만 오히려 창의적인 아이디어를 내고 있다. 미처 사주지 못했던 게임기에서 게임 음악을 악보로 만드는 작업을 즐겁게 하고 피아노 연주를 촬영해서 유튜브에 올리는 일에 신나하고 있는 모습이다. 입시생인데 행복해 보여서 좋다. 자녀와 적으로 살 건지 아군으로 살 건지는 우리 부모에게 달렸다.

어릴 때 부모의 학대와 폭언들이 자녀의 가슴에 상처를 낸 이야기들이 쏟아져 나왔다. 순수한 천사로 왔다가 부모로부터 인생이 결정이 되고 대물림되는 역사를 만들어 내고 있다. 사랑하지만 지울 수 없는 기억 때문에 부모와 적으로 살아가는 사람들이 있다. 유아기의 상처가 평생을 친정엄마의 사랑을 갈구했지만 주지 않는 사랑 앞에 이겨내었기에 인생의 정답을 알게 되었고 그런 친정 엄마가 고마울 때가 많다.

큰아이의 가을 소풍 사건은 나에게 한 획을 그어준 기억으로 남았다. 물이 끓기 시작하는 임계점이 있듯이 그 동안 계속 상상하며 연습하고 했었던 문제해결능력이 현실로 나타났다. 순간 일어나는 화를 이기고 나야만 이 그 다음 단계로 나 갈 수 있기 때문에 나는 나대로 화를 이길 수 있는 능력을 만들 수 있었고 큰 아이는 문제해결능력을 키우는 기회를 잡을 수 있었던 계기가 되었다. 상처투성이에 화 많은 엄마인 나를 변화시켜준 세 가지 습관으로 자기주도적인 두 아이를 얻었다고 해도 과언이 아니다. 무엇이 먼저고 나중인 것은 상관없다. 결론적으로 나와 두 아이는 윈윈게임을 하고 있었던 거였다.

현관문 부서지던 날

누구나 사춘기와 갱년기는 육체적으로나 정신적으로나 나이를 들게 하는 성숙과 성장의 시간이다. 두 아이에게 올 사춘기에 대해 기본적인 상식들을 알고 싶었다. 나는 무지한 사춘기 시절을 보냈다. 누구 한 사람이라도 귀띔해 주는 이도 없었다. 일찍 결혼해서 사춘기 아이 때문에 괴로워하는 친구를 보면서 미리 알아보고 싶었다. 도서관에 가서 관련된 책을 몇 권씩 빌려서 읽곤 했다. 그때 알게 된 사실이 사춘기가 호르몬 조절과 밀접한 관련이 있다는 것을 알게 되었다. 지금은 그때 보다 전두엽의 가지치기 같은 뇌에 대해 더 많은 부분이 밝혀져 있지만 어쨌든 일찍 결혼한 친구들이 자녀의 사춘기 때문에 곤욕을 치르면 상담도 해주었다. 힘든 시기를 옆에서 지켜보다 보니 예상할 수 있는 아직 오지 않았던 내 아이들의 사춘기 를 상상해 보았다. 준비 해야 겠다는 생각이 미리 앞서가게 했다.

큰아이는 평범한 학생처럼 학교를 다녔다. 치마를 짧게 해서 입는다거나 화장을 한다거나 하는 것과 거리가 먼 아이였다. 집으로 돌아오면 다녀왔다는 인사와 함께 자기 방으로 들어갔다가 옷을 갈아입고 꼭 나와서 이런저런 학교 일을 이야기하는 그런 아이였다. 무엇이 그렇게 화가 났는지 현관문이 부서질 정도로 문을 쾅 닫고는 인사도 없이 자기 방으로 들어가는 날이 있었다. 아직도 한 번씩 너무 어이없는 일을 당하면 한순간 저 밑바닥에 눌러놓은 화들이 살아나는 듯한 느낌을 받는다. 그날이 그랬다. 마음속으로 친정엄마의 화가 나오는 순간 습관 들여놓은 이성이 나를 잠재웠다. 한 시간을 넘게 아이를 기다리는 시간 속에서 나의 사춘기 때를 생각했다. 무슨 말을 해주어야 할까 고민을 했었다. 호르몬이 어느 정도 조절이 되었는지 큰 아이가 방에서 나와 미안해했다. 학교에서 엄청나게 화가 나서 주체할 수가 없을 정도 였다고 집에는 어떻게 왔는지 모르겠다고 너스레를 떨며 웃었다. 사춘기가 온 것 같다 했더니 '아! 그랬구나.' 라는 표정이었다. 큰아이와 꽤 오랜 시간 사춘기에 대한 여러 가지 이야기를 나누었다. 설명하게 좋게 호르몬의 장난 때문이라고 하니 관심이 많은 듯했다. 이 시기를 지나면 자율적으로 조절이 되지만 조절이 안 되는 시기가 사춘기라고 했고 보통 때는 별일도 아닌 일이 사춘기 때는 화가 머리끝까지 나다가도 갑자기 기분이 좋아져서 어쩔 줄 모르는 일들 반복될 거라고 했다. 어느 날 집에 온 큰아이가 종이를 한 장 내밀었다. 상담을 해달라고 해서 읽어보니 반 친구가 엄마와 사이가 안 좋아서 집을 나오고 싶어 한다는 내용이었다. 엄마의 잔소리가 너무 심해서 지금은 참을 수가 없다는 반 친구를 도와주고 싶다는 거였다. 큰아이가 사춘기 친구들을 상대로 나름대로 호르몬 이야기로 친구들을 위로하고 있었다는 것을 그때 알았다. 그 후 큰아이가 들고 오는 사례들을 같이 연구하면서 더 심도있는 심리학을 공부하며 많은 이야기를 나누었다. 같은 또래 아이들의 심리를 들여다보는 이야기는 생각보다 심각한 상황이었다. 엄마가 상처를 준 대부분의 아이들은 엄마를 적으로 알고 있는 것 같았다. 내가 겪은 대로 지금의 아이들도 엄마의 상처 때문에 말을 못하고 끙끙 앓고 있었다. 어릴적 내가 받은 상처의 경험들이 감정이입이 되면서 답이 나오는 것 같았다. 어떨 때는 심각한 친구 엄마를 만나 보면서 느낀 것이 있었다. 엄마들은 자녀를 너무 사랑하고 있다는 거였다. 자녀 못지않게 엄마도 같은 고민으로 힘들어하고 있었다. 소통의 문제가 가장 큰 부분을 차지했다.

그렇게 '고분고분하던 착한 아이'였는데 이런 표현이 많았다. 사실 고분고분한 아이가 아니었다. 엄마가 기억하지 못하는 잔소리 같은 폭언들이 고분고분하게 만들었다는 표현이 맞다. 사춘기에 들어오면서 엄마의 잔소리를 이겨내지 못하고 반항하다 보니 관계가 심각해진다. 괴리감이 커져버린 사례들이 많았다. 사춘기 시절 한가운데서 큰아이는 엄청난 공부를 했다. 친구들의 사례를 통해서 큰아이가 겪어야 할 사춘기가 상담을 위한 공부를 하면서 지나가버렸다. 정말 가슴 아픈 사례가 있었는데 성악을 전공하고 싶었던 큰 아이의 친한 친구가 있었다. 성악가를 꿈꾸면서 노력하던 친구가 부모님의 불행한 이혼으로 꿈을 접어야만 되는 일이 생겼다. 안타까운 일이 가슴을 아프게 했다. 꿈을 잃지 말라는 뜻으로 그 친구를 조수미 음악회에 초대해서 큰아이와 같이 보았는데 볼을 타고 내리는 그 친구의 눈물을 잊을 수가 없었다. 아이들이 성인으로 자랄 때까지 안내자 역할을 해야 될 부모의 이혼은 아이에게는 치명적인 멍에로 남는 것 같았다. 꿈을 접었던 그 친구는 끝내 다른 길로 가버렸다. 돈이 많이 들어가다 보니 아버지의 지원이 끊어져 버렸기 때문이었다.

사춘기는 일종의 병이다. 병을 앓고 있는 거다. 호르몬의 갑작스러운 변화에 통보도 없는 정신적인 고통에 힘들어하는 시기를 누구나 지나 가야만 된다. 부모들이 사춘기 자녀들을 기다려 주어야 되는 것이 맞는 것 같다. 특히 착한아이 콤플렉스가 있는 아이들은 더 힘든 시간이 된다. 피가 나고 아픈데 부모들은 눈에 보이지 않으니 잔소리로 더 아프게 한다. 아프다고 힘들다고 말도 못하고 그 시간을 지나가면 낮은 자존감과 열등의식 때문에 사회 부적응 증세로 인간관계가 힘이 들게 되어 있다. 시간을 두고 기다려주면 꽃봉오리가 활짝 피듯 언제 그랬나 싶을 안타까운 일들이 시간과 함께 지나간다. 사춘기나 갱년기는 우울증을 동반하는 인생의 가장 약한 시간이다. 누군가의 사랑과 관심이 절실하게 필요한 시기이다. 사춘기는 누구나 다 오게 되어 있지만 부모가 큰 힘이 되어야 한다. 우연히 어느 단체에서 만난 엄마와 이런저런 이야기를 한 적이 있었다. 아들과 동갑인 고 3 아들이 있는데 꿈이 없어서 안타깝다고 했다. 공부를 잘해서 꽤 알려진 명문고를 다니고 있는 아이였다. 어느 순간 공부에 손을 놓아 버렸다고 했다. 대학은 안 가도 되니 공무원 시험 준비이나 하고 싶은 것들을 준비해보라고 해도 몇 개월 집중하면 또 포기해버린다고 했다. 학교를 안 가는 날에는 오후 늦게 일어나서 아침밥을 먹고 아무것도 안 하고 빈둥대는데 보기가 힘들다고 했다. 어떻게 해야 될지 모르겠다고 한숨만 내리쉬었다. 엄마는 안타까워 계속 이것저것 알아보고 해보라 하면 안 한다고 하지는 않는데 하다가 중도에 그만두는 것이 실망스럽다고 했다. 들어보니 착하고 엄마 말도 잘 듣고 공부도 잘하는 아이였기에 그 아이에게 거는 기대가 남달랐던 것 같았다. 같은 나이 또래인데 아들은 하고 싶은 것이 많아 24시간이 72시간이면 좋겠다고 하는데 그 아이는 어디쯤에서 무엇이 어떻게 잘못되었을까? 분명 사춘기를 거치면서 심경에 변화가 있었던 것 같고 부모의 버거운 기대를 스스로 살기 위해서 놓아버린 것이 아닌가 하는 생각이 들었다. 아이의 대학을 포기해준 엄마의 마음이 대단하다는 생각이 들었다. 무엇을 해라고 말하지 말고 그냥 바라다 보아주면 좋겠다고 했다. 별일 없는 것처럼 보내는 것이 아이가 잠시 자기를 돌아다볼 시간을 주는 것이니 좋은 듯하다고 추천해 주었다.

엄마가 좋아하는 것 말고 아이가 진짜 좋아하는 것을 찾을 수 있게 도와주라고 했다. 그것이 엄마 마음에 안 들더라고 적극 도와주어야 한다고 강조 했다. 처음 만나는 사람이라도 같은 나이 또래의 아들이 있다는 이유 하나만도 전화번호를 주고 받았다. 많은 이야기를 해도 어색하지 않는 것이 신기했다. 아들이 돌도 되기 전 시어머니 등에 업혀 3대가 해돋이를 보러 간 적이 있었다. 한참 걸어가다 보니 시어머니가 같은 연세로 보이시는 분과 정답게 이야기를 하며 걸어가기에 친구 분을 만났나 보다 했다. 오랜 시기처럼 아쉬운 듯 느껴지게 헤어지길래 누구시냐니까 오늘 처음 본 사람이라고 하셨다. '헉!'놀람이 스쳐 지나갔다.'어떻게 그러지?'했는데 16년이 지난 후 내가 그러고 있다. 나이가 들어가는 징표인지도 모르겠다. 나이에 따라 사는 맛이 다르다. 생각도 다르다. 어른의 잣대로 아이들을 보면 안 맞을 수밖에 없다. 부모에게 있어서 자녀는 사랑이라는 매우 특별함이 있어 사춘기를 인정해줘야 하는데 이 부분에서 가장 어려움을 겪는 것 같다. 대나무의 씨는 뿌려놓고 4년이나 지나도 죽순이 올라올 기미가 없다. 5년째가 되면 하루에 60cm 최대 1m까지 자란다고 한다. 동시다발적으로 땅 위로 솟아 나와 엄청난 속도로 우후죽순 이란 말이 나올 정도로 성장을 한다고 한다. 사춘기라는 시기는 어른이 되기 위해 겪어야만 되는 피할 수 없는 과정이다. 대나무 씨가 땅속에서 4년 동안 엄청난 뿌리를 내리는 시간과 같아 보인다. 건강한 성인으로 살기 위해 준비해야 하는 시간을 잘만 보낸다면 도전하고 성취하는 것은 문제도 아니다. 부모가 자식을 낳았다면 사춘기를 대비해야 하는 나름의 해결책을 마련해 놓아야 한다. 사춘기 때 부모와 어긋나서 인생을 낭비한 친구들을 많이 보아왔다. 어린 나이에 아이를 가진 엄마들과 자녀들이 제일 힘들어 보였다. 피아노를 전공하는 아들 친구는 엄마 나이 20세에 태어났다. 오히려 아이가 더 생각이 깊어 엄마를 봐주고 있는 느낌이 들었다. 유명한 외국 교수님을 초빙해서 피아노 특강을 준비한 적이 있었다. 화려한 모습으로 나타난 그때의 젊은 엄마를 보고 다른 엄마들이 수근거리는 모습을 보았다. 아들을 위해 열심히 꾸몄던 마음을 나는 보았지만 세상이 그렇게 만만하지 않았다. 남 말하기 좋은 사람들은 우리 주위에 많다. 그 특강이 끝나고 며칠 후 그 엄마한테서 만나자고 전화가 왔다. 울어서 눈이 부은 모습으로 안타까운 상담으로 기억한다. 특강 때 자기의 옷차림이 이상했냐는 거였다. 그 아들이 그때같이 특강을 받았던 친구들의 말 때문에 상처를 입고 피아노를 접겠다고 선언을 했다는 거였다. 사춘기가 일찍 찾아온 아들을 준비하지 못한 엄마는 길을 잃고 소통의 부재를 고백했다. 나의 설득으로 다시 피아노를 전공하면서 예고 진학도 하고 했지만 지금은 거의 포기 상태로 집을 나와서 중국집 배달을 한다는 말도 들렸다. 가끔씩 그 엄마가 전화는 해놓고 말을 안 하는 경우가 많았다. 다시 걸어보면 전화를 안 받았다. 전화가 왔기만 해도 가슴이 미어져 오는 느낌이 들었다. 얼마나 쏟아 내야할 말이 많고 가슴이 아플까 하는 마음이 같은 아들을 키우는 입장에서 마음이 많이 아팠다. 그냥 바라만 보고 잔소리는 하지 말라고 했는데 엄마라는 입장에서 그게 잘 안되었던 것 같았다.

우리의 인생 중에 사춘기와 갱년기는 아이에서 어른으로 어른에서 노년으로 그러다 자연으로 돌아가는 과정이다. 인간의 삶 속에 육체는 늙어가는 이정표이다. 몸속에서부터 여러 가지 변화를 겪으면서 몸과 마음이 다 아픈 시기가 온다. 너도나도 다 거쳐 가게 되는 숙명 같은 거다. 아프게 눈물 나게 거쳤던 사춘기를 자녀에게 조금 덜어주고 싶어 열심히 책을 독파했다. 읽으면서 안고 살았던 사춘기의 상처도 얼마 정도는 치유를 했다. 늘 할 일을 찾아서 여기까지 걸어온 거 같다. 가만히 있지 않고 무엇을 위한 의미를 두고 도전하고 실천했다. 미리 올 두 아이들의 변화도 만들어 놓은 습관 속에서 준비를 잘 해온 것 같다. 그때 큰아이의 사춘기 친구들을 위해 만들었던 호르몬 상담은 지금도 사춘기를 앓는 친구들과 엄마들에게 상담하고 있다. 자녀를 위한 부모교육(브릿지)라는 단체를 만들어 예술하는 사춘기아이와 엄마의 마음의 온도를 맞추는 일을 도우고 있다. 사춘기에 접어든 아이들의 마음을 알 것 같았기에 두 아이를 키우면서 느꼈던 경청해서 공감하는 방법과 지혜를 나누고 싶었다. 따라쟁이들이였던 두 아이는 내가 만들었던 세 가지 교육으로 잘 자라 주었다. 보이지 않은 어린 죽순이 땅속의 시간을 지나 대나무처럼 쭉쭉 잘 뻗어가고 있듯이 사춘기를 잘 보낸 결과로 두 아이가 각자의 인생을 관조하며 내가 세상에 없는 시간에도 자식의 자식들과 잘 살아갔으면 한다.

배우자 때문에 자식 때문에 시댁 사람들 때문에 상대를 탓하는 갱년기의 시선을 반대로 돌려서 보게 하는 것이 참으로 어렵다. "내 탓이었는데!"라고 알기까지가 힘들다. 두 아이가 어려운 문제를 직면했을 때 사춘기를 잘 이겨낸 것처럼 미래에 올 두 아이의 갱년기도 잘 이겨낼 수 있기를 기대해본다.

내 아들이 왕따라고

남편은 고등학교 1학년 때 세상과 단절된 생활을 선택했다. 공부도 잘했다 하고 어릴 적 사진을 보니 인물도 좋았다. 학교 성적으로 시아버지로부터 받은 상처 때문에 영혼의 칼자국을 선명하게 남긴 후 정신적 성장을 스스로 멈추었다. 무안함과 수치심 모멸감이 한꺼번에 오면서 감당할 수가 없었던 것은 아닌가 싶었다. 어떻게 아냐고라고 묻는다면 정신과 의사에게 남편이 털어 내버린한 번도 말한 적이 없는 비밀을 들었기 때문이다. 아들의 정신적인 문제 때문에 정신과를 다녀온 뒤 여태껏 오해를 했던 남편의 문제가 실타래 풀리듯 풀렸다. 그 동안 생각해보면 모습만 어른이었지 어떤 내면은 고등학생 마음이었다. 연민으로 가득 찬 마음으로 남편을 위한 여러 가지 계획에 착수했다. 콩 심은데 콩 난다는 말처럼 유전적인 인자가 아들에게 대를 이어가면서 사회부적응이라는 힘이 드는 시간을 만들어준 거였다. 아들이 처음으로 사회생활이라고 나가본 유치원은 낯설고 아팠다. 남편의 아픔까지 자국이 나 있는 유전적인 성향으로 사람들이 많은 세상이 어린 아들에 무섭고 두려운 마음으로 세상의 벽을 느꼈을 일이다. 아프다고 말을 하는 표시가 몰래 수업시간을 빠져나와 혼자 있는 것으로 말을 대신했다. 하얀 배경 색 속에 까만 점처럼 튀는 어린 아들을 유치원장은 걱정했다. 그분의 자녀 중에도 같은 병력으로 정신과 치료와 놀이 치료를 하고 있기에 더 빨리 알 수 있었다고 했다. 너무 힘이 드는 아이는 말을 더듬기 시작했다. 그때마다 두려우면 한 번씩 말을 더듬는 남편이 생각났다. 막중한 임무를 수행해야 하는 전장의 군인처럼 갑자기 할 일이 많아졌다. 귀한 손자를 정신병자 취급한다고 시부모님의 엄청난 화를 이겨야 내야 했다. 흔들리면 아들도 남편처럼 힘든 시간위에 살게 될 수도 있다는 생각에 엄마는 엄마였다. 주위에서도 무슨 어린아이가 정신과를 벌써 가냐고 난리도 아니었고 내 편을 드는 사람은 오직 나 밖에 없음에도 불구하고 5살 아들은 태어난 병원에 있는 아동 정신과에 이름을 올렸다. 내가 모르는 정신세계 였기에 모르면 원인을 알아내서 치료하면 되는 거였다. 뭐가 문제냐고 내가 친구하자 했던 내 아이가 아픈데 정신 차려야지 라는 말을 반복했다. 남편이 태어나기 전에 남자아이를 잃었던 시어머니는 남편을 금쪽같이 키웠다. 내 아들도 시어머니 입장에서는 같은 금쪽 같은 손자였다. 다 해주는 것이 사랑이라고 생각한 교육방식이었다. 다른 형제들이 시샘할 정도로 좋은 거라고 하는 것은 다 해주셨다. 너무 좋은 것이 어떨 때는 독이 될 때가 있다. 맞벌이를 하다 보니 낮에는 시어머니께서 아들을 돌보는 것을 자처하셨다. 귀하다 보니 무엇이든 다해주는 것이 시어머니 입장에서는 최선이었다. 남편도 혼자 뭘 결정하는 것을 못하는 결정 장애 같은 사회 부적응 증세도 있었다. 치료시기를 놓치다 보니 평생을 시달리며 살아가고 있다. 남편의 사회 부적응 증세는 아들에게 좋은 참고 자료가 되었다. 아들은 계속적인 자연치료와 뇌치료를 받았다. 많은 사람이 있는 곳을 무서워하는 아들이었다. 공원같이 사람이 많은 곳에 가서 아들을 잃어버리는 일도 자주 있었다. 어김없이 숨을 곳을 찾아 눈만 껌벅거리며 바깥세상을 살피곤 했다. 유치원도 얼마 못가서 다닐 수가 없었다. 새로운 곳에 가면 다시 불거지는 공황장애나 분리불안증 같은 사회 부적응 증세가 계속 이어지고 있었다. 비만까지 같이 오면서 엎친 데 덮친 격이 되어 버렸다. 고도비만이 아이에게 왕따로 이어지니 더 힘든 상황이 되어버렸다. 아동 비만에 대한 다큐를 찍겠다고 방송국에서도 다녀갔다. 공공연히 고도비만으로 낙인 찍혀 버리면서 험난한 아동기를 이겨내야 했다. 개그를 맹연습해서 집에 오면 많이 웃어주고 웃겨주었다. 엄마는 항상 너의 편이라는 메시지를 계속적으로 보냈다. 아들에게는 엄마와 누나의 웃음이 최고의 약이었다. 배꼽 빠지게 만드는 엄마의 개그로 자아의 정체성을 조금씩 찾아갔다. 혼자만의 노력도 많이 했다. 지금도 항상 포근한 느낌이 눈물겹도록 엄마와 누나를 통해서 느껴진다고 고백한다. 지금도 피아노 연습실에서 혼자 생활해도 엄마와 누나 아빠 할아버지 할머니 이런 가족력이 마음을 따뜻하게 해준다고 한다. 고통 뒤에는 성장이 기다리고 있다고 긍정에 대해 마음이 자리매김을 한 것 같았다.

가끔씩 3대가 같이 여행을 갈 때가 있다. 그때마다 두 아이의 성장을 확인하는 기회가 많았다. 비디오 촬영기사와 사진 기사를 대동하면서 여행을 준비하는 나보고 가족들은 유별나다고 했다. 후회하지 않을 자신이 있었다. 15년 전에는 비디오 촬영기사와 사진 기사를 대동하면 여행경비 반 정도 돈이 더 들었다. 내 고집을 꺾지 못한 가족들은 한숨을 쉬며 내심 참는 모습이었다. 지금은 정말 잘했다고 칭찬이 자자하다. 시부모님 젊은 모습, 나를 비롯해 형제들, 아이들 어린 모습들이 대단한 가치를 매겨주었다. 그 영상물은 아들의 치유를 도와주는 매개체 역할도 해주었다. 시간이 가면 갈수록 가치가 더 있다 보니 탁월한 선택이 되어버린 거다. 그 가치라는 것이 나는 보였는데 다른 이의 마음에는 보이지 않았던 것 같다. 작년에 갔던 3대가 같이한 여행에서 반듯하게 잘 자란 두 아이를 또 확인했다. 집에서 보던 아이들과 3대가 같이한 여행에서의 두 아이는 내가 못 보던 임기응변이나 재치 같은 것들이 번뜩거렸다. 전체를 보는 눈들이 많이 자라 있었다. 어릴 때 아파서 정신과를 다니고 힘이 들었던 시간에서부터 조금씩 성장한 모습들이 다 보였다. 사람들을 무서워하는 유년의 시간부터 많은 사람들 앞에서 강연을 하는 모습까지 한 편의 다큐 같았다. 성장을 확인하는 시간들을 들여다보면 다 이유 있는 아픔이었구나 싶었다.

　모두가 성장하기 위한 예방주사의 따끔거리는 통증이었다. 아픔을 이겨내면 이겨낼수록 강력해지는 면역력을 느낀다. 앞으로 살아가면서 즐겁게 해야 할 문제해결과 직결되는 지혜가 하나씩 쌓여가는 중이다. 수많은 시간들 위에 아들의 고통과 엄마인 나의 고통이 점점이 묻어 있다. 그래도 우리는 행복했다. 친구이었기에 아픈 아이를 더 많이 안을 수 있었고 더 많이 웃을 수 있었다. 정신적이던 육체적이던 어떠한 아픔 앞에서도 엄마는 초긍정의 마음으로 아이를 껴안아야 된다는 지론이다. 그래야만 아이가 잘 이겨 낼 수가 있으니까 내가 확인했다. 부정적인 엄마들은 항상 부정적인 시선으로 아이들을 본다. '이것 밖에 못해'가 아니라 '이런 것도 할 수 있냐'라는 칭찬이 아이들은 필요하다.

　'멋지다' '대단하다' '엄마는 네가 내 아이라서 행복하다' 이런 단어는 내 입에서 바로바로 나오게 습관 들여져 있다. 만날 때도 웃음 가득 특유의 개그 인사와 헤어질 때 웃음 가득 특유의 헤어지는 개그 인사가 두 아이를 항상 웃게 만든다.

아들이 뇌치료를 할 때 같은 증상으로 치료를 받는 아이들의 엄마들과 자주 만났다. 이런저런 왕따 사례 이야기를 할 때가 있었다. 학기가 시작하는 신학기에 왕따를 당하는 아이들의 증상이 심해진다. 새로운 환경에 적응이 어려운 아이들이 다 보니 신학기 때는 뇌치료를 받는 아이들이 더 많았다. 오로지 두뇌개발을 원하는 엄마들 하고도 이야기를 해보았다. 계속 다니다 보면 치료도 받고 두뇌개발도 되겠다는 생각이 들었다. 이런 점이 두 아이를 위해 뇌치료 겸 뇌교육을 대폭 지원하게 된 계기가 되었다.

아들이 왕따가 아니었다면 두뇌개발 프로그램을 모르고 지나갈 뻔한 큰 혜택이었다. 아들이 다니는 학교에 방과 후 활동에 두뇌개발 프로그램 제안서를 넣었는데 통과가 되질 못했다. 그 당시 생소한 분야라 그랬지만 두 아이는 운이 좋았다. 아무리 학부모들에게 뇌교육의 좋은 점을 설명해도 교회 전도하는 분위기로 몰아가는 엄마들이 대부분이었다. 보이지 않으니 믿을 수 없는 것이었다. 오랜 시간이 지나고 우연히 안부 묻듯이 아직도 뇌교육을 받고 있냐고 물어보는 엄마들이 있었다. 후회하는 마음으로 관심을 갖는 엄마들은 늦게라도 뇌교육을 자녀와 접목을 시켰다. 고맙다는 말을 들은 적도 있었다. 한 번도 우리가 뇌를 생각해본 학교 교육이 아니어서 생소할 수밖에 없었던 때 이야기이다. 두 아이를 위한 엄마표 자유학교에 뇌과학이라는 과목을 넣어서 연구를 하기 시작했다. 우리가 촉이라고 말하는 센스가 하나 더 생긴 것 같았다. 그래서 그런지 웬만한 상담을 하면 적중한다.

자매를 키우는 엄마가 어느 날 상담을 신청했다. 사업하는 남편 덕분에 할 수 있는 혜택을 자녀에게 다 주고 있었음에도 엄마의 사소한 부탁을 들어주지 않는 딸에게 화가 난다는 것이었다.

"조그마한 엄마의 부탁도 잘 들어주지 않는 아이들을 이렇게 키워도 될까요?"

하고 질문을 했다. 해줄 수 있는 것은 다해주고 있는데 어떻게 그럴 수가 있
냐는 거였다. 첫마디에 웃으면서

"아이와 거래를 하는 것 같네요."

했더니 무슨 소리 하냐면서 당황하는 표정이 역력했다. 마음속에 자녀를 두
고 자기도 모르는 거래가 있었다. 욕심이 있다는 사실을 모르는 것이 당연하
다. 내가 뱉은 첫마디에 생각이 많은 듯 말이 없어졌다. 자신도 모르게 답을 이
미 정해놓고 자식이 이런 부탁 정도는 들어 줄 거라는 생각을 했었냐고 물었
다. 당연한 거 아니냐고 화가 난 듯 반문했다. 들어줄 수도 있고 안 들어 줄 수
도 있다고 했더니 고개를 꺄우뚱 거렸다. 이해가 안 되었던 엄마는 자신의 에
고를 내려놓지 못했다. 아이와 계속적으로 같은 문제를 반복했다. 결론적으로
머리가 좋아 공부를 잘했던 아이는 원하는 대학을 들어가지 못했다. 5년이 지
난 후 그 아이는 엄마와 갈등 속에 원했던 대학 입학을 실패했고 엄마는 모든
것을 내려놓고 아이가 원하는 대로 미국으로 일단 보냈다고 했다. 자녀에게 원
하는 것을 당연히 해주겠지라는 생각을 미리 하면 섭섭한 증세 때문에 힘이 든
다. 자녀와 소통이 안되니 부모와 자식사이에 서로에게 괴리감을 느끼게 한다.
가까워지려고 엄마가 아무리 노력을 해도 괴리감의 강폭이 넓을수록 건너기
가 힘이 든다. 화해하기가 쉽지가 않다는 말이 된다. 이미 우리 세대보다 더 진
화해서 나온 아이들은 우리 기성세대들과 다르다. 내가 내 엄마보다 진화된 느
낌을 받을 때가 있었다. 친정엄마는 신학교를 가서 선교사가 되고 싶은 꿈을
접어버렸지만 나는 이루었다. 내가 원하는 영어를 잘하는 사람이 되고 싶어 열
악한 환경을 이겨내었다. 대학을 꼭 갔던 점도 진화된 느낌으로 받아들인다.
아들이 왕따라고 해도 눈 하나 깜짝하지 않았다. 왕따 시키는 주동자가 누구인

지도 잘 알고 있었다. 학교를 발칵 뒤집어놓으면서 그 순간 아이를 구해올 수도 있었지만 아들이 스스로 이겨내는 힘을 길러주고 싶었다. 멀리 내다보는 독수리처럼 전체를 볼 수 있는 안목을 심어주기 위해 노력했다. 신학기 때 아들이 왕따 당하는 모습이 안타까워 지나가다 선생님께 알려주었던 엄마도 있었다. 누군지는 모르지만 내가 가만히 지켜보는 것을 잘 아는 친하게 지내는 엄마였을 것 같았다.

아들이 아프다 보니 반대표나 학교 운영위원, 학부모회에서 적극 봉사했다. 아들이 초등학교 6년 동안 나의 학교 봉사는 초근접해서 아들을 관찰하기 위한 계획 중에 하나였다. 힘내라는 엄마의 메시지를 주고 싶은 행동으로 보여준 사랑이었다. 6학년 때 학교 운영위원장을 맡으면서 공개적으로 보이는 엄마의 모습에 아들이 큰 힘이 되었다고 몇 번씩이나 말했다. 정신이 아픈 아이를 둔 엄마로서 씩씩하게 살았고 긍정의 아이콘을 웃음과 웃기는 습관으로 학교에서나 가정에서 끊임없이 주었다. 왕따가 너의 것이 아니라 왕따를 시킨 그 아이들의 것이라고 자주 말해주었다. 지켜주고 싶은 엄마의 마음으로 6년 동안 엄마표 사랑을 학교 봉사로 자리매김했다.

이 세상에 있는 단어 중에 사랑이라는 단어는 신이 준 선물인것 같다. 사랑의 힘으로 엄청난 일들을 해내기 때문이다. 사랑했기 때문에 힘들었던 정신적인 아픔을 같이 이겨가면서 보듬었다. 엄마를 사랑해 준 두 아이가 있었기에 화와 싸우며 나 또한 같이 성장할 수 있었다. 엄마표 자유학교는 큰 아름드리 나무처럼 그늘을 내어주고도 밑둥까지도 내어줄 유전적인 위대한 유산을 다시 만드는 초석이 되었다.

엄마! 나 피아노 치고 싶어요

무슨 바람이 불었을까? 아들이 초등학교 3학년 5월쯤 느닷없이

"엄마! 나 피아노 치고 싶어요."

했다. 항상 준비되어 있는 사람처럼 초고속으로 대답했다.

"응! 가자. 거기가 어디고? 지금 가자."

아들은 평생 친구가 되어줄 피아노를 그렇게 만나게 되었다. 학교생활이 정신적으로 많이 힘들었던 아이가 내뱉은 말이라 너무 고마워서 마음이 미어졌다. 지금은 개인 연습실에 짙은 브라운색의 그랜드 피아노를 가진 아들이지만 그때는 인연이 바람 따라가는가 보다 했다. 생전 처음 그랜드 피아노를 실제로 보았다. 낚시터에 앉아 고기가 낚싯밥을 물기를 기다리는 마음으로 있었던 시간중에 대어를 낚았다는 표현이 딱 맞다. 좋아하고 즐기는 것을 찾기를 바라는 마음에 신호가 왔다. 항상 기다린 보람이 있었다. 낚싯밥을 물은 후 들썩거리는 느낌이라고 해야 될까 아들이 피아노를 보더니 흥분했다.

'이거구나!'하는 느낌이 들었다. 학교에 적응하기 어려워하는 어린 아들을 보면서 에디슨도 그랬고 아인슈타인도 그랬다던가 하면서 스스로 위로 한 적도 많았다. 좋아하는 것을 찾아서 행복했으면 하고 기도하는 마음으로 늘 생활해왔기에 앞으로의 행보를 예측이나 한 듯 기분 좋게 피아노라는 존재와 첫 만남에 마주했다. 피아노 선생님을 향해 또박또박 대답을 하는 아들을 보고 학원 선생님은 아들이 음악성이 뛰어나다 했다. 그 때는 으레 하는 기분 좋은 인사치레구나 생각했다. 양쪽 집안을 둘러봐도 음악 하는 사람도 없었지만 클래식에는 더더욱 관심이 없었기 때문이기도 했다.

집안이 음악 하는 사람들로 가득 찬 예중, 예고 아들의 선배들와 친구들 후배들이 많았다. 뭐가 달라도 다른 음악적 유전자들이 번뜩 거렸다. 아들이 존경하는 예중 한 해 선배였던 친구는 부모님 양가가 음악 전공자가 많았고 물론 부모님도 전공자셨다. 역시 대단한 음악성을 가진 그 선배는 아들을 많이 아끼고 예고도 같은 곳으로 갔으면 하고 많이 바랐다. 서울에 있는 예고를 수석 입학과 수석 졸업을 했다. 서울대를 거뜬히 들어갔다. 아들한테는 대단한 선배로 기억되어 있다. 고마운 선배로 각인되어 있어 아들의 음악성을 더 높여주는 존재감이 되었다. 각자 자리에서 열심히 하다 보면 언젠가 음악으로 꼭 만나리라 생각된다.

피아노를 배우면서 집에 피아노가 들어오고 그 피아노는 아들의 최고의 친구가 되었다. 친구 사귀기가 어려운 아이는 음악에 푹 빠져 사는 것 같았다. 혼자 지내기 좋아하는 아들의 성향과 딱 맞았다. 음악영재원에서 만난 친구들은 6살, 7살부터 피아노를 시작하는 친구들이 대부분 이었다. 조금 늦은 나이였던 초등학교 3학년 5월에 시작했으나 때가 중요한 것이 아니었다. 치유의 목적이 더 많은 아들의 음악이라 마음에 와닿았다. 생각보다 빨리 적응했고 속성으로 초급 책을 마스터하고 물 만난 고기처럼 아들은 신이 났다. 드럼도 같이 배우고 주말이면 통기타도 배웠다. 첼로와 바이올린도 배웠고 그리고 성악도 배웠다. 결국 뇌치료가 끝나갈 무렵 음악 치료로 대체된 성장치료가 계속되었다. 의자에 앉아서 피아노를 치는 시간이 늘어나면서 중도 비만은 고도 미만으로 되었다. 누가 봐도 운동선수처럼 보였다. 어느 날 5학년이 된 아들과 식당에서 식사를 하는데 계속 어떤 남자분이 우리를 계속 쳐다보았다. 궁금함이 극도로 찼을때 식사를 마치고 나가던 그분이 아들에게 운동을 권하면서 자기가 운영하는 체육관에 한번 들리라고 했다. 덩치가 산만하니까 유도나 시키면 좋을까 하는 생각에 물어본다고 했다.

"저 피아노 치는데요." 했더니 그분의 쓰러질 듯 놀라는 표정이 너무 재미있어 정말 많이 웃었다. 전혀 어울리지 않는다는 표정이 같이 식사를 하던 좌중을 웃겼다. 친척들도 음악 전공을 반대하는 분위기였다. 무슨 남자아이가 음악을 해서 뭐 하려고 그러냐는 이야기였다. 차라리 다른 기술을 배워서 밥벌이를 하는 것이 어떠냐고 시부모님도 반대셨다. 귀한 손자라 피아노도 사주고 난리도 아니실 것 같은데 피아노에'피'자도 못 꺼내게 하셨다. 그러니 음악회가 있어도 별 관심이 없었다. 음악을 전공한 내력이 있는 집안과 너무도 다른 분위기는 아들에게 엄마로서 많이 미안한 부분이었다. 음악을 전공하기에는 열악한 환경이 분명했다. 그럼에도 불구하고 중창단 활동도 몇 년을 하고 다양한 악기도 배웠다. 아들이 가지고 있는 음악적 열정을 말릴 수가 없었다. 피아노 부문과 성악 부문을 들고 콩쿠르를 나가기 시작하면서 한 번도 예선에 떨어져 본적이 없었다. 본선에서 무슨 상이든 탔다. 상의 의미보다는 치유의 의미가 더 컸던 콩쿠르에서 마음의 성장도 같이 하고 있었다. 상을 타서 기쁘다는 것에 대한 의식을 못했다. 허겁지겁 밥을 먹는 느낌처럼 모든 콩쿠르에 나갔다. 어느 날 나타난 아들 때문에 학원마다 아들에 대해 분석하고 알아보는 사람들도 많아졌다. 아들과 나는 새로운 세계에 대해 적응이 안 된 상태가 지속되었다. 여전히 음식이 싱거운지 짠지를 느끼지 못하듯 콩쿠르 상에 대한 의미는 없었다. 제대로 좋아하는 것을 찾은 아들은 음악적으로 폭풍 성장을 한 셈이 되었다. 음악적으로는 그렇지만 사춘기와 맞닥뜨리면서 2차 성장통이 기다리고 있었다. 새로운 곳의 적응이 어려운 아들은 예중 입학으로 말도 못하는 고통을 겪었다. 엄마표 자유학교가 도와 줄수 있는 것들이 모호해질 정도로 보기가 안타까운 적이 있었다. 웃어주고 웃기는 습관이 통하지 않을 때는 잠시 내려 놓는 시간들도 있었다. 예술 하는 친구들을 만나면서 상처 난 곳에 제대로 또 생채기를 내었기에 속으로 우는 아이를 곁에서 보듬어 주는 것이 육체적으로 보이는 병보다 더 어려웠다. 얼굴에 자해를 해놓고 아니라고 하는 아이의 상처를 잘 때까지 기다려서 약을 발라주면서 많이도 울었다. 대신 아파주고 싶은 내 마음과 내가 믿는 신에게 자식의 평화를 부탁하는 기도가 있을 뿐이었다. 이 또한 다 지나가리라 그때 이런 말들에 힘을 얻곤 했다. 예중 새내기 때 학교 건너편에 있는 커피점 창가 자리에서 아들을 기다리는 일이 일상이었던 때가 있었다. 직업의 특수성 때문에 아이의 하교보다 일찍 퇴근할 수 있어 가능한 일이었다. 정문을 걸어 나오는 아들은 삼삼오오 짝을 지어 나오는 친구들과 달리 항상 혼자였다. 영락없는 신학기 증후군을 겪고 있는 아들의 우울한 얼굴이 검게 느껴졌다. 멀리서 웃고 있는 엄마를 보고 잠시 스쳐가듯 웃어주고는 또 시무룩했다. 학교에서는 선배나 친구 후배들이 아들을 대단한 능력자라고 보지만 정작 자신은 초라한 정신을 가진 학생이라고 늘 과소평가하곤 했다. 사춘기를 지나면서 호르몬의 변화 무쌍한 감정체계가 아파서 힘들어 한 곳을 더 아프게 했다. 곧 아들을 구해낼 날이 오리라 상상하며 스스로 위안을 삼았다.

아이에서 어른이 되어가는 여정은 만만찮은 에너지와 부모의 인내를 필요로 한다. 여기서 판가름 나는 인생들의 오만가지 사연들이 탄생된다. 부모가 없는 시간까지도 그 아픔을 끌어안고 살 수도 있다. 아픔을 승화시켜서 진정한 행복을 알고 계속 갈 수도 있다.

얼마 전 두 아이와 탱고를 배우려다 알게 된 지인이 있었다. 우연히 부모님들이 살아가는 이야기를 하다 내 유년시절과 흡사한 환경에서 자란 것을 알게 되었다. 그 이야기를 들은 첫날은 계속 이야기를 듣기만 했는데도 감정이입이 확실하게 되었다. 나랑 같은 아픈 기억이 이렇게 같을 수가 있을까 할 정도로 비슷했다. 너무나 많은 시간을 방황하고 멀리 돌아와서 지금에서야 안정을 찾을 수가 있었다고 했다. 10년 어린 사람인데도 나보다 더 많이 깨달았다는 느낌을 받았다. 결혼도 하지 않았다. 혼자 지내기로 결정을 하고 세계 여행을 다니면서 탱고에 매력에 빠졌다 했다. 좋아하는 것을 찾아서 지나온 시간이 치유가 되었다고도 했다. 탱고를 알아보러 가는 첫날에 식사를 대접 해주었는데 두 아이를 보고 엄마와 탱고를 배우려는 것 자체가 반듯하게 잘 키운 거라고 말해주었다. 탱고를 배우러 자식과 같이 오는 경우는 드물다며 매우 긍정적으로 받아들였다. 어릴 때 횟집을 하신 부모님이 어쩌나 싸우시던지 매일 심장이 두근거리면서 컸다고 했다. 르망이라는 차를 그분 아빠가 부부싸움 중에 횟집으로 돌진했던 일을 이야기해 주는데 깜짝 놀랐다. 아버지가 가지고 있는 화에 대한 실체를 본 것 같았다고 했다. 그분은 어릴 적 상처와 아빠가 물려준 화를 인식한 후 결혼을 할 수가 없었다. 화라는 존재는 이렇게 한 사람의 인생을 코너로 몰아버린 결과를 낳았다. 순간 나를 돌아보며 생각이 깊어졌다. 사람 좋아 보이는 분 같았는데 화의 인자를 또다시 대물림하여 또 누군가를 아프게 하기 싫었다는 것이 진짜 이유였다. 아들의 대학 입시가 끝나면 탱고의 세계로 두 아이와 빠져들 예정이다. 독립의 시기가 다가온 아이들과 탱고를 배우면 정말 의미도 있고 행복함이 두 배가 될 것 같다. 가던 길마다 잘 이겨내어준 두 아이의 성장이 나의 내적 성장으로도 이어졌다. 두 아이를 잘 키웠다는 타인으로부터 받는 칭찬이 위안으로 돌아왔다. 아이들이 힘들 때마다 기다려주고 숨죽이며 다시 일어설 수 있게 보듬어 주었던 많은 시간들이 알알이 기억 속에 박혀 있다.

지금 이 글을 쓰고 있는 내 앞에서 잠자리에 들기 전에 그림을 그리는 아들이 보인다. 계획을 실천하고 있는 아들을 보면서 무엇이든 하고 싶은 것을 하면서 잘 살겠구나 싶다. 18년 동안 살아온 시간보다 더 무게 있는 시간을 살아온 아들이 기특할 따름이다. 피아노와 아들이 만난 것은 우연이 아니라 필연이라고 감히 말하고 싶다. 그동안 음악적인 인연으로 만나온 사람들은 무수히 많다.

"엄마, 나 피아노 치고 싶어요."

이 말 한마디에 한 아이의 인생이 달라졌다 해도 과언이 아니다. 큰아이가

"엄마, 나 수영 배우고 싶어요."

라고 말한 거나 아들이 나보고 피아노 치고 싶다는 말은 즐거운 것을 찾았다는 신호였다. 방대한 계획과 함께 적극 지원한 그 선택의 결과는 대단했다. 각자 자기 자리에서 무엇을 해야 되는지를 정확히 알고 가는 자기주도적 삶이 덤으로 두 아이에게 내려 앉았다. 이미 자신들이 설계한 인생을 실천하고 있는 두 아이다. 우연히 음악을 전공하는 아이들을 만나면 가끔

"너, 음악을 왜 하냐?"

라고 물어보면 좋은 대학을 가려고 그런다고 한다. 좋은 대학 가면

"뭐 할래?"

그러면 그냥 좋을 것 같다고 대답한다. 영혼 없는 막연한 대답은 헛헛한 느낌이 든다. 구두를 닦는다 해도 좋아하는 일을 하며 산다는 것은 진정 행복한 일이다. 자기 안의 행복이 있다면 남이 알아주고 알아주지 않고는 문제가 안 된다. 이거는 하면 되고 저거는 하면 안 되고 식의 부모 교육은 스스로 결정하는 능력도 없애버린다.

음악학교 같은 고아원을 설립해서 웃고 있는 할아버지 모습의 아들이 보인다. 덥수룩한 수염과 웃음 좋은 아들이 피아노 옆에서 아이들과 같이 있는 모습이 그려진다. 자식이기 전에 부모가 없는 시간에도 행복하게 살아가야 할 한 사람의 인생으로 자식을 바라보아야 한다. 멀리 내다보는 큰 그림을 그리고 자녀를 교육해야 된다고 상담을 하는 어머니들에게 꼭 말해준다.

영어의 바다에 풍덩

아들이 초등학교 1학년 때 운영위원들과 학부모회에서 아침 조회 시간에 방송을 한 적이 있었다. 부모가 학생들에게 유익한 이야기를 해주는 프로그램이 있었다. 큰 아이와 9년의 차이는 학교 문화도 많이 바뀌어 있다는 것을 느꼈다. 큰아이 초등학교 때는 다르게 학부모들의 학교 참여도가 많이 높아져 있었다. 아픈 아들을 위해 학교생활을 근접해서 관찰하기 위해 학급 반 대표와 운영위원을 동시에 신청해서 활동을 하고 있었다. 방송실에서 '영어를 어떻게 하면 쉽게 배울 수 있을까?' 라는 타이틀로 강의를 방송한 적이 있었다. 5, 6학년 상급생들이 방송장비를 손보며 큐 사인도 보내주는 재미난 시간으로 방송실 풍경이 기억된다. 첫마디에 내가 질문을 했다.

"여러분에게 누가 한국말을 가르쳐 주었나요?"

라고 질문을 했다. 들리지는 않았지만 '엄마'라고 대답을 했겠다 싶었다.

"그래요 여러분을 낳은 엄마들이 하는 말을 수도 없이 듣다 보니 말문이 열렸던 거예요"

라고 했다. 이 세상 그 누구도 태어나자마자 엄마에게

"엄마 처음 뵙겠습니다. 엄마의 아들, 엄마의 딸 누구입니다."

하는 아기를 본 적이 있냐고 이 세상 엄마들이 너희들의 최초의 국어 선생님

이셨다는 것을 강조했다. 말도 안 되는

"다다다다 야야 아야."

이런 소리를 내다가 어느 날 '엄마'라는 말을 하는 순간 말을 배우기 시작했다

고 그때부터 엄마는 수도 없이 반복되는 말을 여러분에게 가르쳤다고 했다. 여

러분의 엄마로부터

"무슨 말을 배웠다고요?"

라고 물었는데 '한국말'이라고 대답을 했겠다 싶어

"그러면 여러분이 미국에서 태어났다면 무슨 말을 배웠을까요?" 했더니 '미국

말'이라고 했겠다 싶어 그럼 지금부터 여러분은 미국에서 태어난 아기라고 생

각해보라고 했다. 영어로 말하는 여러분들이 상상이 되냐고 했더니 방송실 안

에 있는 학생들이 전부 고개를 끄떡여 주었다.

엄마가 수도 없이 반복적으로 했던 것을 따라쟁이 여러분들이 따라 해서 말

을 익혔던 것처럼 영어도 미국아기들이 같은 방법으로 언어를 습득한것에서

힌트를 얻어보라고 했다. 모방과 반복과 소리내어 따라하기. 각자 영어이름을

지어서 내가 복도를 지나다 우연히 만나면 영어로 이야기 해보자라고 내 영어

이름을 말해주었다.

그후 학교 복도를 걸어가고 있는데 누가 내 영어이름을 부르는 소리가 들렸

다. 뒤를 돌아보니 그때 방송실에서 있었던 6학년 아이였다. 유창하지는 않지

만 영어로 잠시 대화를 나눈 적이 있었다. 방송 내용이 많이 도움이 되었다고

감사하다는 말도 했다. 그 방송 이후로 그때 원어민 강사 도입을 위한 인적자원부, 교육청과 학부모, 영어전담반 선생님들의 포럼 형식의 회의에 학부모 대표로 참가를 한 적이 있었다. 그 회의에서 학교에서만 하는 영어, 학원에서만 하는 영어로 알고 있는 학생들의 시각을 어떻게 할 거냐라는 질문을 했다. 집에서도 하루에 1분이라도 부모 교육을 시켜서라도 생활영어로 발전시켜야 되지 않겠냐고 주장을 폈던 기억이 난다. 오래도록 품은 영어에 대한 사랑이 포럼을 위해서 준비를 많이 한 사람처럼 비쳐졌다.

나에게는 몇 년 동안 영어를 가르쳐 주었던 미국인 선생님 계셨다. 일주일에 두 번 원어민 선생님 집에 가서 프리토킹 형식으로 영어를 배웠던 적이 있었다. 합리적인 생각들을 많이 배운 계기가 되었다. 선생님 집에는 큰아이와 동갑내기 미국 남자 아이가 있었다. 그때가 큰아이 5살 무렵이었던 거 같다. 내가 공부를 하고 있으면 큰아이는 선생님 아들인 미국 남자 아이와 게임도 하고 그 시간 동안 같이 놀았다. 큰아이는 큰아이대로 그 시간이 영어를 배우는 시간이 되었고 결국 서로에게 유익한 시간이 된 기억으로 남아 있다. 큰아이가 11살 되는 해 암이 임파선으로 퍼져서 당뇨가 있었던 영어선생님은 끝내 회복을 못하고 세상을 떠났다. 그분이 나한테 들려주었던 합리적인 사고나 살아가는 관념들을 애써 들어서 이해하는 과정이 공부가 되었다. 내가 소개해 드린 학생들과 함께 타이타닉이란 영화를 국내에 개봉되기 전에 보여준 적이 있었다. 항상 미리 생각해서 영어를 익히는데 도움을 주셨다. 아이 키우는 이야기부터 부부 관계까지 다양한 일상의 스토리가 교과서였다. 너무 젊은 나이에 떠난 영어선생님은 항상 내 마음에 살아 있는 선생님으로 계신다. 그때 그분이 하신 말씀 중에 아이들과 집에서 처음에는 1분 동안만이라도 한국말 없이 영어로만 대화를 시도해 보라고 하셨다. 틀려도 상관없다고 생각하고 해봐서 점점 시간을 늘

려 가는 방법으로 아이들의 영어 실력을 높여주라고 당부하셨다. 큰아이가 중
학생이 되었을 무렵 1분정도 영어로 대화를 시도했는데 의외로 재미가 있었
다. 한국 사람이 한국말로 안하고 영어로 이야기를 해야 하는 상황이 더 재미
있고 설레었던 기억이 난다. 서로의 영어 이름을 부르며 자연스럽게 시작한 것
같다. 그렇게 큰아이와 나는 미국 선생님 유언대로 1분에서 시작해서 긴 시간
까지도 대화가 가능하게 되었다.

　직업의 득이 되어버린 영어다. 중학교 첫 영어시간에 오신 미국 선교사님으
로부터 시작되어서 돌아가신 미국 선생님까지 영어는 친구처럼 껌딱지처럼
항상 내 곁에서 머물러 있었다. 어린 시절 열악한 가난을 생각하면 너무 화려
한 꿈이었다. 영어를 잘하는 사람이 항상 머리에 떠나질 않았다. 지금은 통역
사 이런 단어를 알고 있지만 그 시절에는 내가 만든 꿈의 단어는 영어를 잘하
는 사람이었다. 서로 영어로 대화를 시작한 큰아이 중학교 시절과 나의 중학교
시절에 영어 잘하는 꿈을 꿨다는 사실을 알고 참 신기했다. 무슨 일이 있어도
꿈을 포기하지 않은 가난한 소녀가 그 영어로 밥을 벌어먹고 자식에게 인정을
받고 살고 있다는 설정이 정말 그럴싸하다. 아들이 6년 동안 초등학교를 다니
는 동안 네 분의 교장선생님을 만났었다. 세 번째로 오신 교장 선생님과 운영
위 회의를 마치고

　"위원님들 회의를 마쳤으니 방학 동안 리모델링한 방송실과 원어민 선생님
이 처음으로 오셨는데 인사를 하러 갑시다."

　하면서 방송실을 둘러보고 그 원어민 선생님을 만났는데 캐나다 사람이었
다. 말이 안 통하는 교장선생님이 우물쭈물하고 계셨다. 잘하는 영어는 아니
지만 어쩔 수 없이 통역을 해주었다. 교장선생님은 우리 세대가 그렇듯이 평
생 영어가 한이 되어 있으니 도대체 어떻게 영어를 하게 된 거냐고 물어보시면

서 영어를 배워보고 싶다고 부탁을 하셨다. 영어는 이렇게 나를 인정받는 도구로 내 주위에서 항상 나를 위해 있어주었다. 어떤 엄마는 내가 유학파인 줄 알고 있었다고 했고 어떤 엄마는 미국에서 살다 왔나 했었다는 엄마들도 있었다. 잘하는 영어가 아닌데도 상대적으로 못하면 조금만 해도 잘하는 것처럼 느껴지다 보니 그런 생각들을 한 것 같았다. 아들이 피아노 연습실을 가지고 있듯이 나의 영어와 개그 연습실은 화장실이었다. 소리 내어 표정을 보고 말을 해야 하니까 거울이 있고 아무도 없는 화장실이 딱이었다. 개그 연습도 화장실이 되어야 하는 이유가 있었다. 표정을 보고 말을 해야 하기 때문이었다. 아이들이 영어에 관심을 가질 때까지 기다려주는 것이 제1 원칙으로 세웠다. 아들이 7살 되는 해 영어에 지대한 관심을 가지는 것 같아 학원을 연결해 주었고 중학생 때부터 영어로만 말하는 시간에 동참했다. 두 아이와 함께하는 영어시간이 짧은 행복감 이지만 길게 갔다.

　매주 토요일 주민을 위한 봉사 음악회를 만든 아들은 한 달에 한 번은 영어로 진행하고 사회를 보는 시도를 해서 친구들이 유학을 갈 때 도움이 될 수 있도록 했다. 원어민 선생님을 모시고 작곡가와 곡에 대한 해설을 영어로 만드는 공부를 하고 난후 영어로 사회를 보면서 영어 음악회를 진행하고 있다. 영어 음악회를 시작한 지가 벌써 일 년이 넘는 시간이 후딱 지나가 버렸다. 언젠가는 외국에 가서 연주를 할 상상을 하면서 봉사자들도 같이 참여하여 영어실력을 높이고 있는 중이다. 음악에 사용되는 전문 영어를 사용해야 되니까 신선한 영어들이 눈에 많이 보였다. 사용하는 업무에 맞게 전문 용어들을 계속 공부해야 되듯이 음악 하는 아들도 전문 음악 영어를 공부가 필요하다. 계속 새로운 단어들과 만나게 되면서 실력이 느는 것은 당연한 일이다. 한 달에 한 번 영어 음악회를 생각한 것은 정말 잘한 일 같다. 두 아이와 같이 영어를 공부하면서 어순이 같은 이유로 스페인어도 독일어도 같이 하자고 제의를 했다. 스터디 그룹을 만들어 자료를 만들어 보면 좋을 것 같았는데 모이면 웃는다고 다른 이야기를 하느라 잘 안되었다. 간단한 인사말부터 영어, 독일어, 스페인어로 해보면 언어의 수를 늘릴 수 있을 것 같아 내가 먼저 시도를 하고 있는 중이다.

내 인생에 있어서 영어는 어릴 적 마음속으로 들어와 버린 꿈이었고 하고 싶은 것이 직업으로 연결이 되어서 탁월한 선택이 되어버렸다. 두 아이가 오면서 내가 꾸어오던 꿈이 절정을 이루었다. 두 아이는 따라쟁이였다. 늘 어려서부터 엄마가 계속 자신의 꿈을 향해 노력하는 모습을 보아왔고 그 모습으로도 두 아이가 영어를 배우고 싶은 마음을 낼 수 있어서 감사했다. 안 배우겠다고 해도 할 수 없는 일인데 적극성을 내어주는 아이들이 고마울 뿐이었다.

큰아이는 그동안 내가 적극 지원을 한 결과 영어의 바다에 풍덩 빠져버렸다. 어렸을 때 만화 영화인 인어공주에 푹 빠져서 영어를 배웠고 인어공주처럼 수영을 좋아하는 아이에서 강사로 거듭났다. 지금은 미국으로 유학 간 것처럼 직장생활을 하고 있다. 외국계 회사에서 영어를 새로운 시선으로 다시 공부 하듯 직장생활에 여념이 없다. 친구로서 자식으로서 나의 에고를 고칠 수 있게 해준 스승으로서 두 아이는 각자의 열매를 나에게 보여주면서 현재를 잘 살고 있다. 이 모든 일들이 그저 감사하고 감사할 뿐이다.

밤마다 개그콘서트

어릴 적에는 저녁마다 엄마의 잔소리에 화가 나는 아버지의 짜증이 뒤섞여 밤이 두렵고 고생스러웠다. 우리 사회가 언제 이렇게 안정적으로 변했는지 모르게 한 집 건너 싸우는 사회를 벗어났다. 내 어릴 적과 반대로 두 아이와 나는 어쩌자고 그렇게 많이 웃고 웃었는지 모르겠다. 어릴 적 눈물 흘리며 자던 날들을 다 돌려받는 것처럼 행복한 밤이 계속되었다. 눈물을 흘리는 것은 같지만 눈물의 질이 달랐다. 너무 웃겨 배가 아파서 나오는 눈물은 엔도르핀이 팡팡 솟았다. 집에서 만이라도 내가 웃음이 많으니 아이들도 잘 웃었다. 너무 웃다가 누가 방귀라도 한 방 뀌면 난리가 났다. 방귀 이야기로도 자기 전까지 한 바가지 눈물을 흘리고 대신 엔도르핀을 담았다. 기봉이 버전이 지금도 계속되는 것을 보면 우리의 개그 아이콘으로 영원히 남을 듯하다. 충청도 구수한 말씨가 우리에게 찾아온 맨발의 기봉이 영화는 내가 개그를 찾아서 다니다 건진 최장

수 개그가 되었다. 핸드폰 연락처에는 엄마라는 단어 대신 기봉이 엄마의 이름 동순이가 내 이름이 되어있다. 기봉이, 기순이 이렇게 문자를 보내다 보니 누군가가 아이들 연락처를 원할 때 기순, 기봉이라는 이름으로 보내져서 뒤따라 설명이 들어가는 문자를 보내곤 했다. 그저 정답다. 따뜻하고 포근하다. 개그를 찾아서 메모하고 골똘히 생각하고 연습하고 저녁마다 개그 콘서트를 위해 머리를 쓰던 젊은 내 모습의 엄마가 있었다. 엄마가 웃으면 아이들이 행복하다는 명제 하나를 가슴에 끌어안고 친구 같은 자식들을 위해 엄마표 개그가 작렬하는 밤이 이어졌다. 내 기억 속 두려움에 떨던 밤에서 두 아이가 차례로 오면서 웃음이 멈추지 않아서 혼나는 밤으로 바뀌었다. 직장에서 잠시 시간이 나면 편지도 남겨 두었다. 자투리 시간에 현재 몇 살이며 무엇을 좋아하고 키는 얼마며 이런 관찰 편지를 쓰곤 했는데 지금 읽어보아도 참 잘했다는 생각이 들었다.

어떨 때는 그 편지를 꺼내서 같이 읽어 보곤 하는데 그것조차도 두 아이들은 행복한지 깔깔거리며 좋아했다. '오늘 처음으로 가락국수라는 음식을 맛본 아들의 표정 이야기와 노래방에 갔는데 네온사인을 보며 큰 눈을 굴리며 신기해한 아들의 이야기도 누나는 그때 몇 살이었고 너를 얼마나 사랑했는지 용돈을 다 털어 컴퓨터를 선물했다는 그런 생활 기록을 남겨 놓았다. 두 아이의 기억에 없는 아이들의 어린 모습을 글로 남겨 놓으니 아들에게는 치유가 되는 듯 누나를 보는 눈이 따스했다. 내 어릴적 동생들 앞에서 언니인 누나인 나를 바보 취급하며 몰아세우던 친정엄마와 반대되는 육아법을 나는 엄마표 자유학교 안에서 고안 해냈다. 누나에 대한 공경심을 아들에게 많이 어필했다. 내가 엄마가 아니라 친구처럼 느껴질 때가 많았다고 두 아이는 늘 고백했다. 낙수가 떨어져 돌에 홈이 파지듯이 아이들 마음속에 어느새 친구 만들자고 했던 생

222

각이 스며들었다. 친구이었기에 개그가 먹혀들어가는 것이다. 내가 고안한 엄마표 자유학교 교육법은 서로 꽉 맞는 기계처럼 하나라도 없으면 작동에 문제가 생기게 되어 있었다. 엄마의 잣대 대로 야단치고 잔소리만 하고 했다면 불가능한 개그콘서트 였을 것이 분명했다.

가끔 아들이 다니는 학교에서 같이 교정을 걸어 나오면서

"기봉이 있잖여."

하며 기봉이 버전 개그 소재로 대화를 나누다가 누가 걸어오면 손가락으로 쉬쉬 거린다. 그리고 나서 사춘기 아이들처럼 그것조차도 배꼽이 빠지게 웃는다. 고등학생으로 진학하면서 오히려 아들이 더 개그 소재를 많이 만든다. 따라쟁이들이니 그럴 만도 하다. 두 아이도 나처럼 개그를 손자 손녀들에게 하면서 행복한 엄마, 아빠가 되어 아이들과 살아 주길 가끔 부탁을 해본다. 가끔씩 두 아이와 훌쩍 떠나는 여행지에서는 사진 찍는 표정들이 개그쟁이들 답게 우습다.

나는 너무 웃다가 요실금이 문제인지 어른용 패드를 준비를 해야겠다고 말하면 배를 잡고 웃으면서도 엄마가 걱정이 되는 표정을 짓곤 한다. 걸어가는 두 아이의 뒷모습을 보며 언제 이렇게 나이가 들어버렸는지 세월을 가늠하기가 어렵다. 아이들 어렸을 때 친했던 미국 친구가 우리 집에서 같이 자면서 했던 말이 있었다. 너무 아이들에게만 빠져있지 말고 내 생활도 즐기면서 살아라고 충고를 해주었지만 그저 문화적인 차이 인가 보다라고 단순한 생각으로 돌려 버린적이 있었다. 그 친구가 본대로 두 아이에게 푹 빠져 지낸 지난 내 모습을 여행지에서 두 아이와 함께 깔깔거리며 웃다가 문득 느껴졌다. 두 아이를 벗어나지 않고 항상 같이 하는 생활 이였기에 가치를 둔다면 세상 그 무엇과도 비교 할 수 없다. 두 아이와 함께한 삶이 더 귀한 것은 엄마표 자유학교라

서 더 그렇다. 자녀가 이 세상에 와서 행복 하게 살게 해줄 수 있는 지혜를 심어 주는 과정은 선택이 아닌 부모가 해야 할 의무다. 두 번 다시 돌아오지 않을 어렸을 때 두 아이와 개그로 웃고 넘어간 자료들은 컴퓨터 가족 파일에 잘 보관되어 있다. 하나씩 꺼내 먹는 곶감처럼 빼먹어 보는 재미가 쏠쏠하겠지 싶다. 지금도 한 번씩 주말에 집안일을 하다 보면 큰아이 방에서 두 아이의 웃음소리를 듣고 들어가 보면 어릴 때 춤추며 몸 개그 한 것을 보고 눈물 나게 웃고 있다. 가만히 보면 내가 오히려 어린아이가 되어 있는 모습이라서 아이들이 많이 웃었나 보다 하는 생각이 들었다. 머리에 분홍색 구르프를 말고 잠옷 바람으로 막춤을 추는 내 모습이 보였고 고도비만 모습으로 열심히 추는 아들 춤에 큰아이는 카메라를 들고 찍으면서 우스워서 뒤로 넘어가는 소리를 한다. 깔깔거리는 웃음을 음향으로 넣으면서 한 작품이 자연스럽게 완성되어 있었다. 한 편의 개그 콘서트였다. 어느 여름날 두 아이와 함께 밤 늦게 영화를 보고 늦게 집으로 들어가면서 계단에서 추는 바보 춤이 있었다. 멀리서 우리를 바라보는 이가 있었다면 도대체 무슨 일인가 할 정도로 갑자기 망가지는 몸 개그가 고스란히 녹화가 되어 있고 '사람들이 왜 지리야'가 개그 제목으로 붙여져 있었다. 사람들이 왜 개그에 열광하는지는 웃고 난후 몸이 편안해지고 기분이 좋아지고 자기도 모르게 치유가 되는 그 느낌이 좋기 때문이 아닐까 생각한다.

배가 아플 정도로 웃고 나면 목욕을 한 것처럼 개운한 느낌이 들었다. 밤마다 자기 전에 우리에게 찾아오는 배꼽 빠지게 웃었던 날이 모여져서 단단한 결속력으로 두 아이와 나는 묶여져 있다. 삶 속에 묻어 있는 유머와 개그는 언제라도 빵 터지는 엔도르핀 제조기들이다. 얼마 전에 청춘도다리 강연에서 아이들 키우는 엄마교육을 강연한 적이 있었는데 배꼽이 튕겨나가는 소리들이 여러 곳에서 터져 나왔다. 두 아이와 내가 웃었던 웃음들이 다시 들리는 듯했다.

그냥 일어났던 일들을 이야기 했을 뿐인데 진정으로 우러나오는 웃음들이 가득했다. 수많은 시간들이 점점이 묻어 있는 내가 사용하는 언어 하나 하나가 다 개그가 되는 체험을 했다. 다행히 고맙게도 녹화를 해주신 분이 유튜브에 올려 주어서 지인들에게도 보게 해주었는데 식사하고 나서 디저트 먹고 싶을 때 한 번씩 보고 있다는 지인들도 있었다. 개그 콘서트장처럼 생생한 웃음들이 가득했던 그 공간은 한 약 한재씩 다려 먹은 영양가 가득한 웃음들로 가득했었다. 사람이 많으면 많을수록 웃음소리는 서로에게 기분을 더 업 시키는 결과도 있는 것 같았다. 나랑 상담했던 엄마들은 그 동안 있었던 일들을 총정리 했던 것처럼 그 영상물을 좋아했다. 강연 중에 성적에 대해서 그동안 한 번도 두 아이들에게 물어본 적이 없다고 해놓고 청중석에서 영상을 찍고 있는 아들한테

"맞나 아이가?"를 물어보았는데 청중들이 엄청 웃으시는데 깜짝 놀랐다. 한 번씩 아들과 그때 이야기를 할 때가 있는데 그 '맞나 아이가?'가 정말 우스웠다고 또 웃고 또 웃고 그랬다. 미국에는 웃겨주는 사람들이 시간에 맞추어서 이야기를 하면서 사람들을 웃겨주는 직업도 있다고 한다. 암 환자들이나 외로운 사람들이 많이 찾는다고 했다. 웃기는 이야기를 하는 사람이 말만 해도 손님들이 배를 잡고 웃었다. 손님들 사이에는 데굴데굴 구르듯이 서로를 쳐다보며 웃음을 연장하는 역할을 맡은 사람도 있는 것 같았다. 웃어주는 사람 중에도 개그 소질이 있으면 더 길게 웃을 수 있다는 거니까 나와 두 아이도 그 동안 개그쟁이가 되어서 그런지 언제 부터인가 서로 웃으면 길게 웃게 되는 것 같았다. 웃음은 치료약이다. 의사들도 인정했던 말이다.

귀한 친구 같은 자식들에게 평생 웃게 해주려고 다짐했던 마음이 매일 밤 치료약을 만들어 낸 셈이 되었다. 우리나라 속담에 일소일소처럼 매일 웃자, 웃으면 복이 온다는 등 웃음에 대한 통념적인 말들이 많다. 짜증이나 화와 친하

게 지내는 것은 지옥 같은 시간들을 불러온다. 먼저 웃어주는 웃음, 배려와 친하게 지내다 보면 천국 같은 시간들이 오게 되어 있다. 아침에 일어나면 먼저 인사를 하면 야옹거리며 인사하는 또 하나의 가족인 고양이 콜라 코카 코니가 있다. 먼저 사랑하는 마음을 내면 몸 안에서 행복한 물질이 나오는 것을 느꼈다. 그때마다 나의 뇌가 웃고 있었다. 고양이에게는 계산 없는 교감이 존재하기에 이런 귀한 감정체계를 배울수 있었다.

선택은 우리가 결정하는 것이고 행복과 불행도 그 선택에 의해서 따라오는 거니까 지혜롭게 대처해나가는 것이 중요한 것 같다. '잘해라' 하는 말보다 '즐겨라', '성적과 등수 대신 지혜를 얻어오라' 고 했다. 수업시간에 선생님께 질문을 할 수 없는 지금의 학교 현실이라도 수업을 마치고도 질문을 많이 할 수 있었던 것은 초등 학교 들어갈때 시험을 위해 공부하지 마라 했던 내 말의 결과였다.

엄마표 자유학교를 만들었던 젊은 엄마 때부터 지금까지 아이들을 위한 웃음 창고에 개그 소재를 계속 쌓아 두었다. 손자이던 손녀이던 미래에 올 새사람을 위해서도 두 아이들과 계속 개그의 미학을 연구해볼 참이다. 아들 친구가 성악을 전공하는데 실기 등수가 많이 내려가서 그 엄마가 아이 보는 앞에서 서럽게 밤새 울었다고 했다.

"그 아이의 심정이 어떨까? 엄마."

집으로 돌아오는 차 안에서 아들이 물었다.

"그 아이 뇌가 다 망가졌겠다, 착한 아이 같던데."

했다. 아들은 그 아이가 전공을 포기하고 싶다는 힘든 마음을 이야기해줄 때 마음이 많이 아팠다고 했다. 나를 만나면 어떻게 이야기를 해주면 좋을지 물어보려고 했다고 해서 이것저것 상담을 해주었다.

자식 사랑하는 마음이 지나쳐서 욕심으로 변하면 눈과 귀가 닫혀버린다. 길을 잃어버리는 엄마들이 자기 모습을 못 보는 것은 당연하다.

엄마가 행복하면 아이도 행복하다고 했는데 아이 앞에서 짜증내고 화내고 성적 떨어졌다고 밤새 울면 불행한 아이가 엄마를 보고 있다는 것을 기억해야 한다.

두 아이가 자라면서 점점 자연스럽게 친구가 되어버린 이유 중에 한 가지가 성적에 자유를 주었기 때문이었다. 학교의 제도권에 있는 성적으로 등수를 나누고 두 아이를 평가하는 것을 엄마표 자유학교 안에서 나는 평생 온몸으로 막았다. 4차원이니 제정신이 아니니 해도 끄떡도 안했다. 그저 나의 시야는 내 두 아이가 자라는 사회라는 시선으로 보았을 뿐이었다. 진정한 교육은 집에서 나와 이룬 것이 더 많았다. 경청하고 공감하고 편이 되어주는 과제를 독서와 연구로 나만의 방법으로 이끌어 내었다.

큰아이 못지않게 아들도 고민하는 친구들에게 좋은 이야기를 많이 해주고 상담을 자주 하는 것 같았다. 두 아이는 아직도 무슨 말이든 다 내게 털어놓고 자문을 구한다. 아들이 여러 사례를 들고 와서 이런저런 토론을 하다 보면 사춘기 때 큰아이가 생각났다. 두 아이가 비슷한 행보를 걷고 있다는 것은 내가 차별하지 않았다는 증거일 수도 있다. 친정 엄마의 유별난 남아선호사상 때문에 나는 찬밥 신세였으니까 절대로 성차별이라는 것을 안 하기로 다짐을 했었다.

지금 돌이켜보면 두 아이에게 보여준 웃김과 웃음은 엄마표 자유학교에서 인문학 토론에 대한 연구와 실천을 했을 때 서로에게 가장 큰 연결고리였다는 것을 알게 되었다. 밤마다 웃기고 웃다가 질문과 답이 오가는 인문학 시간에 빠져 헤어 나오질 못 할 때가 많았다. 두 아이의 말을 듣고 있으면 성장의 소리가 들리는 듯 했다. 이미 문제해결능력을 습득한 두 아이였다. 밤마다 열리는 개그와 인문학의 향연은 나만의 독특한 교육법으로

"왜?"

질문과 답을 주고 받으며 딱딱한 분위기를 개그와 웃음이 주제인 것처럼 느끼게 했다.

오직 인간만이 가지고 있는 가장 큰 기술을 나는 잘 사용을 한 것 같다.

우리는 두아이가 태어나서 지금까지도 같은 방에서 잠을 잔다. 각자의 방은 있으나 잠은 항상 같이 자기로 엄마표 자유학교 규칙이었다. 아들이 돌아오는 금요일 저녁은 인간이 살아가는 기술과 철학으로 밤을 지샐 때가 많다. 배를 잡고 웃다가 잘자라는 인사와 함께 잠을 자는 두 아이를 보고 있으면 엔도르핀이 온몸을 돌며 토론 중에 두 아이의 주장들이 밤새 뇌의 해마로 저장하는 모습이 보이는 듯하다.

생애 처음 도둑질

　몇 년 전 내가 주로 이용한 은행에서 도난 사고가 발생했다. 현금지급기에 지갑을 얹어놓고 깜박하고 그냥 갔는데 다시 와서 보니 지갑이 사라졌다는 신고가 들어온 거였다. CCTV를 돌려보니 늦은 저녁시간 때로 사람들이 드문드문 이용할 때라 쉽게 범인이 잡혔는데 몇 명의 고등학생들이 들고 가는 것이 찍혀 있었다고 한다. 자식을 키우는 입장에서 한 순간 학생에서 범인으로 몰리는 순간이 안타까웠다. 은행에서 보안을 맡고 있는 분이 자녀들에게 알려주라고 연신 고객들에게 이야기를 했다. 아이들의 인생을 바꾸어 놓을 수도 있는 도벽은 인간이면 누구나 있다고 본다. 평소 두 아이에게 "너의 것이 아니면 손도 대지 마라." 고 노래처럼 이야기를 했다. 바늘 도둑 소도둑 된다는 뜻이 들어 있는 책은 자기전 내가 두 아이에게 자주 읽어 주던 책 중에 하나였다. 내 어릴적 남자 아이들은 저금통에서 돈을 어떻게 잘 빼는지에 대해 신나 하면서 무용담 같은 이야기를 자랑삼아 하곤 했다. 도덕성에 대한 생각보다는 머리가 좋다는 의미를 내세워 남자아이들은 그런 이야기를 즐겨 했다. 큰아이는 저축하는 습관이 몸에 배어서인지 돼지 저금통에 동전을 모으고 있었다. 어느 날 고등학생이었던 큰아이가 아침에 등교를 하면서 언제부턴가 저금통이 가벼워지는 것 같다고 귀띔을 해주었다. 퇴근하면 아들과 이야기를 해봐야겠다고 생각했다. 퇴근 후 현관문을 열고 막 중문을 여는 순간 허겁지겁 나오려는 아들을 만났다. 내가 활짝 웃으며 반갑다고 하는데도 보통 때와 다르게 나를 보고 놀라는 표정이 궁금해서 어디 가냐고 했더니 대답을 못한다. 한창 100원짜리 게임기에 빠져있던 터라 게임하러 가냐고 물었더니 더 대답을 못한다. 양쪽 주머니가 터질 듯 불룩 했다. 뭐냐고 물으니 말이 없었다. 꺼내 보라고 하니 동전이었다. 누나 방에 있는 돼지 저금통을 가지고 오라 했더니 큰 눈이 더 커진다. 텅 비어 있는 저금통을 들고 나오는데 오늘 마지막으로 다 빼내었는지 신기하게도 타이밍이 딱 맞아 떨어졌다. 저금통에 들어 있는 돈이 누구 거냐고 물으니 누나 거라고 떨리는 목소리로 말했다. 너의 것이 아니면 손도 대지 마라 했는데 어떻게 된 거냐고 물었더니 대답을 못한다.

주스를 한 잔 따라 놓고 아들과 마주 보고 앉았다. 엄마도 어렸을 때 도둑질을 한 적이 있었다고 고백하듯 이야기를 풀어 나갔다. 그때 외할머니한테 엄청 혼나고 매 맞고 해서 도둑놈이 안 되었다고 하면서 어떡할 거냐고 물었다.

"매 맞고 도둑놈이 안 될래? 안 맞고 도둑놈이 될래?"

아이는 매 맞고 도둑놈이 안 되겠다는 쪽을 선택 했다. 종아리 10대를 세게 때리고 나서 각서를 쓰게 했다. 또 도둑질을 했을 때는 20대를 맞는다고 적고 냉장고 앞에 붙여 두라고 했다. 엄마가 설마 때리겠나 하는 눈치였지만 과감하게 세게 아프라고 때렸다. 종아리에 핏자국이 선명하게 찍혔다. 안 그래도 겁 많은 아이가 항상 웃던 엄마의 화난 모습에 놀란 모습 이었다. 입을 꼭 다물고 울지 않으려고 애쓰는 아이가 달라 보였다. 눈물을 참으며 10대를 다 맞고 홀

쩍거리다 잠이 들었다. 아이 종아리에 있는 핏자국에 약을 바르면서 때리면서 아팠던 마음을 눈물로 쏟아냈다. 며칠 후 여러 곳에 일부러 놓아둔 돈을 또 손을 대고 20대를 또 맞았다. 그 후 자리를 바꾸어 여러 곳에 일부러 놓아둔 돈에 일체 손을 안되는 것을 확인했다. 아들의 생애 처음 도둑질 사건은 그렇게 마무리 되었다. 그 고등학생들이 지갑을 훔친 사건을 두 아이에게 이야기 해주었다. 한순간 도둑질은 인생을 다른 방향으로 틀게 된다고 말해 주었다. 누구를 괴롭히게 되는 도둑질이나 폭행이나 남을 해롭게 하는 일에 대해서는 근처도 가면 안 된다고 강조했다. 기회만 되면 그 당시 사회적으로 일어나는 사건들을 예를 들면서 인생을 살아가는 기술에 대해 말해주었다. 지갑을 발견했다 하더라고 손을 대지 말고 경찰에 신고하든지 해서 손을 대지 말라 했다. 그때는 지갑을 들고 경찰서에 신고하면 오히려 지갑에 돈이 많이 들어 있었다고 주장하는 신종 사기가 성행했다. 지갑에 없었던 돈인데도 없어졌다고 역으로 사기를 치는 범죄가 흉흉한 때라 대처법에 대해 이야기 하곤 했다.

아들이 4살 때였다. 퇴근해서 아이를 데리러 시댁에 갔다. 시어머니가 아들이 자꾸 때리는데 어린 아이 답지 않게 힘이 세서 그런가 아프다고 하셨다. 이런 일에 어떻게 대처를 해야 될지 몰라서 난감했다. 아들의 사회 부적응 문제로 초등학교 1학년 때 담임선생님 면담에서 나에게 던진 첫마디가

"직장 나가시면 누가 아이를 양육하시나요?"

였다. 할머니가 키우는 아이는 보통 다해주니까 사회성이 떨어진다고 혹시나 하면서 물어보았다고 했다. 여리신 시어머니께서 거짓말을 하실 리가 없으니 그렇다고 자기를 이뻐하는 할머니를 아이가 아프게 때린다 하니 믿을 수도 없었다. 아들에게 어떤 교육이 들어가야 되는지 고민이 되었다. 그 무렵 주말이면 밥을 해서 밥통채로 차에 싣고 집을 떠났다. 반찬을 있는 대로 다 싸가지

고 가까운 공원으로 3대가 같이 자주 소풍을 갔다. 공원 안에 있는 수원지에서부터 흐르는 계곡 옆에 돗자리를 넓게 펴서 자연도 즐기면서 먹는 밥맛은 정말 맛있었다. 집에서 손도 가지 않았던 반찬이 어쩜 그렇게도 맛있던지 신기했다. 이구동성으로 그런 말을 하며 좋은 시간들을 갖곤 했다. 어느 날 드디어 그 계곡에서 어린 아들이 시어머니를 때리는 현장을 목격하게 되었다. 많이 아파하시면서도 귀한 손자라 어찌하시지도 못하고 쩔쩔매고 계셨다. 바로 아이를 나무 뒤로 데리고 가서 약속을 받아냈다. 왜 할머니를 때리는지 물었다. 이유 없는 장난스러운 일처럼 느끼는 것 같았다. 엄마가 많이 사랑하는 분이니까 안 때리면 고맙겠다고 했다. 안 때리겠다고 약속을 했지만 4살배기 아이라 그 후 또 할머리를 때렸다. 아이에게 크게 화를 내며 누군가를 괴롭히는 것은 아주 나쁜 일이라고 따끔하게 혼을 냈다.

아무 이유 없이 할머니를 때리고 괴롭히고 약속도 안 지키는 사람은 절대 용서 못한다 했다. 정신이 번쩍 들도록 어리지만 나무랐다. 엄마가 화내는 모습에 익숙지 않은 아들은 많이 울었다. 시어머니의 자녀교육법은 따끔함이 없었다. 안 되는 것은 확실하게 안 된다고 해야 하는 것을 못하시고 여려서 어쩔 수 없었다. 영화 친구에서 나오는 배우 유호성이가 하는 대사 중에 이런 말이 있다. 삼촌이 많은데 나쁜 짓을 하면 한 사람이라도 자기를 때려서라도 버릇을 고쳐주어야 했다는 내용이 있었다. 인성을 바로 잡아주는 삼촌이 한 사람이라도 있었다면 하는 주인공 대사가 있다. 한 사람의 삼촌이라도 자기를 사랑했다면 때려서라도 바른길로 안내해야 한다는 말이었다. 적어도 깡패 생활은 하지 않을 수도 있었다고 하는 대사가 가슴을 뭉클하게 와닿았던 기억이 난다. 사회 부적응증세로 울고 있는 아이를 다독이면서 어디까지가 사랑이라고 말할 수 있는 건지 자문에 자문을 구한적이 있었다. 이런 경계에 머물러 있는 자녀 교육들은 의외로 우리 주위에 많아서 한 번씩 혼동이 올 때가 있다. 남편이 아들처럼 저금통에서 몰래 동전을 빼던 이야기를 영웅담처럼 했다. 시아버지한테 들키면 저금통에 더 다른 장치를 해놓아도 머리를 써서 동전을 뺐다는 거였다. 혼내기만 하고 동전을 빼기 어렵게 하는 새 저금통으로 교체만 했을 뿐 따로 교육을 못 받았다고 했다. 성격 급하고 화 많은 시아버지의 자국이 어린 남편의 마음에 도장처럼 찍혀있다. 쑥대밭처럼 우후죽순 잘못된 자아 형성이 자기만의 세상에 가두어 버렸다. 정신과 의사가 남편의 심리에 대해 요약했던 말이다.

모멸감과 수치심으로 자기만의 세계에 안주하려는 심리인지는 모르겠으나 남편의 증세는 날로 심각해졌다. 직장을 집과 한 시간 거리에 있는 곳으로 옮기게 되었다. 출퇴근 때문에 집을 구해주었더니 청소를 하러 가면 계속 쌓여 있는 알 수 없는 짐들 때문에 심각성을 느꼈다. 채워지지 않은 사랑이 자기애를 만들고 물건으로 저장하고 버리지 못하게 하는 심리라고 했다. 버리려면 어린아이처럼 힘들어해서 오히려 사람을 살려야겠다는 생각으로 남편의 마음을 이해하기 위해 마음을 고쳐먹었다. 정리정돈을 해주면 화를 내어서 내버려 두었다. 어릴 때 받은 상처들을 치료하지 못하면 여러 모양새로 어른의 삶을 파괴하는 것 같았다. 타인조차도 힘들게 하는 무서운 일이라는 생각을 그때 제일 많이 했다. 걱정이 앞서는 마음 때문에 항상 무언가를 준비해야 하는 강박증에 시달리고 있었다. 혼자 결정을 못해서 결정 장애 때문에 무슨 일 이든 물어보고 한 말을 계속 또 하는 결정 장애도 남편을 괴롭혔다. 시어머니가 엄마로서 해야 할 자녀에 대한 위로가 없었다. 현실을 바로잡아 줄 수 있는 기준도 없었다. 그때는 그랬다. 먹고살기 바빠서 그랬다. 충분히 이해한다. 최선을 다한 삶이라는 거 누구보다 도 내가 더 잘 안다. 대신 아이들의 마음에 멍은 보이지 않으니 덮어두고 살아온 거다. 뇌과학 책을 읽다 보니 아들의 문제보다 남편의 뇌속의 아픔이 훤히 보이는 듯했다. 남편을 위해서 아들이 왔구나 싶었다. 아들의 미래를 위해 남편이 교과서 역할을 톡톡히 한 셈이 되었다. 아들이 정신과에 갔을 때 부모 심리테스트 결과가 남편과 나는 완전히 정반대로 나왔다. 긍정성과 감사와 나눔 때문인지 정신적 지수가 높게 나온 반면 남편은 심각한 수준으로 부정성이 높았다. 의사는 심리테스트 결과를 듣고 남편의 첫 심리치료 때 나를 동참시켰다. 내가 충분히 옆에서 치료할 수 있는 능력이 있다고 했다. 이 심리치료 후 남편은 병원에 두 번 다시 오지 않을 거라고도 했다. 정신과 의사가 점쟁이처럼 느껴졌다. 중학교 때 친구들에게 심리학 책을 읽고 나서 이런저런 이야기를 했을 때 나에게 끌렸던 이유가 이런 이유였던 거였다. 사람의 마음을 들여다보는 힘 때문인 것 같았다. 그날 돌아오는 길에 남편은 내 마음속에 또 다른 아들로 받아들이기로 했다. 고등학생 같은 아이가 세상을 맞서 힘들어하는 지난 모습이 이해가 되었다. 나이와 상관없는 정신적으로 자라지 못한 어린 아이가 있었던 거였다. 나는 지상 3층에서 남편은 지하 3층에서 살고 있었으니 소통의 부재는 당연한 거였다. 꼭 남편을 회복시켜서 말이 통하는 노후를 보내고 싶다는 희망을 품었다. 정말 의사 말대로 두 번 다시 병원을 가려고 하지 않았고 가자고 하니 엄청나게 화를 내었다. 그때는 어쩔 수 없이 아이를 위해서 부모 심리 테스트라고 하니까 간 것 같았다. 여리고 착한 사람이 어른들이 잘하라고 내었던 화로 인해 뇌의 어느 한 부분이 자라지 못했고 그로 인해 사회 부적응 증세는 계속 삶의 방해꾼이 되었던 거였다. 아이와 소통이 힘든 엄마들을 도와주고 싶은 마음은 남편에서 부터 나왔다. 다 큰 어른이지만 아픔이 묻어나는 남편의 진정성 있는 스토리에 엄마들이 마음의 문을 많이 열어 주었다. 다행히 남편은 아픈 과정들을 잘 이겨내어 주어 좋은 결과를 얻어가고 있는 중이다. 자기 자신의 내면의 아픔을 보고 난후 급속도로 좋아져 갔다. 남편은 깊은 잠에서 깬 사람처럼 요즘은 나에게 고마움을 표현하기 시작했다. 지쳐서 포기할 만할 건데 참고 기다려주어서 고맙다고 하면서도 간혹 비집고 나오는 아픔들을 또 보곤 한다. 남편은 두 아이들의 양육을 신경 쓸 만큼 마음의 여유가 없었다. 자신의 아픔이 더 절절했기 때문이었다. 도와주지 못했던 지난 아이들의 양육의 시간도 미안해하고 있었다. 그때 그 정신과 의사는 이런 답을 알고 나를 끌어들였던 걸까 요즘은 한 번쯤 그 의사를 다시 만나보고 싶다는 생각이 든다. 단언컨대 점쟁이가 맞다. 수학 공식처럼 딱 들어맞는 미래를 점쳐주었다.

아들에게 진단 해준 자연치료나 뇌치료는 대성공이었다. 아직도 더 가야 할 심리적인 문제가 많지만 지금까지 오면서 나름대로 이론이 정립 되었다. 세상 사람들을 적으로 알고 사는 마음에서 벗어난 지금의 남편과 이미 자기주도적인 삶을 즐기는 아들은 평화롭다. 시부모님들은 모르셨고 나는 알았다. 행복한 삶을 충분히 살 수 있는 여건인데도 여전히 불행하다고 하는 사람들이 내 주위에 여럿 있다. 다행히 남편만이라도 그 비밀을 알게 되어서 감사할 따름이다. 얼마 전 3대가 같이 간 여행에서 너무나 많이 달라진 남편의 모습을 보았다. 한마디 한 마디 말속에 들어 있는 감사하다는 말이 아직도 아련히 들리는 듯하다. 집집마다 입맛이 다르듯 생각도 긍정인지 부정인지 따라 그 집의 분위기도 달라진다.

그동안 나와 아들이 예중, 예고를 다니면서 매주 있는 봉사 음악회를 진행 오면서 스쳐간 다양한 사람들 속에서 아들은 아들대로 나는 나대로 큰 공부를 한 셈이 되었다. 이제는 말 한마디 표정 하나만 보아도 생각들을 알 수 있는 것 같이 대처를 잘한다. 이 모든 것들이 아픔을 동반한 지혜에서 나왔으니 누군가의 아픔을 도와주는 이웃으로 남고 싶다.

제5장
엄마는 여기 있을게

언젠가 헤어져야 할 그날

자연에도 사계절이 있고 책 속에도 단락이 정해져 있듯이 우리의 인생에도 그어져 있는 보이지 않는 시간이 있다. 태어나 처음으로 느껴지는 기억이 있다. 한복을 입고 겨우 아장아장 걷는 나를 물끄러미 보고 있는 웃음 없는 엄마가 있었다. 두 번째로 기억되어 있는 장면이 두 팔을 벌려 걸어가다 넘어지면 나를 받으려고 하는 할머니의 행복한 모습이다. 그 뒤로 선명하게 남아 있는 웃고 있는 나를 기억하는 건 몇 개정도이다. 기억을 해보려니 긴 여정이었던 것 같다. 찰나니 순식간이니 하고 말했던 인생인데 신기하다. 한 순간도 열정적으로 살지 않은 시간이 없었던 지난 삶이다. 완전히 혼자였을 때 나에게 올 사람들을 생각한 적도 없지만 할 수도 없었다. 당연했다. 그저 삶 자체가 여유가 없었다. 사회 전반적인 이유도 있었겠지만 시야가 좁은 탓도 있었을 것 같다. 지금 여기서 그때를 바라보면 나에게 와준 사람들은 다 대단한 사람들이었

다. 내가 스스로 힘들어 했던 사람들이 나를 위한 인생의 안내자 였고 스승이

였다는 것을 안 지는 그리 얼마 되지 않았다. 그중에서 가장 바쁘고 치열하게

살아온 시간이 결혼과 함께 두 아이와의 삶이었던 것 같다. 사춘기 때는

"나는 왜 태어나서 이 고생을 할까?"

자문자답을 수도 없이 했었다. 그 시간에는 그저 철저하게 나 혼자의 삶이었

던 것 같다. 옆에 누가 있어도 안 보이고 안 들리던 철저히 나 혼자 웅크리고 있

었던 때였다. 남편이 자기만의 성에 머물고 있었던 그곳에 나도 나만의 성에

머물렀던 적이 있었다. 난 빠져나왔고 남편은 머물러 있었던 차이는 엄청났다.

큰아이를 만난 지 몇 년만 있으면 30년이 다 되어간다. 신생아실의 초록색

문 색깔 넘어 딸의 모습으로 나를 만나러 와준 큰아이를 선명하게 기억한다.

하염없이 바라보며 반가운 눈물이 볼을 타고 흘러내리던 날의 기억은 항상 뭉

클하다. 누군가는 있을 기억이며 누군가는 없는 기억이다. 다행히 두 아이는

나에게 그런 기억을 안겨준 존재들이다. 아들을 만나려고 노력했을 때 만났던

불임으로 힘들어하는 사람들이 있었다. 나에게 있는 소중한 기억이 그들에게

는 없다. 불임으로 만났던 사람들과 아픔을 나누면서 나에게 있어 아이가 와준

다는 것은 축복이라는 것을 새삼 느꼈다. 아이들이 오면서 새로운 인생으로 갈

아타는 것 같았다. 변화와 성숙이 기다리고 있는 귀한 시간들이었다. 그리고

공부의 시간이기도 했다. 밤을 새우며 원하는 것을 탐구했던 독서의 시간이 그

다음으로 행복한 시간으로 기억된다. 사랑하는 이가 아플 때 어떻게 하면 고쳐

줄 수 있을 까하는 애절함이 묻어 있던 책과의 시간들이었다. 나는 야간대학을

나왔다. 그 당시 나로서는 최선의 방법이었다. 낮에는 돈을 벌어 아버지의 병

환으로 지원이 안되는 상황에서 학비를 마련해야 했다. 버스에서 내려서 한달

음에 언덕을 뛰어올라 강의실까지 도착하곤 했다. 헉헉 되며 깊은 숨을 토해냈

던 그 기억처럼 아픈 아들과 남편을 위해 헉헉 되었다. 힘든 숨이 아니고 무언가를 이루기 위해 열심히 만들어 내는 열정의 숨 이었다. 도서관에서 빌려온 책 속에서 알고 싶어 하는 것들을 메모하고 실천했다. 조용하게 은밀하게 1%의 영감이 스쳐 지나갈 때가 있다. 어디에서 누군가가 나에게만 주는 선물 같았다. 철저한 99%의 실천 프로젝트를 짜는 것이 내가 할 일이었다. 하나라도 버릴 것 없이 짜야 된다. 긍정에서 시작한 여러 가지 프로젝트는 지금도 진행 중이다. 나만의 엄마표 자유학교가 내 안에서 기획하고 실천하며 돌아가고 있었다. 이렇게도 해보고 저렇게도 해보면서 터득한 지혜들이 하나 둘 모이면서 나도 두 아이도 성장했던 것 같다.

둥지를 틀고 나는 어미 새가 되었다. 열심히 먹이를 물어다 먹였다. 털을 다 듬어주며 넓은 세상을 날아갈 수 있게 날개도 매일 손 봐주었다. 행복했다. 밤이 오면 밤이 오는 대로 행복했다. 어느새 날개가 튼튼해지고 날개를 퍼덕거리는 시간이 왔다. 아름다운 비상을 위해 준비하고 있는 두 아이를 축복해주고 싶다. 보이지 않는 시간이 다가오고 있음을 느낀다. 각자의 몫으로 남아 있는 시간을 행복으로 바꾸는 기술을 익혀야 한다. 이제 두 아이를 바라볼 뿐 할 일이 없어져 간다. 바쁘고 찬란했던 추억들을 글로 남기고 남편은 다시 그림을 그릴 수 있게 해주기로 했다. 그림을 잘 그렸던 남편을 시어머니는 발견하지 못했다. 아들은 그림을 잘 그리는 사람이 되고 싶다고 했을때 아빠의 재능을 찾아보라 했다. "너의 내면 어딘가 있을 아빠의 그림 실력이 있을 거야."

남편은 목소리도 좋았고 노래도 기가 막히게 잘 불렀다. 그래서 그런지 아들은 성악도 공부하고 있고 성우도 되고 싶다고 열심히 연습중이다. 남편이 만약 내 아들이었다면 아들과 나처럼 행복한 모자관계 되었을 수도 있었다. 그림을 잘 그렸으니 틀림없이 미술을 전공하게 했을거다. 밤을 지새우며 철학을 이야기하고 개그와 친구가 되어 배꼽 빠지는 웃음을 매일 선물해 주었을 거다. 남편의 장점들을 들어가며 자기 주도적인 삶을 살게 했을 거라고 두 아이에게 이야기 하곤 했다. 남편의 노후에는 배우기를 원했고 좋아 했던 그림과 함께 공부하며 살게 해주고 싶다. 4개의 방중에 1개의 방에 갤러리처럼 화실도 만들어 줄 계획도 짜 놓았다. 두 아이를 키워 오면서 뒷전이었던 남편의 삶을 보상해주고 싶은 계획을 실천해주고 싶다. 글로벌하게 사는 큰아이와 매일 음악과 그림에 젖어 사는 아들이 현재 나에게 보이는 두아이의 삶이다. 좋아하던 것으로 직업으로 가시고 살고 있는 큰아이는 미래를 위해 계속 노력중에 있다. 벌써 학점은행제를 통해 컴퓨터공학과를 따서 복수전공을 만들었다. 좋아하던 것을 공부하고 있고 버려진 시간이 없었던 아들의 실험적인 삶도 그 한 가운데를 지나고 있다. 정확한 목표에 도달한 것처럼 버릴 것이 없도록 짜인 큰 계획들이 하나둘씩 미션을 마감하려 하고 있다. 남편과 나는 68세로 정년이 정해져 있는 평생을 다녀온 직장도 건강이 허락한다면 앞으로 10년 정도만 더 다니면 된다. 각자의 개인적인 사회적 의무도 마감되어 질 것 같다. 건강 하다면 아들의 음악회를 보러 다닐 수도 있고 잘 가던 커피숍의 깊은 의자에 몸을 기대고 지나간 시간을 더듬어 추억에 젖어 있을 수도 있을 거다. 맛난 점심을 먹고 한 번씩 가보았던 경치가 좋은 찻집에서 두 아이를 바라보며 애정으로 가득했던 개그들과 배꼽이 빠질 수도 있다. 각자 가지고 있던 꿈대로 살아갈 수 있어 감사하다. 나는 나대로 두 아이는 아이들대로 언성 한 번 높이지 않고 평화롭게 걸어왔다.

우리집에 9년째 살고있는 아들이 어렸을 적에 데려온 고양이 콜라의 이야기가가 있다. 태어난 지 하루 만에 꼬리가 잘려 고통스러워하며 물에 빠져 죽어가는 것을 아들의 품에 안겨 우리 집으로 왔다. 살렸던 것을 아는 것처럼 아들에 대한 사랑이 남다른 고양이 콜라다. 말은 통하지 않지만 콜라가 우리에게 주는 사랑은 무한하다. 눈을 껌벅이는 대화로 서로에 대한 사랑을 확인한다. 인간이든 동물이든 종이 무엇이든 사랑과 관심을 준다면 동화되는 삶을 살 수에 있다는 것을 맨 처음 콜라가 알려주었다. 콜라의 눈을 가만히 들여다보면 그동안 주었던 우리의 사랑이 고스란히 다 들어 있다. 따뜻한 눈으로 우리를 바라보는 콜라의 눈이 그렇고 두 아이 마음속에 사랑이 가득하다는 걸 콜라를 보면 알게 된다. 언젠가 콜라가 우리 곁을 떠난다 하더라고 나와 두 아이 마음속에 살아있다는 걸 매일 연습하며 산다. 내 검지 손가락 길이만큼 작은 아기 고양이 콜라를 보듬고 우유를 물리고 배변을 위해 그 작은 배를 문질러 준 때가 있었다. 어미가 없으니 내가 어미가 된 거다.

"예쁜 엄마 딸 이쁜 콜라 사랑해."

내가 매일 해주는 이 말의 뜻을 아는 듯 골골거리며 배를 보인다. 신뢰한다는 뜻이다. 고양이의 8년은 사람 나이 56세쯤 된다. 거의 나의 나이에 가깝다. 고양이를 질색했던 우리 가족이 마음씨 따뜻한 아들의 동물을 향한 사랑에 감동해서 변할 수밖에 없었다.

아름다운 동행을 선택해준 아들의 따뜻한 마음을 높이 평가한다. 정신적으로 많이 아파한 아들의 모든 것을 지켜보며 위로를 해준 고양이 콜라는 가족이다. 오래 오래 같이 우리가 살아가고 있는 일상과 호흡해 주기를 간절히 바라며 산다. 아들은 올해 초부터 연습실을 독일로 생각하고 체험을 위해 집을 떠나서 생활하고 있다. 떠나기 전 아들은 고양이 콜라와 서로 머리를 맞대고 일주일 중 5일은 못 보게 될 거라고 말을 건넨다. 서로를 예우하는 모습이 가슴을 뭉클하게 했다. 집으로 돌아오는 금요일 늦은 밤이 되면 나와 아들의 발자국 소리가 들리는 순간 중문 앞에서 하염없이 기다리고 있는 콜라 이야기를 큰 아

이가 들려 주어서 알고 있다. 콜라는 무슨 말 인지 아들에게 그동안 있었던 감
정을 말하는지 야옹거리며 시끌벅적하다. 콜라가 들어온 뒤 길에 버려진 고양
이 3마리를 더 입양했고 그중 막내 코비는 작년에 이유를 알수 없이 무지개 다
리를 건넜다. 지금 같이 살고 있는 코카, 코니도 아들이 돌아오는 날이면 야옹
거리며 반갑다고 노래를 부른다. 선한 눈을 가진 3마리 고양이는 미래에 아들
이 만들 뮤지컬의 소재이기도 하다. 대학에 들어가서 작곡을 배운다면 캣츠처
럼 뮤지컬을 충분히 만들 수 있을 거라 생각이 든다. 이 세 마리 고양이들을 사
랑한 아들의 영혼에는 수많은 사랑과 영혼의 이야기를 담고 있기 때문이다. 음
악적으로 조우한 자식 같은 세 마리 고양이의 이야기가 언젠가 세상에 나올 날
을 기대해본다. 아들은 네 마리의 고양이에 대한 책도 쓸 모양이다. 뮤지컬을
위해서 꼭 기록해 놓고 싶다고 했다.

큰아이가 2년 전 외국계 회사에 취직하는 날 나는 독립을 인정했다. 같이 여
행을 가도 큰아이는 자기 몫을 계산해서 주고 자동차에 관련된 보험도 말 안
해도 깔끔하게 처리해준다. 어떤 의미에서는 떠나보내는 보이지 않는 시간들
이 넘어가는 순간이다. 돌아가신 미국 영어 선생님이 나한테 가르쳐 주셨던 미
국식 가정교육일 수도 있다. 한국 문화의 정에 연연해서 끌려가지 않게 합리적
인 사고를 심어주었던 탓이기도 하다. 만약 큰아이가 집을 렌트했다면 보여지
는 일상으로 인해 독립을 피부로 느꼈을 것 같다. 하지만 먼 거리지만 차를 사
서 출퇴근을 선택했다. 좀 더 큰 아이를 볼 수 있는 시간들이 그저 감사하다. 일
부러 출. 퇴근을 선택한 큰 아이의 속내에는 나에 대한 사랑과 동생에 대한 사
랑, 콜라, 코카, 코니 3마리 고양이 대한 애정이 담겨 있다. 아들 또한 일주일에
5일을 집에 없다 보니 보이는 독립을 실감하고 있다. 일요일 아침에는 5일동
안 연습실에서 필요한 것들을 준비해서 독일로 떠나듯이 집을 떠난다. 연습실

을 마련하고 그랜드 피아노가 들어오면서 연습실이 독일이라고 말한 사람은 나였다. 스스로 청소도 하게 훈련을 시키느라 지저분해도 청소를 안 해주었다. 지인들과 레슨 선생님은 어찌 그러냐고 말도 안 되는 엄마라고 했다. 나 모르게 처음에는 치워주기도 하고 했다며 피아노 선생님이 나를 나무랐다. 자기주도적인 삶 속에는 공간을 사용할 수 있는 책임도 들어 있다. 지저분하면서 치워야겠다는 생각을 낼 수 있는 힘도 생긴다. 너무나 남편을 닮아 버린 환경적인 상상의 아들에게서 살아가는 기술을 익히는 기회를 뺏어오고 싶지 않았다. 어설픈 부모의 사랑은 가장 중요한 세상 살아가는 기술을 가르쳐주는 기회를 놓쳐버린다. 내 눈에는 그런 교육적인 것들이 중요해 보이지만 타인이 바라보는 시선에서는 흉이 되고 참아내기 어려운 것은 당연하다. 타인의 따가운 시선을 넘어 아들이 미래에 살아가야할 중요한 실험적인 공간으로 정해버렸다. 연습실은 곧 혼자되어질 미래의 독립적인 생활을 연습하는 공간이 되기도 했다.

두 아이에게 스스로 자기 인생을 조절할 수 있는 힘은 주고 싶었다. 주고 싶다고 주게 되는 것이 아니다. 경험해보고 실수해보면서 깊게 느껴 보아야 알 수 있는 차원의 문제였다. 조절력을 주고 싶어 기다리고 인내 했었다. 간섭보다는 선택을 위한 기다림을 부모는 배워야 한다. 두 아이를 키우면서 체험했고 어린 아이들을 키우는 엄마들에게 인내에 대한 이야기를 해주고 싶다. 언젠가 헤어져야 할 그날을 위해서 말이다.

그와 그녀를 위해
변할 수 있을 때 결혼해라

"와이프가 국을 끓여주었는데 먹어보니 짜다. 와이프한테 국이 짜다고 하니 와이프가 먹어보고는 안 짜네 한다 아 맞나 그러면 물을 타서 먹으면 되고."

"우하하 아이고 배야."

청춘도다리 강연 중에 아들을 향해 상대를 위해 자신이 변해야 된다고 말 했던 대목이었다.

"물에 둥둥 배우자 떠내려가고 엄마 떠내려가려면 절대로 엄마를 구하면 안 돼! 배우자를 구해야지!"청중 가운데서 아! 하며 안타까운 탄성이 나온다. 같이 걸어왔던 부모와 자식의 행보가 나누어지는 시간들이 다가오고 있다. 두 아이의 독립이 가까워 오면서 자주 했던 말들을 강연에서 했었다. 우습기도 하고 슬프기도 한 느낌이 들었다. 내가 부모를 떠나왔듯이 자식이 주체가 되어 자리 바꿈을 하며 생을 마감하는 것이 우리네 인생이다. 비행기가 급작스러운 기류로 인해 추락하고 있었다. 어느 목사님이 다급하게 가족에게 편지를 쓰고 있었다. 옆자리에 연세 드신 할머니가 조용하게 담담하게 찬송가를 부르는 모습이 눈에 들어왔다. 다행히 비행기가 정상 기류를 타면서 조용해지자 옆자리에 계신 할머니께 어떻게 죽음의 순간에도 초연할 수 있었는지 궁금 하다고 물었다. 죽으면 어릴 때 죽었던 둘째 딸을 만날 거고 살게 되면 큰 딸을 다시 만날 수 있어서 찬송가를 부르며 선택을 기다리고 있었다고 했다. 이 내용은 어느 책에서 읽고 오래도록 깊은 생각에 빠진 적이 있었다. 그냥 살면 되는구나 싶었다. 물 흐르듯이 시간을 바라보면서 그냥 살면 된다. 비행기 안에서 초연하게 순간을 바라본 할머니 처럼 특별하다고 호들갑을 떨 필요도 없다. 두아이가 그런 삶을 살게 되기를 소망하는 이야기를 엄마표 자유학교에서 인문학 강의를 했던 적이 많았다. 아들은 지금 입시생 이지만 그렇게 특별하다 할 것 없이 평소처럼 생활하고 있다. 세상이 바라보는 입시와 아들이 바라보는 입시가 다르다. 좋아하는 음악에 푹 빠져 살고 있기에 어느 대학이든 상관이 없다. 입시를 위한 악기연습을 위해 한 달을 학교에 나오지 않는 친구들이 있어도 아들의 일상은 평범하다. 내가 해 줄수 있었던 성적의 초연함과 큰일앞에 호들갑을 떨 이유가 없다는 평정심에 대한 가르침의 결과라고 생각한다.

모성애는 오로지 자식을 향해 있다. 연민에서 시작한 사랑과 관심이 어느 순간 더 이상 함께 할 수 없는 경계에서 두 아이를 마음속 에서만 추억 해야 하는 날을 위한 인문학 강의를 준비하다가 '네가 상대를 위해 변할 수 있을 때 결혼을 해라'는 말이 가슴에 꽂혀 몇 날 며칠을 깊은 생각에 잠긴 적이 있었다. 이 말을 진즉 알았다면 얼마나 좋았을까 하고 말이다. 나에게 있어 결혼 이란 피난처였고 도피처 였기에 무엇인지도 모르고 했던 거였다. 결혼이란 눈을 감고 더듬어 가는 초행길 같이 내팽겨진 자아들이 아우성을 쳐대고 서로 다른 환경에서 자라서 맞지도 않는다는 사실을 알면서도 우기며 상처 입고 나동그라진다. 진부한 언어들이 오고 가며 지치면 길을 바꾸듯이 이혼을 하고 다른 인생길을 선택한다. 그럴수도 있다. 누가 뭐라 그러든 수정하며 살면 된다. 여러 사례들을 담은 질문지를 만들었다. 두 아이에게 한 번씩 질문을 하게 해서 심도 있는 토론을 해보는 식으로 엄마표 자유학교 인문학 강의를 한다. 두 아이는 인문학 강의 인지 눈치를 채지 못한다. 간접 경험들과 각자 두 아이의 의견을 질문을 하고 답을 서로 들어 보는 토론식으로 한다.

할아버지, 할머니의 인생과 결혼 생활은 좋은 예로 사용 할 때가 많다. 같이 살아오면서 실전에서 보아온 좋은 교육자료이기 때문이다. 아이들 할아버지는 약주를 좋아하신다. 평생 드셨고 그 시대 남자들이 스트레스를 풀 수 있는 유일한 통로였다. 인정을 해야 한다는 설정을 넣고 할머니가 어떤 결혼 생활을 선택해야 되는지 실전 토론을 해보았다. 자신과 자식들을 위해 어떻게 대처해야 되는지에 대해 토론도 했다. 약주를 좋아하는 것을 인정해야 한다고 결론을 내어 준다. 좋은 안주를 해서 몸 상하지 않게 해주시고 할아버지께 더 이상 잔소리는 안 하는 걸로 아이들이 결론을 내려 주었다. 결론을 말씀을 드렸지만 한 번도 지켜지지 않았다.

"내가 왜 그래야만 되나? 술만 끊으면 되는데."

로 일관하셨다. '노인이 되면 입을 닫고 지갑을 열어야 한다'는 말이 옳구나 싶은 실제 상황이 종종 재현되었다. 해결점은 영원히 모호하게 평행선이었고 또 불행했다. 나와 두 아이가 왜라는 질문에 꼬리에 꼬리를 물어 질문과 답을 내어 놓은 토론의 결론은 상대의 인정과 자신의 변화였다. 상대의 것을 인정한 후 내가 변해주어야 되는 것밖에는 방법이 없다는 거였다. 아들이 왕따시키는

아이들을 향해

"응! 그래."

라는 말로 언제 부터인가 대답으로 해주었다. 왕따시키는 아이들의 생각을 인정했다는 의미도 된다. 아픔이 절어서 나왔던 그 한 마디로 이겨내는 것 같았다. 저녁마다 있었던 개그와 섞여 해왔던 인문학시간에 '왜'로 시작하는 토론의 결과였다. 사례를 들어 실전 토론을 해보니 어쩜 그렇게도 결혼에 대해서 모호한 일들이 많은지 깜짝 놀랐다. 코에 걸면 코걸이라는 말이 있다. 상대의 주장들을 인정하지 않고 자기주장을 내세우다 보면 결론이 나지 않는다. 평생 같은 말을 되풀이하며 귀한 시간만 낭비되는 것은 막아야 한다. 상대를 위해 변할 수 있을 때 그때 결혼해도 늦지 않다고 조언한다.

아들을 위해 부모검사를 했을때 정신과 의사가 남편의 우울증 이상 징후를 포착한 후 내가 해야만 했던 것은 나의 에고를 내려놓고 내가 변화하는 거였다. 책에도 그런 말이 있었고 정신과 의사도 그랬다. 호전과 악화의 가운데는 배우자인 나의 선택이 판가름을 낸다고 했다. 조심한다고 했던 나의 행동도 어디서 잘못되었는지 몇 달을 빼지면서 남편은 자기만의 동굴속에서 나오지 못했다. 혼자 공명하며 생활하는 모습은 힘빠지는 생활의 연속이었다. 남편의 이런 증상은 두 아이를 위해서 큰 공부를 시켜준 셈이 되었다. 결혼에 대해 합격증을 받았다 하더라도 누구나 온전한 결혼 생활은 안 된다. 내가 살아보니 다른 생각과 다른 성장과정 때문에 마음이 판판히 깨질 수밖에 없었다. 모르니까 넘어가고 알면서도 넘어가다 보니 시간이 이어지면서 인내의 촉이 자라준 거다. 88년 올림픽 자원봉사 때 만난 영어를 잘하는 친구가 있었다. 미국으로 가서 재미교포와 결혼을 했다. 남편이 일찍 죽는 바람에 아이도 없이 유산만 많이 받게 되었다. 어느 날 학벌도 좋고 회사도 나름 괜찮은 친구보다 몇 살 어린 남자의 청혼을 받게 되었다. 잘나가는 친구들 앞에서나 지인들 앞에서 친구를 연인으로 인정하며 예의를 갖추는 모습이 마음에 들어 바람기를 의심했지만 결혼을 했다. 아니나 다를까 하루를 멀다 하고 외박을 하고 어떨 때는 연락도 없이 며칠을 집에 들어오지 않았다. 내가 그 친구를 존경하는 이유는 남편이 외박을 하고 들어와도 한 번도 그것에 대해 묻거나 따지지 않았다는 거였다. 남편이 집에 오면 오히려 목욕물을 받아놓고 피곤한 몸을 풀게 해주었다. 맛있는 음식을 해서 남편에게 대접했다. 어떻게 그럴수가 있냐고 물었더니 결혼 전 남편의 바람기는 자기가 인정을 하고 결혼을 했기 때문이라고 했다.

이 남편은 결국 이 친구의 치마폭에 싸여서 지금은 행복하게 잘 산다. 일체 외박은 물론이고 친구의 가치를 알고 착실하게 가정적인 남편으로 변했다. 이 여자 저여자를 만나 봐도 불편하고 골치가 아픈데 정작 마누라는 오히려 편하다는 결론을 내린 거였다. 상대를 인정하고 자신을 변화 해주어야 마음이 편하다. 결국 그 친구는 승리자가 된 것이다. 지혜롭게 사는 그 친구는 이미 답을 알고 인정과 변화를 잘 사용했던 것 같다. 차원이 다른 결혼 생활이었고 두 아이에게 좋은 결혼에 대한 토론거리가 되었다.

오래전 시어머니 친구분의 병문안을 간 적이 있었다. 병실을 막 들어가려는데 오른쪽 침대에서 베개를 가지고 남편의 얼굴을 덮으며 누가 볼세라 '제발 죽어라 죽으라고'하며 속삭이는 소리를 들었다. 분명 분노에 절여있는 사람의 목소리였다. 평생 바람만 피우다 교통사고로 반신불구가 되어서야 돌아온 남편이 미워서 얼굴에 열꽃이 피어 있는 보호자가 보였다. 방금 침대 시트를 갈았는데 기저귀를 차기도 전에 또 실례를 해버려서 화가 머리 끝까지 나니 그러려면 죽으라고 한 소리였다. 남편이 저축해 놓은 부인에 대한 사랑과 관심이 있었다면 부인이 이러지 않았을 것 같다. 하반신을 움직이지 못하는 환자는 눈만 껌뻑이며 눈물만 흘리고 있었다. 평생 부인에게 저축이라고는 한 푼도 안 했으니 미안해하는 것은 당연하다. 반대쪽 환자 부부는 이 부부와 달리 같은 상황이라도 서로를 바라보는 눈이 편안하고 병실에서 알려진 잉꼬부부였다. 평소에 남편은 부인에게 정말 잘해주었다고 했다. 그런 남편이 아프니 최선을 다해 병간호를 하고 있었던 거였다. 남편에게 죽으라고 속삭이던 부부와는 대조적이다. 결혼생활에는 계산 없는 사랑이 필요하다. 욕심 없는 마음이 상대를 인정할 수 있고 또 자신을 변화할 수 있다. 살다가 물질에 욕심을 내다가 이혼한 친구들의 원인은 탐욕이었다. 그동안 남편을 무시하고 시댁을 무시하다 이혼에 위기에 온 친구들도 여럿 있었다. 배우자를 만난 후 그리고 자녀가 온 후 인생이 어떤 색으로 바뀔지는 아무도 모른다. 독립을 앞 둔 두아이에게 필요한 인문학의 정수라고 이름 붙였던 사례였다.

운전을 하다 보면 병목지점에서 차들이 합쳐지는 부분이 있다. 먼저 가려고 양보하지 않고 머리를 쓰는 운전자도 있고 차례대로 가면서 신경을 안 쓰는 운전자도 있다. 결혼생활을 하면서 계산적인 사랑이나 상대 중 한 사람이라도 욕심을 부르면 불행해지는 부부들도 많이 있다. 약점을 가지고 결혼을 했던 친구가 있었다. 처음에는 가지고 있던 것조차도 다 줄 듯이 시댁 식구들에게나 남편에게 잘했다. 물질에 욕심을 가지니까 서서히 자신도 모르게 변해갔다. 이런저런 이유로 속내를 드러내었다. 급기야 시댁 사람들에게 노골적으로 심기를 드러내다가 별거를 시작으로 불행을 자초했다.

제2의 인생을 시작하는 시간이 다가오는 아이들이다. 우리 주위에 있는 여러 사례들이 시간 가는 줄 모르게 두 아이에게 도움이 되는 인문학 시간이 된다. 청춘도다리 강연할때에 '물에 둥둥 떠내려가고 있는 엄마와 배우자 중에서 엄마보다 배우자를 구하라'고 이야기해주는 의미는 그만큼 부부의 중요성을 강조한 거다. 새로 시작하는 가정에 분명한 선을 알려주려고 강하게 어필한 거였다. 아직도 우리 주위에는 주말마다 아들과 며느리를 집으로 불러들여 힘들게 하는 부자 시부모들이 많다. 아들에게 금전적으로 도와주다 보니 어쩔 수 없는 복종이 며느리들을 힘들게 하는 거다. 자녀 사이를 틀어지게 하는 원인이 되고 있는 일찍 결혼해서 할머니가 된 친구들도 여럿 있다. 두 사람만의 행복을 지켜주라고 조언을 하지만 가정마다 다른 모습으로 살아간다. 두 아이를 위한 결혼에 대한 공부는 계속될 거 같다. 공부라기보다는 지혜에 가까운 내공을 쌓아주고 싶다. 내가 묻는다.

"사랑한다는 말을 계속하면서 건강을 신경 쓰지 않는 것은 진정 사랑 한다고 할 수 있는 건가?"

였다. 내가 당뇨를 철저하게 관리하고 아프기 전에 척추를 교정하고 관리를 받는 것은 가족을 사랑하는 방법이라고 누누이 남편에게 강조했다. 관리를 잘하고 있는 나를 두 아이는 진정 감사 하다고 한다. 반대로 몸이 아픈데 병원도 안 가고 계속 아프고 있으면 걱정이 되어서 힘이 빠질 것 같다고 했다.

IMF 경제 위기 때 5억이라는 돈을 잃어버렸던 남편의 고통이 어금니를 빠지게 했다. 한 개가 빠졌을 때 관리를 제대로 했으면 6개 어금니를 살렸을 텐데 마음의 상처는 육체까지도 멍들게 하는 결과를 낳았다. 치료하지 않겠다고 고집을 내면 움직일 수 없을 정도로 단단하게 자기의 세계를 둘러싸고는 어떤 말도 듣지 않았다. 아들은 이런 아빠의 모습이 자기 안에도 있다고 걱정을 했다. 혼을 담고 있는 우리의 육체이다. 그릇처럼 깨어지면 우리의 정신까지도 힘들게 한다. 배우자를 사랑하고 자식을 사랑한다면 정신이든 육체이든 먼저 건강을 돌보아야 한다. 가족 중 한 사람이라도 정신적으로 육체적으로 아프다는 것은 불행할 수 있는 가능성이 커지는 거다. 설령 그런 불행이 온다 해도 이겨 낼 수 있는 긍정의 힘도 항상 키워야 놓아야 한다 했다. 아들이 예고 2학년 때 청춘도다리에서 강연을 한 적이 있었다. 엄마인 내 마음을 심쿵하게 한말이 있었는데 '말도 안 되는 모순 같은 현실이 온다 해도 긍정적으로 대처 하겠다'는 말이었다. 그 끝에는 항상 성장이 기다리고 있다는 것을 몸소 체험해서 알고 있다고 했다. 사회 부적응 증세를 앓으며 왕따를 이겨내었던 그 한가운데서 터득한 금쪽같은 성장과 지혜였다. 많은 사람들 앞에서 고백한다는 것은 강한 면역력이 생긴 거다. 강연을 한 아들이 그렇게 커 보일 수가 없었다. 둥지를 떠난 새끼 새의 삶은 또 둥지를 틀어 새끼를 낳을 거다. 어미가 되고 어미새가 가르쳐 준 그대로 반복 되도록 프로그램이 짜여져 있지만 그 위에 또 진화를 해야 한다. 부모를 떠나 새로운 삶을 살아야 하는 자녀가 생의 주기와 상관없이 그 진화로 행복하게 살았으면 하는 바램이 크다. 가족을 꾸려서 그 안에서 행복하게 살아가려면 스스로 변화할 수 있는 삶을 살아야 한다.

배우자를 계산 없이 사랑할 수 있게 진실된 마음을 진정 배우기 바란다.

배우자가 원하면 자신을 내려놓을 수 있는 배려를 진정 배우기를 바란다.

이상하게도 언젠가는 다 돌려받는 비밀이 이 세상에는 존재한다는 것을 알게 해주고 싶다.

내가 이 세상에 없는 시간 속에도 행복하게 알콩달콩 살아가는 딸의 할머니 모습과 아들의 할아버지의 모습을 상상해본다.

언제나 웃을 수 있기를

화장의 맨 마지막 순서는 웃음이라고 했다. 입술과 눈썹을 웃는 표정으로 올려보며 마지막 화장을 거울을 보면서 마무리를 한다. 생활하다 언제 지워져버린 마지막 화장을 발견하고 화들짝 또 고쳐서 웃음을 만든다. 언제나 웃을 수 있기를 너무나 바란다. 내가 나에게 항상 원하던 웃음이다. 얼마나 어려운 일인지 슬픔과 모멸감과 수치심에 엉켜있는 마음이 웃는 것을 거부한다. 아이들만 보면 자동 웃음을 습관들여서 아이들이 들어오는 소리가 나면 입술과 눈을 올리고 웃음을 준비한다. 항상 방긋방긋 웃어준다. 두 아이를 위해 무조건 웃어주자, 웃겨주자 했던 작은 습관이 웃음을 선물한 셈이 되었다. 잠시 그림을 배운 적이 있었다. 그때 그림을 가르쳐준 그림 선생님은 말을 하면서 웃음이 가득하게 함박웃음을 잘 짓곤했다. 대화를 나누다가도 계속 깔깔거리며 웃는 웃음이 좋았다. 나도 많이 따라 웃었다. 따라 해봐야지 하면서도 잘 안 되었지만 결국 나에게 웃음을 촉발해준 웃음 멘토가 되었다. 개인적으로 친분이 쌓이면서 집을 방문한 적이 있었다. 집이 미술관 갤러리처럼 잘 꾸며 놓아서 깜짝 놀랐다. 그 후 사람이 담고 있는 생각이 보여지는 일에 표현 될 수 있다는 것에 감동했다. 그때 꾸미는 일에 관심이 생겼고 나보다도 많이 어렸던 그림 선생님은 큰엄마 다음으로 나에게 영향력을 끼친 사람이었다. 화가 선생님은 세월이 많이 흐른 뒤 결혼을 했다. 첫아이가 자폐증을 안고 태어났다. 사랑스럽던 웃음은 점점 사라져 갔고 정갈했던 집은 무언가 정리를 잃어버린 것 같았다. 다시 그 웃음을 찾을 수 있기를 기다리고 있었지만 끝내 이겨내지 못해 무언가에 짓눌려 있는 표정이었다. 나는 나에게 없었던 웃음을 후천적으로 찾았는데 점점 정신 건강을 잃어가는 그림 선생님의 웃음은 사려져 갔다. 자폐증 아이 때문에 힘든 모습을 볼 때면 깔깔거리며 웃던 그림 선생님의 웃음소리가 가끔 그리울 때가 있다. 아들이 음악 영재원 시절 재능 기부 봉사 음악회를 갔을 때 만난 자폐아 형 누나들은 밝고 웃음이 많았다. 턱시도를 입고 연주를 하러 형 누나들 곁을 지나고 있을 때 아주 오래전에 알았던 사람처럼 반갑게 손을 흔들어 주었다. 턱시도가 신기한 듯 손으로 쓸어내리기도 했다. 아들도 손을 흔들어 주며 멋쩍은 미소를 보냈다. 그 뒤 몇 번 더 누나, 형들을 만나러 갔지만 교문을 나올 때마다 항상 순수한 웃음이 좋다고 했던 기억이 난다. 정상인보다도 더 순수한 무엇인가가 더 있었다.

　나랑 5살 차이나는 여동생과 동갑 나이인 어릴 적 우리 동네에서 제일 부잣집 딸아이가 같은 해에 태어났다. 자폐증에 간질병 증세까지 겹쳤다. 봄과 가을에 잔디가 피고 질 때 간질병 증세가 더 심했다. 여러 가지 병을 앓고 있는 그 아이에게 봄과 가을은 너무나 잔인한 계절이었다. 하도 넘어져서 머리가 만지면 물렁거렸다. 몇 년간 그 아이와 동고동락했다. 밤에만 데리고 자는 대가를 엄마가 받아 가는 것 같았다. 백설공주처럼 하얀 피부에 이국적인 아이는 외국

인형 같았다. 가끔씩 자는 사이에 일어나서 부잣집 넓은마당을 돌아다니기가 일쑤였다. 그래서 내가 필요한 거였다. 그런 밤에는 잠을 잘 수가 없었다. 항상 웃음이 가득한 이쁜 아이였다. 고집 센 골목대장이었던 여동생을 보고 있으면 어렸지만 마음이 슬펐다. 아이큐가 낮아서 소리만 질러대는 것이 오로지할 수 있는 언어였고 밥도 떠 먹여주어야 되었다. 이사를 가면서 이별이라는 말도 없이 헤어졌다.

　가끔씩 생각나던 아이라 세월이 한 참 지난 후에 한 번 찾아갔는데 성숙된 몸만 자라 있었다. 나를 기억하는 아이는 반갑다고 특유의 소리를 내며 방을 맴돌며 뛰어다녔다. 눈물이 고여 있는 그 아이의 맑은 눈을 보고 통곡을 했다. 세월이 많이도 흘렀건만 나를 기억해준 마음이 시렸다. 간다 온다 말도 없이 떠난 나였다. 말은 못해도 보고 싶었다는 마음이 전해져 왔다. 여동생은 결혼 해서 아이도 낳고 사는데 인생이 너무 안된 생각에 안고 울기만 했다. 그 아이 에게는 아래로 두 남동생이 있었다. 의사가 되고 공무원이 되면서 결혼을 시키 기 위해 세상에 없는 사람처럼 산속에 있는 요양원으로 보내졌다. 그 후 얼마 못 가서 죽었다는 소식이 들려왔다. 가족을 떠나 외로운 곳에서 혼자 그렇게 천국으로 갔던 거였다. 왜 그렇게 아픈 아이들의 웃음은 맑고 순수한지 흉내조 차 못 낼 정도다. 몇 년을 같이 잤다고 나를 기억해주고 울어준 그 친구는 지금 도 내 마음에 살아있다. 급하게 떠나는 이사였다. 사느라 바빠서 생각만 한 번 씩 했다. 갑자기 떠나버린 나를 얼마나 기다렸을까? 같이 몇 년을 잤으니 외롭 고 허전했을 그 아이의 마음을 헤아려 주지 못한 미안한 마음이 미어졌다. 끝 도 없이 눈물이 나왔다. 기약 없는 마지막 시간을 오래도록 껴안아 주었다. 언 제 볼지 이것이 마지막 이겠거니 하고 안아주니 한참을 품에 안겨 있었다. 서 로 헤어지지 못해 힘들었던 그 시간을 되돌려 본다. 자기의 운명을 아는 듯 손을 놓아주지 않았던 것 같다. 그 아이의 눈물 가득 먹은 마지막 미소는 영원히 기억 속에 남을 듯하다.

가끔씩 두 아이에게 힘들었던 지나온 이야기를 해준다. 얼마나 감사를 해야 하는지에 대해 겸손한 마음 내기를 강조할 때가 많다. 예중에 들어와서 만들었던 첫 음악회는 재활원 친구들과 함께 했다. 버스를 대절해서 실어 오고 실어다 준 50명의 친구들과 함께 특별한 추억을 만들었다. 마지막 무대를 연주자들과 다 같이 준비한 노래를 불렀다. 행복한 미소와 함께 목청껏 부르는 모습에 외롭게 천국으로 간 그 아이도 있는 것 같았다. 코끝이 찡하면서 눈물이 하염없이 흘렀다. 기부금도 전달했다. 재활원 친구들과 함께 노래를 부른 어린 음악인들 마음에 나눔의 씨를 심었다. 그 후 장애자 부부의 결혼식이나 행사가 있을 때면 아들과 음악하는 학교 친구들이 같이 가서 음악을 담당 해주어 함께 가야 된다는 소명을 심어주었다. 유니세프 기금 조성 음악회는 그렇게 탄생되었다. 지금은 일 년에 두 번 아들이 만들어 나눔을 실천하는 음악회로 거듭나게 되었다.

음악학교 같은 고아원 설립의 꿈은 어린 시절 재능 기부를 가서 만났던 재활원 누나와 형들로부터 시작되었는지도 모른다. 나누는 삶을 살면서 언제나 웃을 수 있는 넉넉한 마음으로 두 아이가 실천하며 살아가면 좋겠다.

삶의 질은 천차만별이다. 한 번 살려고 온 이 세상에서 꾸려가는 일상들이 모여 각자의 인생이 된다. 나에게 온 두 아이가 인생의 진짜 진리를 알고 더 웃으면서 행복하게 살아주기를 소망한다. 나에게는 없었던 삶에 대한 지혜를 엄마로부터 배울 수 있는 인문학 강의는 계속 만들어 가고 있다. 설정을 대입하고 문제를 만들어서 왜?라고 물으며 질문하고 답으로 토론을 한다.

남편과 큰아이가 저녁을 먹기 위해 약속을 했다. 각자 장소를 착각하여 다른 곳에서 기다리고 있었다. 예약을 해놓은 음식점이 마칠 시간이 다가오는데 서로 만나지를 못하고 허둥 되었던 것 같았다. 이유는 남편의 핸드폰이 충전이 안되어서 연락이 안 되었던 거였다. 큰아이는 남편에게 핸드폰이 없다는 사실을 모르니 연락이 안 되는 아빠에게 무슨 일이 생겼구나 걱정이 최고조였다고 했다. 남편은 당연히 만나려는 장소에서 만나면 되니까 핸드폰이 중요하다 생각을 못했다고 하였다.

이 주제로 '왜?'라는 질문과 답으로 토론을 하기 시작해서 내가 물었다.'어제가 다시 반복되어 똑같은 하루가 더 온다면 어떻게 할 거냐?'였다. 이미 결과를 알고 있으니 생각을 해보라고 했다. 문제해결능력에 가까이 가보게 하려는데 남편은 계속 큰아이 탓만 하니 다음 단계로 넘어가지를 못했다. 아직 멀었다는 생각에 접었다. 사고가 과거에 머물러 있으면 문제해결이 힘들어진다. 계속 반복해서 과거로 가 있는 남편과는 해결점을 이끌어 내기가 힘들어 더 뛰어넘어야 할 시간이 필요하다고 생각했다. 문제해결능력의 부재를 안고 사는 남편이 얼마나 사회생활을 힘들어 했는지 정확히 기억한다. 세상이 다 적이며 아직도 끝나지 않은 마음속 전쟁으로 평화스럽지가 않다. 남이 뭐라고 하면 어쩌지 하면서 남의 말에 신경이 쓰여 고민하는 사람이다. 여전히 불쑥불쑥 나오는 화가 남편을 괴롭히고 있지만 희망을 걸어본다. 어느 날 아들이 학교의 철학 시간 같은 도덕 시간에'나를 보는 자를 보고 있는 그 사람이 되어라'는 말을 하면서 노력을 많이 해야겠다고 했다. 점점 성숙하는 단계로 접어드는 것 같아 기뻤다. 자기 자신 안에 또 다른 자아를 의식 하고 있다는 것은 사회부적응 증세가 치유되어 가는 의미와도 같았다.

얼마전 금요일 밤이 였다. 아들은 자기 전에 항상 그리는 그림이 잘 그려지지 않는다고 머리를 쥐어뜯으며 괴로워했다. 아직도 갑자기 나오는 화의 에고와 싸우는 모습에서 저 화를 열정으로 바꾸어 쓰일 수 있기를 기도하는 마음으로 쳐다봤다. 그때 아들이 책을 보고 있는 나에게 말했다.

"방금 저한테 왔었던 화 많은 다른 자아가 요즘은 짧게 머물다 가는 것 같아요."

했다. 마음속에 이는 감정을 물끄러미 바라볼 수 있는 경지라면 더 이상 가르쳐줄 것이 없다. '아! 내가 화가 났구나' 화로 빠져서 다른 자아가 되기 전에 읽어 낼 수 있다면 참 좋겠다 했다. 평화스러운 마음과 화내는 자아 사이의 경계를 느끼겠다고 한다. 배우자 앞에서 자기도 모르게 화를 내었다면 꼭 사과를 하라고 했다. 솔직히 배우자에게 자신의 단점을 말해 주는 것이 서로의 관계에서 도움이 많이 될 거라고 누누이 강조했다. 피식 잘 웃는 아들의 얼굴에 깨달음을 느낀 웃음이 번졌다. 화를 명상을 통해서 조절하는 능력을 키우기도 한다. 스님들이 도를 닦는 이유가 마음의 평화를 지키기 위해 그런다고 했으니 그림 그리는 순간이 명상이 될 수도 있다고 말해 주었다. 스님이 도를 닦듯이 그림 그리는 것도 같은 맥락일 수도 있다. 너무 괴로우면 잠시 괴로워 해보라 했다. 마음속으로 기도도 해 보라고 했다. 화를 열정으로 바꿀 수 있는 지혜를 얻을 수 있게 포기하지 말고 계속 자신을 바라보는 훈련을 해보라 했다. 어느 날 변한 자신을 볼 수 있을 거라고 엄마표 코칭은 이 세상이 끝날 때까지 진행형이다.

'자신을 사랑해야 타인도 사랑할 수 있다. 인간 사랑을 더 추구해야 평화가 온다. 물이 끓어 임계치까지 다 다르면 소리를 내어 끓어오르듯이 그때를 기다려 주어야 한다. 물이 끓기 전에 소리 없는 움직임이 계속되면 포기하게 된다. 포기하지 말고 부단히 노력을 한다면 언젠가는 물이 끓어 오르듯이 결과를 보게 된다.' 욱하는 분노 때문에 걸어온 길이 힘든 남편은 분명 여러 면에서 아들의 답이 되어 주었다.

순간순간 이런 시간들이 모여서 아들의 자아 형성에 큰 도움이 되는 것 같았다. 바로 바로 해주는 엄마표의 코칭은 아들에게는 엄마에서 선생님이 되는 때가 아닌가 싶다. 엄마표 자유학교는 이래저래 아이들의 요람이 되었다. 어릴 때는 잠들기 전까지 책을 읽어주었다. 어느 정도 커서는 안 하지만 잠들기 전에 나오는 알파파라는 파장을 이용했다. 행복한 아이가 되라는 기도 같은 메세지를 강력하게 주었다. 편안한 상태에서 나오는 파장이라 그런지 잘 스며드는 것 같았다. 스스로 행복한 아이가 되어야 타인도 사랑할 수 있다는 생각은 지금도 변함이 없다.

두 아이가 오기 전에 가까이 지냈던 미장원을 하는 이웃이 있었다. 초등학생 딸과 아들을 연년생으로 둔 젊은 부부였는데 부지런한 사람들이었다. 그 집 남편은 그 당시 집 앞에 내어놓은 쓰레기를 수거하는 일을 했다. 좋은 직업이 아닐 수도 있지만 정말 열심히 사는 사람들이었다. 왜 이 사람들의 이야기를 오래도록 기억할 수 있냐면 어려운 환경을 전혀 문제 삼지 않고 사는 모습 때문이다. 길을 지나다 만나면 웃음 좋은 얼굴로 항상 인사를 먼저 하는 그 집 남편이었다. 항상 친절하게 웃으며 손님들을 대하는 아이 엄마도 사람이 좋았다.

일요일 오전에 두 아이와 그 부부를 우연히 종종 만났었는데 점심을 싼 피크닉 도시락과 돗자리를 들고 버스를 기다리고 있었다. 여전히 잘 웃었고 아이들도 밝았다. 어디 가냐고 하면 가까운 공원으로 도시락 싸서 놀러 간다는데 그 당시 이런 생각을 하고 사는 사람들이 많이 없었다. 어김없이 쉬는 날에 가족과 함께 보내는 부부나 두 아이들이 이 세상에 가장 행복한 사람같이 느껴졌다. 그 가족을 만날때 마다 불행하다는 생각을 떨쳐 버리지 못하는 내 자아가 보였다. 지금 생각하면 나에게 무언가를 전해주려고 만났던 사람들인가 하는 생각도 든다.

아이들 어렸을 때 밥을 밥통채로 들고 냉장고에 남아있는 반찬과 돗자리를 싸들고 종종 집을 나섰다. 시어른들과 아이들과 같이 공원으로 가서 즐겼던 힌트를 이 사람들이 준거나 다름없다. 생각이 습관이 되고 습관은 인생을 바꾼다는 말이 있듯이 그 부부의 일상이 나를 깨우쳐 주었다.

돌연변이같이 그 시대에 보기 드문 사람들이었다. 허드렛일 같은 청소 일을 열심히 행복하게 하면서 부자처럼 살았다. 이 비밀은 어디에서 나오는 걸까? 가난하지만 웃을 수 있는 여유는 뭘까? 하며 내내 연구 대상이었다. 많은 돈을 들이지 않고도 부자보다도 더 부자처럼 살았다. 사람에게 부대끼며 사는 나에게 행복의 모티브가 되어 주었다. 잊혀지지 않고 긍정의 기억에 각인이 되어 있다. 언제나 웃을 수 있고 가난하지만 서로를 위로해 주려는 그 마음을 배우고 싶었다. 아이들이 밝게 커갈 수 있게 도와주는 비밀은 감사함에 있었다.

"아이고, 이 정도도 많아유 그저 감사하지요."

부부가 이구동성으로 하는 말이었다. 욕심이 없는 것인지 사람들이 좋은 건지 항상 긍정적인 사람들이었다. 나도 모르게 마음속에서 그 사람들을 닮고 싶다는 생각이 들었다. 참 신기하게도 선한 영향력을 확실하게 느꼈다. 가난하지만 웃을 수 있는 그 부부가 말하는 감사하다는 그 말은 그 후 내 기억 속에 오래도록 머물러 있다. 두 아이에게 언제나 웃을 수 있고 감사하는 습관을 이야기할 때 회자되는 부부의 이야기였다. 웃음과 감사가 곧 행복의 열쇠라는 말을 남기고 싶다.

우리는 평생 친구란다

아들이 한 살 일찍 초등학교를 입학하는 날 아침, 이것저것 해야 할 일들을 적어 내려갔다. 정신적으로 힘든 친구 같은 아들을 위해서 내가 앞으로 학교에서 해야 할 요즘 말로 코칭 같은 계획들이 적혀있었다. 정신이 심약한 아들이 7살에 입학을 해야 하는 상황에 대해 심각하게 고민을 했다. 친구란 단어를 떠올리면 감동의 눈물이 먼저 흐른다. 나에게 친구란 보통의 단어가 아니기 때문이다. 내면의 치유를 원하는 간절함에서 시작했던 단어다. 인생의 자기성찰의 아이콘처럼 두 아이가 오면서 몸에 밀착되어 살아있는 존재로 남은 정제된 단어다. 8살에 입학을 할까 고민도 했지만 부딪혀 보기로 했다. 아들을 가까이에서 지켜보기 위해서 학교에서 어떤 일이든 봉사자로 남기로 했다. 학교에서 엄마가 할 수 있는 일들을 어머니회에 들어가서 교통 정리 봉사부터 여러 가지를 할 것을 결심했다. 열심히 손을 들다 보니 감투를 많이 쓰게 되었다. 시어머니는 직장생활을 하면서 가능할지 걱정을 하셨지만 오히려 아이를 가까이 지커볼 수 있는 이점이 있어 좋았다. 방과 후 청소를 하러 자주 나타나 주는 엄마가 위안이 되길 바랐다. 청소가 끝난 후 엄마들과 커피 한 잔을 하면서 자녀 키우는 어려움을 이야기 하곤 했다. 젊은 엄마들이라 그런지 성적에 관심들이 많았다. 조기 공부를 미리 시켜서 들어와 그런지 전과목 100점을 받은 아이가 있었다. 자랑하는 엄마를 쳐다보니 세상을 다 얻은 것처럼 의기양양했다. 학원은 어디에 보내냐 뭘 먹여서 그렇게 머리가 좋으냐 까지 서로 탐색전 들을 벌였다. 성적이 주인공이 되는 순간이었다. 지금은 꿈을 찾지 못해 방황하는 아이들의 그때 그 엄마들이기도 하다. 성적이 올 100점을 받아 좋아서 의기양양했던 그때 그 엄마를 길에서 만날 때 마다 얼굴이 죽을 상을 하고 있다. 성적이 올 100점을 받아 좋아서 의기양양했던 그때 그 엄마를 길에서 만날 때 마다 얼굴이 죽을 상을 하고 있다. 얼마나 나를 부러워하던지 음악으로 꿈을 찾은 내 아들을 이야기하며 효자라고 한다. 엄마가 성적 운운하며 자식을 벼랑 끝으로 내몰아 놓고 공부 안 하는 자식 탓을 하고 있었다. 지금 부터라도 친구처럼 자식을 대해 주라고 했더니 뒤 늦은 후회와 함께 그러마 하며 고개를 끄떡였다.

"자식이 친구라니 그게 말이 되나요?"

청소를 마치고 차를 같이 할 때 내 말의 의미를 모르고 성적이 제일이라며 나를 왕따시키며 웃었던 엄마였다.

혼자에서 거듭나는 삶을 살게 해 준 친구라는 단어는 항상 내 마음속에 준비되어 있었다.

"엄마! 우린 친구지?"

여행 중에 작은 해변의 모래 위에 돗자리를 깔고 해 질 녘 붉은 석양을 바라보며 초등학생이 된 큰아이가 물었다.

"그래 맞다! 우리 평생 친구지 언제까지나."

내가 웃으며 한 대답이었다. 큰아이가 웃어준다. 행복하다. 유치가 가지런히 나서 웃음이 이쁜 큰아이를 바라볼 때마다 이빨이 이쁘게 난다고 말해 주곤했는데 결국 교정을 하게 되었다. 영구치의 큰 치아가 턱을 변형해서 계속 입을 가리고 웃었다. 초등학교를 졸업하기 전부터 시작한 치아 교정이 고등학교 1학년 말까지 계속되었다. 큰아이는 제 때 치료를 해준 나에게 항상 탁월한 선택 이었다고 말해 준다. 교정 전 찍었던 사진들을 보면서 고마워했다. 돈도 많이 들었지만 무엇보다도 고통스러운 아이를 바라보는 것이 더 힘들었다. 영구치 4개의 발치가 있던 날이었다. 원래는 2개씩 이들을 나누어서 발치를 할 거라는 의사선생님께 4개 다 하면 안 되냐고 했다. 큰아이는 하루에 4개의 필요 없는 1순위의 치아들을 위아래 2개씩 발치했다. 되고자 하면 꼭 해내는 열정을 가진 큰아이의 마음을 엿보는 순간 이었다. 잠자리에 들기 전에 해야 하는 과정이 산더미 였던 교정이었다. 머리에 끼우고 치아에 끼우고 자야 하는 도구가 아픈 것 같아 물어보면 아니라고 했다. 얼마나 고민을 했기에 그런가 마음이 항상 아팠다.

   큰아이의 초등학교 입학을 며칠 남겨놓은 2월 겨울 어느 날이었다. 저녁을 먹고 집에서 입학을 위해 초등학교까지 가는 길을 익히고 있었다. 중간 지점에 계단이 있는 곳에서 어둑한 계단에 술에 취한 남자가 기어서 올라가는 실루엣이 보였다. 조심하는 마음으로 계단을 올라가서 보니 단발머리 여자아이였다. 목발을 한쪽 겨드랑이에 끼우고 다른 손을 이용해서 계단을 기어 올라가고 있었다. 큰아이와 나는 반사적으로 목발을 들었다. 그리고 부축해서 계단 위까지 올라갔다. 자세히 보니 이쁜 얼굴에 스무 살 정도 되어 보이는 아가씨였다. 어릴 때 나랑 같이 몇 년을 같이 잠을 잤던 자폐증을 앓은 친구 느낌이 났다. 뽀얀 얼굴에 인형같이 오목조목 한 얼굴이었다. 처음 만났는데 낯설지가 않았다. 내 마음속 친구가 되어버린 어릴 적 같이 잤던 그 친구 같아서 그런가 싶었다. 왜 이렇게 아프게 되었는지 물어보니 머뭇머뭇 거렸다. 부모님이 돌아가신 뒤 결혼한 언니와 같이 살다가 독립한지 얼마 안 되었다 했다, 이 계단이 집을 가는 지름길이라 힘들어도 이길로 다니고 있었다. 말을 하면서 계속적으로 몸을 떨었다. 말도 같이 떨면서 했다. 이야기를 계속 들으면서 도와줄 것이 무엇이 있을까를 생각했다. 초등학교 때 엄마가 뭘 들고 오라 해서 들고 있으면 손에 힘이 없어 떨어뜨려 깨져버려서 병원을 가보니 희귀병처럼 몸에 힘이 반으로 줄어드는 병이었다. 그 후 약을 잘못 쓰는 바람에 부작용으로 몸까지 떨게 되었다고 했다. 시골에서 엄마와 같이 살다가 엄마가 돌아가시면서 언니 집으로 들어가 살았다. 결혼한 언니도 형부 눈치가 보여서 빚을 내어 현재 살고 있는 집을 얻어 주었다 했다. 이야기를 들으면서 얼마나 마음속으로 울었는지 모른다. 잠시 큰아이와 있으라고 해놓고 자동차 키를 가지고 와서 집에까지 데려다주었다. 일주일에 한 번 주 중에 목욕을 가는데 같이 가줄 거냐고 물었다. 자기를 알면 내가 힘들어질 거라고 사양을 했다. 큰아이도 같이 가자고 졸랐다. 자동차 열쇠를 가지러 가는 시간에 둘이가 친해진 것 같았다. 힘들어져도 괜찮으니 데리러 오겠다고 헤어졌다. 큰아이는 같이 가준다는 그 아이 말에 얼굴에 함박웃음을 지었다. 아무 말 없이 지켜보았던 큰아이는 생각이 많아진 것처럼 느껴졌다. 큰아이가 이모라고 부르며 셋이서 목욕을 가는 첫날, 목욕탕에서 만난 이웃들이 동생이냐고 물었다. 뭐라고 대답해야 좋을지 몰라 그렇다고 해버렸다. 몸을 씻기는데 아프고 나서 처음으로 목욕탕에 온다고 속삭였다.

씻기면서 몸이 말라서 뼈밖에 없는 것을 보며 눈물인지 땀인지 슬퍼서 죽는 줄 알았다. 내가 씻겨주어야 되는 큰아이는 며칠 사이 어른이 다 된 듯 스스로 때를 밀고 있었다. 두 사람을 씻기고 나는 몸을 맡겨서 때를 밀었다. 언제 친해졌는지 탕 속에서 큰아이와 행복한 모습이였다. 그 친구가 행복해 보이니 나의 행복감도 같이 밀려왔다. 이런저런 이야기를 하면서도 혹시 몸을 떠는 이모가 넘어질까 봐 노심초사하는 큰아이가 보였다. 3년 동안 아름다운 동행이 시작되었다. 큰아이 마음속에 자기 나이보다 큰 사람이 들어 있는 모습이 보였다. 항상 차를 탈 때나 내릴 때 먼저 내려서 목발을 준비하고 있었다. 시키지도 않은 일머리를 어떻게 아는지 그 친구와 지내는 동안 큰아이는 스스로 자라는 것 같았다. 매주 우리는 목욕을 같이하고 저녁을 먹고 헤어졌다. 몰라보게 건강해지는 몸을 보고 탕에서 몸을 담그는 과정이 혈액순환과 관련되었던 것은 아닌가 싶었다. 훨씬 떠는 것이 줄어들었고 살도 어느 정도 쪄서 보기가 좋아 보였다. 목욕을 하고 나오면 누가 시키지도 않았는데 큰아이는 자식보다는 친구의 역할을 톡톡히 해주었다. 목욕을 같이 했던 첫날, 몸을 떠는 아이에게 옷을 입히고 있으면 큰아이는 입을 옷의 순서대로 준비해서 나를 도와주었다. 신발을 신기 좋게 해놓고 언제 입었는지 나의 도움 없이 스스로 옷을 다 입었다. 목발을 들고 준비하고 있는 큰아이를 보고 즐겁게 하는 모습이 이뻐 웃어주니 크게 웃어 주었다. 몸과 마음이 며칠 새 부쩍 커버린 것 같았다. 아들을 임신한 후 시댁 가까운 쪽으로 이사를 가야 되어서 우리의 인연이 끝나가고 있었다. 인연의 책임이란 것을 그때 처음 느꼈다. 복지관을 찾아가서 목욕 프로그램이 있는지 알아 보았지만 없었다. 하지만 그 아이의 이름과 연락처를 남겨놓고 혹시 연결을 부탁한다고 간곡히 말해 놓았었다. 마지막 이별을 해야 하는 날 서로 부둥켜 안고 많이 울었다. 지금은 세상에 없지만 마음속 친구가 되어버린 자폐증을 앓은 그 아이와 헤어지는 날처럼 비슷했다.

아들을 낳고 우연히 전에 살던 동사무소를 갈 일이 생겨 몸이 아주 좋아진 그 친구를 우연히 만났다. 복지관에서 연락이 와서 목욕을 시켜주는 프로그램 때문에 한 달에 2번 관리를 해준다고 소식을 알려주었다. 잘 지내는 모습이 좋아 보였다. 큰아이 안부를 물어보는 목소리가 거의 떨리지 않는 것 같았다. 몇 년 전 목욕을 가자고 했을 때 가주었던 그 친구의 선택이 정말 고마웠다. 옆에 있는 남자가 같이 있길래 웃으면서 남자 친구냐고 물었더니 교회 친구라고 같은 장애우라고 했다. 얼굴이 이쁜 친구라 오만상상을 했다. 결혼해서 아이도 낳고 행복했으면 하고 기도하는 마음으로 헤어졌다. 그 뒤 한 번도 만난 적은 없지만 기도 제목 안에는 여전히 그 친구가 있다. 그 친구로부터 큰아이의 마음이 컸고 세상 보는 눈이 따뜻해진 것을 안다. 한 번씩 아들이 태어나기 전 이야기를 하면 아들은 관심이 많아진다. 그 친구에 대한 추억을 큰 아이와 나누고 있으면 누군지 무척 궁금해한다. 가족이라고는 요구르트 장사를 하던 가난한 언니가 다 였던 그 아이였는데 어느 날 많이 보고 싶다고 데려다 달라했다. 딱 한 번 데려다 주었는데 몇 분도 안되어서 울었는지 눈이 충혈되어서 나왔다. 왜 그러냐고 묻지도 못하고 추측만 했다. 짐이 되었던 느낌을 받았던지 고개만 떨구고 우는 것 같아 운전하면서 나도 같이 울었다. 이겨내면 성장 하리라는 말도 했던 것 같다. 쑥을 캐고 싶다 해서 이들 저들 많이도 다니며 쑥을 캐게 해주었다. 어느 날 집에 가보니 그때 캣던 쑥을 삶아 동그랗게 말아 냉동실에 가득 넣어 두었다. 물어보니 쑥국을 끓여 놓으면 반찬 없이 먹을 수 있어 자주 끓여 먹는다고 했다. 그 당시 나는 통장으로 봉사를 하고 있었고 통장으로 나오는 월급은 내가 관할된 지역의 독거노인이나 장애인 부부, 소년소녀 가장에게 쌀을 나누는 시스템을 짜서 명단대로 돌고 있었다. 그 친구도 명단에 넣어서 서 너 달에 한 번씩 쌀을 대어 주었다. 쌀집 아저씨의 도움으로 3년 가까이 쌀 배달 시스템이 작동되고 있었다. 쌀집 아저씨께 통장 월급을 받으면 송금하고 아저씨는 명단대로 한 달에 6포대의 쌀이 배달되는 시스템 이었는데 적십자에서 왔다고 주었다. 이사와 함께 통장을 그만두면서 미처 생각을 하지 못했던 쌀 시스템이 문제였다. 이 쌀을 받았던 사람들이 쌀이 안 오니까 동사무소에 찾아와서 쌀 이야기를 했다고 했다. 우연히 동사무소 동장님을 오랜만에 만났는데 이런저런 이야기 끝에 알게 되었다. 인연에 대한 책임을 또 그때 느꼈다. 쌀을 더 이상 받지 못하는 사람에 대해 생각을 못한 나를 자책했다. 통장으로 봉사하던 3년 동안 힘들게 사는 이웃들의 삶을 보면서 어릴적 어려웠던 나의 모습들이 많이 생각났었다. 누구나 어려웠던 시절이었다. 목욕을 시켜주게 된 그 친구로 부터 시작해서 아이가 없어서 데려다 키워준 것 때문에 정부 지원이 필요한 독거노인이 명단에서 제외되는 상황들을 보았다. 키워주었던 아들이 수년째 연락이 없는데 아들이 있다는 이유로 지원이 안되는 상황이 안타까웠다. 굶어 죽으라는 거냐고 울면서 하소연한 그분들이 생각이 난다. 지금은 적어도 얼마간의 돈을 받을 수 있는 세상이라 다행이다.

이런 나의 경험은 나누는 삶에 대한 인문학 강의 때 두 아이에게 좋은 코칭을 할 수 있었다. 사실 인문학 강의는 내가 붙였던 이름이다. 인성에 대해서 눈치채지 못하게 이야기할 수 있는 엄마표 인문학 시간이 된 셈이었다. 자식이고 친구라지만 몇 세대를 뛰어 넘는 세상에 살 수도 있는 진화된 아이들이다.

날마다 세상은 내가 가지고 있는 시야보다도 빠르게 변화하고 있고 주저하던 사이에 나 또한 노인이 되어가는 초입에 들어섰다. 노인이 되면 '말을 아끼고 지갑은 열어라' 했다 우리 주위에는 정 반대로 노인의 길을 가는 사람들이 많다. 시어머니는 가족모임을 할 때면 반대로 하신다. 그동안 못했던 이야기 보따리를 풀어서 몇 시간씩 한소리 또 하시고 또 하시고 하신다. 처음 듣는 듯 추임새도 넣어서 계속하시게 하면 끝내 시아버지의 역정이 마무리를 하게 하신다. 들어주는 친구가 필요한 연세인 것이다. 오죽하면 말이 많아지는 심리를 알고'말을 아끼고 지갑을 열어라'고 노후의 길을 안내할까 싶다. 나도 친구들도 한 번 말문이 터지면 난리다. 말이 계속 주책없이 이어지는 심리는 호르몬과 연관이 있을 것 같다. 한참 말을 하고 나서 후회가 밀려온다. "에구, 또 실수를 하고 있네!"라고 노인의 길을 가기 위한 습관 만들기가 시작되었다. 시어머니나 친정어머니의 길을 따라가야 하는 여정 속에 늙어가는 내 모습이 보인다. '너희들은 이렇게 하지 마라.' 이런 메시지가 들어있는 듯하다. 지금의 생활과 모습 속에서 노인의 길에 있는 나를 상상해본다. 비행기가 추락할 때 초연했던 할머니처럼 그냥 살아가는 거다. 바라보는 미학을 경청과 공감으로 타인에게 선물하고 싶다.

두 아이와 친구 되기 위해 습관 만들기를 시스템화 해서 코칭했던 젊은 엄마에서 이제 나로 인해 자식들이 힘들어질까 봐 노인 되는 코칭을 스스로 시작하는 습관 만들기 기초 계획을 짜는 중이다. 피해 갈 수 없는 늙음을 사랑할 수 있는 사람이 되고 싶다. 배우자를 떠나보낸 상실감에 힘들어하는 누군가의 친구가 되어 주기 위해 또 도서관을 들락날락 거려봐야겠다. 경청의 미학에 푹 빠져 있었던 두 아이의 삶 속에 내가 있었듯이 잘 들어주는 사람이 되고 싶어 계속 더 노력 중이다. '내가 언제 이렇게 노인이 되어 있나'가 아니라 노인이 되어가는 삶을 느끼면서, 맛보면서, 속속들이 들쳐보면서, 겸허히 받아들이려고 한다.

몇 년을 더 다녀야 하는 직장이지만 잘 마무리할 수 있는 정리의 단계를 만들어 실천 시작 전이다. 어느 날 갑자기 부산스러운 마무리가 아니라 인간관계 정리부터 책상 정리까지 메모하며 실천을 해 나가려고 한다. 살면서 내 곁을 스쳐 지나간 수많은 인연들을 일일이 다 기억할 수 없지만 헤어짐을 귀하게 생각했다. 이사를 가더라도 자주 갔던 동네 슈퍼부터 약국까지 큰아이 손을 잡고 인사를 하러 다니던 날들이 있었다.

"저희 이사 갑니다. 그동안 감사했습니다."

헤어짐의 미학을 실천한 덕에 어쩌다 오랜만에 길에서 마주치면 우리 모녀를 먼저 아는 척을 해주었다. 큰아이도 지금의 외국계 직장을 합격한 후 몇 년째 수영 강사로 몸담았던 YMCA를 떠날 때 일일이 연세 드신 노인부터 어린아이까지 인사를 하는데 며칠이 걸렸다고 했다. 그동안 고맙다는 편지와 선물이 쏟아졌다. 끝이 곧 시작인 것처럼, 문이 닫히면 다른 문이 열린다. 쭉 연결되어 있는 듯하지만 보이지 않는 것을 볼 수 있어야 하는 일이 세상 속에는 많다. 내가 노인의 길을 걸어갈 때 친구도 되고 자식도 되고 보호자도 되어줄 두 아이와 나는 평생지기처럼 보이지 않는 끈으로 이어져 있다. 인간으로 태어나 멋진 인생을 만들어 낸 '자식 친구 만들기'는 엄마표 코칭으로 이미 완성되었고 이제는 누리는 일들만이 기다리고 있다.

자기 자신 경영 코칭에서부터 자식 경영 코칭까지 수도 없는 수정에 수정을 거친 후 만들어 낸 시스템이다. 기억이 사라지기 전에 내 친구인 두 아이에게 전수 해주고 싶다. 선함이 선함을 낳는 이 세상 진리를 마음에 새길 수 있게 해주고 싶다. 영원히 내 마음속에 살아있는 내 친구들을 위한 노력은 아직도 진행형이다. 우리는 평생 친구이니까.

엄마의 인생 2막

"내 꿈은 신학교를 나와서 선교사가 되는 게 꿈이 었는데 내 뜻대로 되지 않았다."

내 나이 오십이 넘은 벚꽃이 만개한 어느 날이었다. 남동생이 개척한 시골 교회 테라스에서 친정 엄마와 벚꽃을 구경하고 있었다. 말없이 바라보는 나에게 툭 던진 말이었다. 오래 묵혀 두었던 말인데 사전 예고도 없었다. 젊은 친정 엄마의 고뇌와 슬픔이 느껴지면서 내 심장이 쿵 내려앉는 소리가 들렸다. 나와 딸로 만나서 인생 절반이 훌쩍 넘어 버린 얼굴에서 잠시 회한이 스쳐 지나갔다. 선교사를 꿈꾸었던 엄마는 기독교를 반대한 외할아버지의 잔인한 결정에 한이 되신 듯했다. 지금도 재력이 있는 부모들이 늘 그렇듯이 자식의 인생에 이래라 저래라 하고 있다. 딸의 꿈을 무시한 외할아버지는 옛날 사람이 그렇듯 양반에 대한 가문을 중요하게 생각한 사람이었다. 가난한 집안이라는 무리수가 있는 아버지의 불행도 그때 시작 된 것 같다. 생각해보면 뜻하지 않는 결혼으로 태어난 내가 엄마는 그리 반갑지는 않았겠다는 생각이 문득 스쳐 지나갔다. 불행을 예고한 결혼이었다. 내 어린 기억에도 나를 보는 엄마는 웃지 않았고 늘 물끄러미 바라만 보았다. 다른 세계에 갇혀 있는 공허한 눈빛이었다. 나는 나대로 나를 사랑하지 않는구나로 받아들였다. 그날 친정엄마가 툭 던진 한마디에 무겁게 눌려졌던 마음속 응어리가 사라지는 느낌이 들었다. 나를 사랑하지 않았던 것이 아니고 엄마의 꿈을 이루지 못한 화가 더 한이 되었다고 생각의 틀을 바꾸었다. 어린 나로서는 화를 내는 엄마 모습은 무섭고 외로운 일이었다. 또 나를 때리겠다는 생각에 나도 모르게 오줌을 지리면 성질이 있는 대로 더 아프게 때렸다. 원하는 대로 되지 않는 인생에 대한 화풀이였는지 엄마의 매질은 습관처럼 나를 괴롭혔다. 스프링 침대가 있었는데 여동생이 태어나기 전이었으니 5살쯤 되었던 것 같다. 튀어 오르는 것이 신기해서 뛰어놀고 있는 나를 보고 불같이 화를 내었다. 엄청나게 맞았던 사진처럼 박혀있는 기억이 있다. 화가 머리끝까지 나있는 엄마는 더 이상 내 엄마가 아니었다. 마치 악마처럼 느껴졌다. 중학생이 아빠가 폭행하는 학대가 무서워서 아파트 옥상에서 뛰어내려 자살했다. CCTV 보면 옥상으로 간지 한 시간 뒤에 뛰어내린 기록이 있었다. 과연 1시간 동안 이 아이는 무슨 생각을 했을까를 생각했다. 친구가 집에 놀러와 같이 놀다가 컴퓨터 모니터가 깨졌다. 순간 죽은 아이가 아빠한테 혼나겠다면서 바들바들 떨었다고 했다. 친정엄마가 나를 또 때릴 생각에 너무 공포스러워 내가 오줌을 지렸듯이 죽은 아이도 그랬을 거다. 죽은 아이는 분명 폭행하는 아버지가 무서워서 극단의 선택을 한 거였다. 인간이 어디서 그런 무지막지 한 화가 나오는지 지금도 풀리지가 않는다. 내가 아는 지인도 그랬다. 사회적으로 지위도 있고 인자하다고 하는 분인데도 다 큰 자식을 때리는 모습이 친정 엄마의 모습과 겹쳐져 보인 적이 있었다. 친정엄마나 지인은 타인에게는 무한히 좋은 사람이었다. 너무 차이가 나는 성격 탓에 두 가지 인격체를 가진 것처럼 느껴졌다. 다 그런 것이 아닌데 불행히도 나는 화풀이 대상으로 키운 그런 엄마를 둔 거였다. 어릴 적에는 불행한 엄마를 두었다고 생각했지만 의식이 있는 성인이 되었을 때는 위대한 스승으로 받아들였다.

출장 때문에 새벽에 기차를 타려고 역으로 가기 위해 택시를 불렀던 적이 있었다. 기사님 얼굴이 권투선수 얼굴처럼 부어 있고 상처투성이라 물었다. 밤늦게 술에 취한 대학생 같은 여자아이를 태웠다고 했다. 계속 오른쪽 얼굴을 주먹으로 때려서 상처가 났다고 했다. 궁금해서 계속 질문을 하게 되었다. 때려 놓고 내릴 때쯤에 차비가 없다고 오히려 엄마에게 전화를 하며 화를 내었고 술에도 취했지만 정상인이 아닌 것 같아 보였다고 했다. 늦게 차비를 가지고 나왔다는 이유로 엄마를 폭행하는 모습에 어이가 없었다 했다. 딸한테 맞아서 피를 흘리고 있는 그 엄마와 병원으로 가는 길에 사연을 듣게 되었는데 어린 딸을 성질대로 폭행과 폭언으로 키웠다 한다. 그 엄마는 자기도 그렇게 컸다며 그러면 되는 줄 알았다고 했다. 사춘기가 오면서 역전이 되어버렸고 딸한테 한 그대로 폭행과 폭언을 당하고 있다고 했다. 아무 말 없이 맞고 있어도 딸에게 미안한 마음이 더 아프다고 했는데 특히 술이 들어가면 더한다고 어찌해야 좋을지 모르겠다고 울면서 한숨을 내쉬더라는 것이었다. 살면서 때때로 곳곳에서 인풋 되었던 부모로 부터 사랑이라는 이름의 상처들이 자식들의 인생을 낭비하는 아웃풋으로 세상이 아프다. 때렸던 것은 사랑해서 그런 거였다고 나는 그 엄마의 말을 믿기로 했다. 초보 엄마라서 다들 유전적 성질대로 사랑해준 방법 중에 한 가지라고 하는데 맞다. 죄라고 할 수도 없다. 방법의 문제만 남을 뿐이다. 어린 내가 아프게 받아들였을 뿐 좀 더 긍정적인 아이였다면 별것 아니라고 할 수도 있는 일이었다. 이런 보물 같은 두 아이를 키우기 위해 친정 엄마 같은 대단한 트레이너가 나를 준비 시킨 거라고 마음을 바꾸었다. 이 세상 엄마들에게는 다 이유가 있는 육아법이 있듯이 친정 엄마도 그랬을 거라 생각했다. 화가 많았으니 그 지독한 화를 풀어야 살수 있었을테니 내가 화풀이 대상이 되었다면 나는 좋은 일을 한 거라고 스스로 위로 했다. 남동생이 목사 고시를 합격하고 목사 안수식 인가를 하던 날 친정 엄마는 무슨 생각을 했을까 자식으로 부터 대신 꿈을 이룬 감격으로 행복했었을 때늦은 친정 엄마의 감정을 마음 속으로 헤아려 보았다. 자아를 찾기 위해 몸부림 쳤던 젊은 엄마가 내 마음 안에서는 늙지 않고 그대로다. 자식 중 내가 제일 오래도록 지켜보고 있으니 나는 친정엄마의 역사이기도 하다.

몇 년 전 불현듯 느닷없이 어느 목사님이 하시는 요양원으로 봉사를 가겠다고 선언한 친정 엄마였다. 아버지 곁을 통보도 없이 떠나 생활을 시작했다. 부부 사이의 일이니 뭐라 끼어들 수도 없었지만 이유가 분명 있었겠다 싶었다. 갑자기 혼자 생활하는 아버지를 자식 된 도리로 돌보아 드렸다. 엄마의 부재가 불행한 듯 했지만 오히려 아버지와 나는 행복한 여행을 잘 마친 것처럼 좋은 결말을 얻었다. 추억이 너무 많아져 버렸다.

두 아이도 좀 더 외할아버지와 가까이 지낼 수 있는 시간들을 벌었다. 그 동안 친정 엄마의 세뇌로 굳어버렸던 친정아버지의 나쁜 아버지의 이미지는 아버지의 좋은 인성들로 재구성 되었다. 아이는 엄마와 한 몸이었던 9개월 동안의 시간 때문에 아버지라 할지라도 엄마를 힘들게 하는 사람들을 무조건 적으로 간주하는 심리가 있다고 했다. 그 심리에 걸려 넘어져 아버지가 그리 좋은 분이 아니라고 인식을 하고 있었던 것 같았다. 엄마의 부재는 아버지를 알아가는 가치 있는 일을 선물했고 해피엔딩으로 결말을 지었다. 친정아버지와 조카들과 두 아이와 함께 3대가 같이 여행을 시작했다. 외로우실까 봐 아버지의 고향을 시작으로 여러 곳으로 여행했던 것은 아름다운 시간으로 점점이 남았다. 양반 기질인지 책을 좋아하는 아버지였다. 뇌에 시냅스 연결이 아직도 작동이 잘 되시는지 집안 마당에 농사도, 요리도, 저축도, 손자 손녀 대하는 것도 지혜롭게 하셨다. 따뜻한 돌아가신 할머니를 너무 빼닮으셨다.

만약 아버지가 친정엄마였다면 좋은 친구가 충분히 될 수 있었겠다 싶었다. 좋은 분이 불행하게 사신 거였다. 두 동생이 태어나기 전 내가 잠시 외동딸로 살았었던 어릴 때 아버지는 퇴근해서 돌아오시는 손에 찐빵이나 호떡이 들어 있는 봉지가 항상 들려져 있었다. 그때까지는 하나 밖에 없는 외동딸에게 주려고 사온 사랑의 표현이었다. 어린 마음에 아침 출근시간에 내 손바닥에 친정아버지가 쥐여주는 동정 한 닢 맛은 대단했다. 그런 사랑은 동생들이 줄줄이 태어나면서 사라졌다. 아버지와 여행 중에 그런 이야기를 하면서 때 늦은 고마움도 전해드렸다. 기억 저편으로 사라져버린 기억을 재생하며 하하 호호 많이도 웃었다. 여행하면서 큰누나를 지원해 주었어야 했다고 목사가 된 막내 동생이 지나가는 말로 한 적이 있었다고 억울한데 누가 편들어주면 울컥하는 것처럼 마음속에서 계속 눈물이 흘렀다고 아버지에게 고백했던 시간이 있었다. 지나온 시간을 돌아보며 평생을 방황하던 친정 엄마를 이해 해달라고 하시는 친정아버지가 존경스러웠다. 여전히 친정 엄마를 사랑하시는 뜻으로 느껴졌다.

평생 빛 좋은 개살구처럼 마음은 천둥이 치는데 남에게 내가 누구이네 하는 체하며 사는 인생은 정말 사절이다. 이런 삶을 살고 있는 친구나 지인들을 알아볼 수 있는 것은 친정엄마를 보면서 느꼈던 센스가 하나 더 있어서 그렇다. 어쩌면 친정엄마는 부유했던 유년시절을 그리워하며 사셨을 수도 있다.

친정엄마의 인생 2막과 나의 인생 2막은 행복의 척도에서부터 차이가 난다.

"너도 자식 낳고 살아봐. 그때 엄마 심정 알 거다."

수도 없이 들었던 푸념 섞인 어렸을 때 들었던 말이다.

"나는 자식을 절대로 괴롭히지 않을 거야."

하고 아직 오지도 않았던 자식을 생각하며 다짐을 하곤 했다.

자식을 낳고 살아봤는데 우습지만 엄마 심정을 잘 모르겠다. 알 수 있기보다는 오히려 혼동스러웠다.

두 아이와 친구되어 영양가 많은 시간을 보낸 내가 더 행복한 인생이 되었다. 큰아이 어릴 때 갔었던 여행지를 두 아이와 같이 둘러보는 여행을 즐겼다. 여행지에서 아침 산책을 하곤 했는데 과일 등을 주섬주섬 싸 들고 확 트인 바다가 보이는 경치를 보면서 과일을 먹으며 이런저런 이야기를 할 때가 있었다. 아들은 자신이 오지 않았을 때 큰아이와 여행 간 일들이나 여러 가지 사건들을 이야기하면 호기심 어린 눈으로 관심 있어 했다. 시간차를 느끼는 아들이 세상을 바라보는 프레임이 달라지는 순간이 메타인지 두뇌가 될 수 있는 최적의 조건이 되는 걸 알았다. 9년의 세월 차이만큼 할 이야기도 많았다.

"엄마! 누나 참 대단하지?"

항상 큰아이와 셋이 같이 있다가 큰아이와 헤어지고 나면 아들이 하는 말이다.

"누나는 무엇이든 다 잘하는 것 같다."

라며 존경하는 마음이 절절하다. 큰아이가 고등학교 1학년 때 미국을 갔을 때에도 매일 밤 누나 보고 싶다며 울면서 잤다. 세상을 보는 시선을 하늘에서 내려다보는 고공법을 시도 때도 없이 강조했던 시간들이 두 아이의 전 일생을 코칭 해 줄때 고공법은 좋은 도구였다.

공항에서 큰아이를 배웅하고 온 날부터 돌아오는 날까지 하루도 안 빠지고 일상을 기록했다. '그녀는 지금 부재중'이란 제목으로 큰아이가 없는 흔적들을 기록해 나갔다. 아들이 얼마나 서럽게 울었던지 그 이야기가 고스란히 첫날의 기록으로 남겨져 있다. 처음으로 오래도록 떨어져 있는 시간을 앞에 두고 큰아이가 빠져 있는 집은 헐거운 옷을 입은 것 같았다. 아들은 집으로 돌아와서 잠자리에 들기까지 누나가 보고 싶다는 말을 잊으려 하면 또 해놓고 울었다. 큰아이의 자리비움은 컸었다. 큰아이의 존재감이 거의 다였다고 할 수 있을 만큼 아들과 나는 적응이 안 되었다. 매일매일 일상들이 차곡차곡 쌓이면서 다시 읽어보니 큰아이가 울 것 같았다. 안 그래도 미국에서 받아본 내 편지 때문에 할 말이 많을 것 같은데 돌아와 책상 위에 놓여 있는 글들이 눈물 꽤나 쏟을 내용의 분위기였다. 존재하지 않은 장소에서 자기를 생각해서 글을 적어 놓는다는 것은 가족에 대한 큰 사랑을 느낄 것 같았다. 미국에서 돌아와 짐을 풀려고 큰아이가 방으로 들어가더니 아니나 다를까 통곡을 했다. 나도 아들도 같이 조용히 눈물을 흘렸다. 무엇이 이렇게 세 사람의 마음을 묶어 주는 것일까? 분명 사랑이다. 인간사랑. 내가 두 아이에게 주고 싶었던 인간사랑이 그 순간 빛을 발하고 있는 것 같았다. 큰아이가 한참 동안 방을 나오지를 못했다. 읽고 또 읽고 했단다.'퇴근해서 돌아와 그녀가 없는 집이 몇 년 안에 떠날 일상을 미리 보여주듯 마음이 휑하다' 이 대목이 너무 슬펐다고 했다. 자기들이 다 떠나고 난 후 엄마를 생각하니 마음이 미어져 왔다고 했다.

누나가 보고 싶어서 많이 울었던 아들의 마음이 서로를 더 결속 시켜주는 매개체 역할을 해 주는 확인도 했다.

가야 될 사람은 가야 되고 남을 사람은 남으면 된다. 옛사람들도 그러 했듯이 우주에서 내려다보면 바닷가 모래알보다도 작다 했던 인간의 삶이다. 우리의 삶을 우주에서 내려보듯 관조하는 힘이 인생 2막에서 필요하다. 친정엄마가 물끄러미 바라보았던 아장아장 걷는 내 모습에서 시작한 기억은 60을 바라

275

보는 시간 동안 하나도 버릴 것이 없는 삶이었던 것 같다. 한 쪽 문이 닫히면 또 다른 쪽 문이 열린다 했다. 지금까지 걸어온 문이 닫히고 새로운 문이 열리듯 삶의 2막에 어떤 이야기가 나를 기다리고 있을지 벌써 부터 궁금해진다.

아들이 연주하는 피아노 음률이 연결 줄이 되어 노후의 삶은 벌써 행복한 느낌이 솔솔 든다. 어릴 적 삶보다는 조금은 고급져 있지 않을까 싶다. 가족을 사랑하는 징표로 그동안 잘 써온 육체도 하나하나 점검 중이다. 고장 난 곳을 의사에게 보이고 틀어져 무너지려고 하는 척추도 손보고 있다. 무엇보다도 나의 뇌도 정리 중이다. 시냅스를 위해 뇌 영양제 복용도 시작했다. 치아도 살릴 수 있는 가능성을 높이기 위해 관리를 철저하게 한다. 삶이 무너지면 슬퍼할 사랑하는 사람들을 위해 몸의 재점검을 해주어야 된다.

오늘밤 잠자리에 들어서 내일 못 깨어나도 행복하게 살다 간다고 매일 나에게 말해주고 있다. 인생 2막을 맞이할 수 있게 잘 이겨내 준 나에게 고맙다고도 해준다. 두 아이에게 엄마는 항상 너희들 마음속에 언제까지나 있다고 말해준다. 지켜볼 거라고 감사 기도를 꼭 한다.

아침에 일어난 곳으로 돌아와서 다 같이 잘 수 있기를 빌어보면서 또 하루를 시작한다.

할머니의 선물

　요즘은 할머니 할아버지 되기가 어려운 세상이다. 손자, 손녀 때문에 힘들다고 하는 친구를 보면 행복한 소리 그만하라고 핀잔을 주기도 한다. 할머니 되는 것이 얼마나 축복인지 아냐고 웃으면서 물어보면 할머니가 되는 거 당연한 거 아니냐고 한다. 이제 아니다. 결혼이 당연한 것이 아닌 시대가 온 것처럼 손자 손녀를 못 만날 가능성이 있는 시대에 살고 있다. 직장이 없어서 또 직장이 있어도 결혼에 흥미가 없다. 사람들이 자기 자신과 결혼하겠다고 선택하는 시대에 살고 있다. 그 시대 중심에 두 아이가 살아가야 하기에 할머니라는 존재는 나에게 모호한 단어가 되었다. 큰아이가 대학을 들어가고 얼마 지나지 않아 할머니 준비를 해야겠다고 생각한 적이 있었다. 오만 가지 상상을 다 해보았다. 표정 관리를 다시 공부하기 위해 욕실에 있는 거울 앞에서 아기가 좋아하는 웃음을 만들어 보기도 하고 신생아가 바라보는 세상은 어떨까 하는 시선으로 심리학책도 읽어 보기도 했다. 외국계 회사에 취직하면서 할 일이 많아진 큰아이를 보고 결혼에 대한 이야기가 어렵다는 것을 느꼈다. 시간이 가면 갈수록 결혼이 어려운 것보다 안 하는 것으로 방향을 바꾸어지는 것 같다. 결혼을 했어도 절혼이라는 새로운 단어들이 나오고 혼기 놓치고 나이가 더 들어 결혼을 안 하겠다 선언한 친구가 그동안 내었던 축의금을 돌려달라고 했다는 이야기도 들린다. 할머니가 되는 것은 정말 행운이다. 할머니가 되는 것은 당연했던 시절에서 당연한 것이 아니라는 경계선을 넘고 있는 듯하다.

지인을 만나러 카페에 들리다 보면 간혹 옆자리나 뒷자리에서 남편과 친구를 험담하느라 인상이 찡그러져 있는 내 또래 중년 여성을 볼 때가 있다. 감정이 격해져서 말하는 목소리에 힘이 들어가 있는 갱년기 여성들이다. 노인이 되기 전에 아프다. 계속 말하면서 아픔을 푸는 거다. 서로 자기 말을 하고 싶고 다음 말을 준비하기가 바쁘다. 들어주는 것이 힘이 드는 나이다. 고정 관념 때문에 생각의 유연성이 없어져서 더하다. 내가 맞다고 우기다가 언쟁이 생기기도 한다. 자녀들을 힘들게 해줄 수 있는 노인의 사고와 심리를 공부해야 되겠다는 필요를 느꼈다. 결혼과 동시에 시부모님을 친정 부모님처럼 생각을 해버렸다. 시누이 시동생도 나의 핏줄처럼 생각해서 이름을 부를 거라고 통보했다. 지금도 이름을 부른다. 새로 들어온 규범을 따지는 동서는 이해할 수 없는 일이라고 반발을 했지만 그러든지 말든지 고수했다. 어느 날 시누 이름을 부르는 동서와 눈을 마주치며 웃었다. 시어머니를 엄마라고 부르고 시아버지를 아버지라고 부르니 같이 가는 삶은 조금은 덜 힘들다. 동화되는 힘이 있는 것처럼 동서도 그렇게 부른다. 시간이 지날수록 정겨운 에너지가 그 부르는 이름에서 뿜어 나왔다. 유교사상 보다 인간사랑을 실천하고 싶었던 바램이 성공을 한 거였다. 어렵다고 생각하면 끝도 없이 어려운 관계였지만 격이 없는 사이가 되려고 노력을 많이 했던 결과이다.

　여행 중에 아가씨라든지 서방님이라든지 그렇게 불러주지 못해 미안하다고 한 적이 있었다. 고개를 절레절레 흔들며 아니다고 한다. 오히려 언니 같고 누나 같은 느낌이 좋다는 뜻처럼 들렸다. 조카들도 자식처럼 생각하는 것은 당연하다. 유고사상이 인간사랑을 눌려 버리는 모호해진 경계를 걷어치워 버렸다. 시어머니가 연세가 드시면 들수록 같은 말을 계속하는 증상들 때문에 가족들이 힘들어했다. 어쩌다 가족모임이라도 있는 날이면 녹음기를 틀어 놓은 것처럼 반복이 계속되었다. 물끄러미 바라보며 생각이 많아졌다. 노인으로 가는 방향성을 시어머니는 느끼지 못하시고 그냥 사시는 거다. 자연적으로 우리들이 사는 과정이라고 생각하면서 공부해야 되는 목록에 올려놓았다.

　또 내가 걸어가야 하는 길이기에 관심이 많았다. 고칠 수 없다면 들어줄 수밖에 없다. 사춘기와 갱년기를 지나 노인이 되는 여정을 깊게 생각해 보았다. 명상을 통해서라도 깨어 있어야 되겠다는 결론을 얻었다. 누구도 피해 갈수 없는 길이다. 시댁 쪽 외할머니는 시어머니와 성격부터가 다르셨다. 더 옛날 분이셨는데 현명하게 살다 가셨다. 웃으면서 잘 들어주신 기억이 더 많다. 항상 무엇이든 고마워하셨고 표현하셨다. 돈에 대해서 자유로우셨다. 나누어 주기에 바쁘셨다.

　부지런하고 정리도 잘하셨다. 시 외할머니의 사후 짐을 정리하는 경험을 했다. 내가 시켜주는 목욕을 좋아하셨던 시 외할머니 사후를 정리하다 느낀 점이 많았다.

　시외할머니는 구부정한 허리에 키도 작으셨다. 재래식 부엌 뒤편에 살림살이 정리를 깔끔하게 해놓으시고 계셨다. 장롱에 옷가지들도 정리가 깔끔했다. 군데군데에 나서 나오는 돈다발이 저축한 흔적들이 보였다. 항상 죽음을 생각하셨던 시외할머니는 후손들이 사후 정리를 할 것까지 미리 준비한 것처럼 가지런했다. 열려있는 사고를 가지고 긍정적인 생활을 하셨기에 가능한 일인 것 같았다.

옷가지를 태우며 하루 종일 나 혼자 대화를 나누었다. 나또한 지금 노인이 되는 초입에 와 있다. 먼저 내 곁을 스쳐 지나간 분들이 정답을 이미 주신 것 같다. 모두가 스승이다. 길가에 피어나는 이름 모를 풀일지라도 배울 것이 있다는 글이 생각난다. 남이 보아주지 않아도 누군가 밟고 지나가도 다시 일어나 그 자리에서 행복한 풀이라고 했다. 인생의 어려운 일에 대해 초연한 마음을 표현한 것 같다. 나도 그런 행복한 풀이고 싶다.

자식의 돌봄을 받아야 되는 시간들이 다가오고 있다. 맨 끝 지점인 죽음 앞에서야 인생을 잘 살다 가는지 안다고 했다. 조개 안에서 고통을 이기고 만들어진 진주처럼 노인의 경험은 보물이다. 노인에게서 배우는 것이 진짜 삶의 정답이 있는 것 같다. 노인이 되는 것에 두려워할 이유가 없다. 나는 기꺼이 기쁘게 이 길을 갈 거다. 살아가면서 가족에게 받은 상처 때문에 직장에서 상담을 신청하는 젊은 부부나 미혼의 남동생 여동생 또는 딸 같은 동료들이 있다. 내가 한 말 중 무슨 말이 위로가 되었는지 모르지만 두 아이 키우면서 잘 들어주는 경청과 공감 때문이 아닌가 싶었다.

큰아이 어렸을 때 고만고만한 나이 또래 직장 동료들의 자녀들과 함께 계곡으로 놀이동산으로 많이 다닌 적이 있었다. 어렸을 때 보던 아이들이 결혼을 하는 모습을 보면 벌써 세월이 많이 흘렀다는 시간차를 느낀다. 같은 직장에서 하루 중 가장 많이 보는 직장 동료들은 또 다른 가족이나 마찬가지다. 영어 잘하고 싶은 꿈을 이루어 가다 보니 운이 좋았다. 그 당시 상황에서는 너무 화려한 꿈이었지만 지금 생각해보면 탁월한 선택이었다. 좋은 사람들과 30년을 넘게 가족처럼 지내고 있다. 동갑이지만 벌써 할머니 할아버지가 되어 있는 동료들도 있다. 매일 출근하면서 정문을 지나치면 출근증을 검사하는 순간 성이 둘러져 있는 마을로 들어간다는 상상도 했다. 힘들지 않을 때는 고향 마을이었고 힘들 때는 인생 학교였다. 젊음에서 늙음까지 나를 지켜본 직장이다. 이제 몇 년 더 나를 품어줄 제2의 고향 같은 직장을 다니면서 손자 손녀가 불러주는 할머니 소리를 듣게 될지 안 될지는 알 수 없다. 어릴 때 내가 기억하는 할머니는 좋은 기억밖에 없다. 할머니 첫 모습은 어렸을 때도 할머니 모습이었고 커서도 할머니 모습이었다. 비녀를 찌른 머리 때문 인지도 모르겠다. 큰 엄마와 쌍두마차를 이루는 나에게는 더없이 좋은 사람으로 기억되어져 있다. 나도 그런 할머니가 되고 싶다. 말없이 무언가를 해주시는 마음이 참 좋았다. 생색내는 것이 없었다. 그저 말없이 손에 무엇이든 쥐여주고 웃어주신다. 뜨거우면 호호 불어 입댈까 봐 먹는 내내 노심초사 하셨다. 방학 중에 할머니집에 가면 시골 길을 가다가 배가 고프다고 하면 땅속에 있는 무를 껍질을 까서 주시고 가지도 따서 주셨던 기억이 따스했다. 오직 나의 편이셨던 할머니는 내 눈만 쳐다보아도 사랑이 절절 흘러넘치셨다. 엄마의 성격을 잘 아시는 할머니는 학교 선생님으로 맞벌이를 하시는 막내 고모 집에서 사셨다. 고모가 준 용돈을 모아서 한 번씩 아들 집에 오시면 엄마에게 건네셨다. 엄마는 자존심 때문인지 안 받으려고 했다. 언제부턴가 장롱 밑에 넣어두시고 가시면서 엄마 드리라고 귀띔을 해주셨다. 병으로 생활능력이 없는 아버지에 기가 죽은 듯 순한 아들이니 할머니 마음이 많이 아팠을 것 같았다. 고생하는 며느리 생각에 쓰시지도 못하고 모으신 돈이었다. 모아놓은 용돈을 며느리에게 내 아들 잘 봐달라고 드리는 것 같았다.

　가슴이 미어지는 할머니 마음과 아버지 마음이 같다는 것을 나는 안다.

언젠가 병원에 입원한 엄마를 지극 정성으로 간호하고 있는 아버지를 보고 정말 엄마를 사랑하시는구나를 알았다. 병원에 나오는 밥은 아버지가 드시고 매끼 새 밥을 지어서 엄마를 줄 때 할머니 모습 같았다. 아버지도 엄마의 고뇌를 아실 수도 있겠다 싶었다. 마음대로 되지 않는 피해 의식 때문에 소통이 되지 않았을 답답함이 부부의 삶으로 누려야 할 좋은 시간들을 허비했다.

열 가지 중 아홉 가지는 좋은데 딱 한 가지씩 힘듦을 가지고 있는 우리들이다. 그 힘듦이 개인적으로 무엇인지 아는 것이 급선무인 것 같아서 부단히 애썼던 지난날 이었다. 친정 부모님이 서로의 감정을 정리하고 천국으로 가셨으면 하는 바람이 크다.

할머니로 사는 삶은 또 다른 세상 일 거다. 감각이 다르고 시야가 다르고 점점 끝으로 향하는 방향성을 가지겠지만 더 귀중한 하루를 느낄 것 같다. 두 아이가 살아가는 모습을 그냥 바라보며 웃어줄 것 같다. 남편에게 그동안 두 아이 키우면서 못해 주었던 온전한 남편의 엄마 노릇보다는 여자로서 삶을 살아보고 싶다.

매주 토요일에 음악회를 하는 문화회관에는 다양한 강좌를 열어서 여러 계층의 사람들에게 배움의 기회를 열어준다. 어느 날 떠들썩한 음악소리에 이끌려 아들과 함께 처음으로 올라간 꼭대기 층에는 탱고를 배우는 사람들이 있었다. 그동안 배운 실력을 보여주는 시간 인지 다양한 사람들이 옷을 차려입고 있었다. 먹을 것도 차려놓고 넓은 홀에서는 여러 커플이 춤을 추고 있었다. 연세 드신 분들도 많았다. 여기에 참가할 정도면 마음의 여유들이 있어 인생을 즐기는 노인들이다. 건강을 찾기 위해 모인 것 같았다.

된장찌개와 김치 한 가지라도 감사히 먹으며 오손도손 남편과 노후를 준비해보는 상상을 해보았다. 조그마한 터에 상추라도 키우면 금상첨화 일 것같다.

탱고도 배우고 글과 그림을 그리며 운동도 같이 하고 영화도 보며 아들의 음악회도 힘껏 모양을 내고 남편 손을 잡고 보러 갈 거다. 그래야 두 아이가 행복해진다는 걸 잘안다. 불행한 노후의 삶을 사는 친정 부모님이 이미 잘 가르쳐주셨다.

혹시라도 운이 또 좋아서 나에게 손녀, 손자들이 오면 나는 또 친구 하자 할 것 같다.

문제해결능력을 위해서 경청하고 공감하고 해결점을 찾으면 마구마구 칭찬해주고 성적 가지고 뭐라고 못하게 짠하고 나타나서 막아주고 항상 웃어주고 웃겨주는 할머니가 되어주고 싶다.

혹시라도 내가 없는 세상에도 이 세 가지 팁으로 코칭했던 두 아이의 유전적인 인자가 할머니가 주는 선물인 줄 알았으면 좋겠다.

엄마가 아기될 때

지인이 요양원에 있는 연세가 많이 드신 어머니가 자신을 못 알아본다고 가슴 아파했다. 어느 날 "엄마! 저 왔어요." 했는데 "누구세요?"라는 어머니의 말에 가슴이 무너져 내렸던 거다. 자식을 못 알아보는 그때가 올 수도 있겠다 싶었다. 두 아이와 이 세상에서 헤어질 시간들을 생각해 볼 때가 있었다. 남들과 다르게 친정엄마와 헤어질 시간보다 두 아이와 헤어질 시간이 더 중요한 내 마음을 들여다보고 깜짝 놀랐다. 엄마는 나에게 기본적인 사랑만 저축해서 그런가 했다. 세상의 일이 한치의 오차도 없이 진행되어 간다는 섭리를 느꼈다. 웃으며 떠나고 싶다. 나의 마지막 때에 두 아이를 알아볼 수 있는 기억과 웃음을 나누며 떠나고 싶다. 매일 밤 박장대소를 나누었던 그대로 하면서 떠나면 좋겠지만 그러기는 힘들 것 같다. 손을 꼭 잡고 볼에 입을 맞추고 웃으면서 먼저 가 있겠노라 이별을 하고 싶다. 가는 길에 아들이 들려주는 피아노 소리를 들으며 갈 거다. 고통 속에서 피어난 지혜로 질긴 엉경퀴 같은 유년의 트라우마를 이겨내면서 두 아이와 걸어왔던 여정들이었다. 끝나는 시간을 느끼면서 두 아이에게 남아 있는 시간이 행복한 행보가 되길 헤어진 후에도 기도할 거다. 불행하게도 혹시나 두 아이를 알아보지 못하는 엄마가 된다고 해도 그것 또한 자연의 이치라고 생각한다. 놀라서 슬퍼할 두 아이를 생각하면 자기경영의 마지막 연습으로 뇌 운동을 넣어야겠다 싶었다. 더 많은 독서와 글쓰기를 즐겁게 할 계획이다. 한 인간이 태어나 걸어왔던 점점들이 기억 속에 걸쳐져 있다. 이 세상에 가장 친절해야 할 존재는 자식이다. 하지만 자식에게 친절하지 않다. 죽음까지도 지켜 볼 수도 있는 자식들에게 친절하지 못한 것은 무엇 때문일까? 가족들과 어떤 모습으로 헤어지는가는 스스로 선택해야 되는 일이다.

엄마표 자유학교에서도 학교의 제도권에서도 친구로 예우했던 자식들이었다. 두 아이는 받은 것보다 더 많은 사랑을 오히려 엄마에게 되돌려주고 있다. 거꾸로 거슬러 올라가는 연어들처럼 두 아이도 아이를 낳아서 세가지 자녀교육으로 손자 손녀를 코칭하며 행복 했으면 한다. 만남이 있었으니 헤어짐이 내일이 될지 몇 십 년 후가 될지 모르는 일이다. 시작이 있었기에 끝이 있는 것은 당연한 일이다. 두 아이가 내게로 왔던 그날을 잊어버리지 않으려고 시간이 날 때마다 기억을 끄집어 내어 먼지를 털어 보곤 한다. 아이들과 헤어질 때 그때의 기억을 붙잡고 아름다운 추억을 가슴에 한가득 안고 웃음을 주며 떠나면 아이들도 한결 나을 것 같다. 친구 같은 아이들을 위해 준비해야 할 상상을 미리 해놓는다. 이유는 여러 가지 내가 만든 나 자신의 자기경영의 끝이 이별이기 때문이다.

두 아이에게 해주는 엄마표 인문학 시간에 경영에 대한 미학을 소리 없이 전해주었다. 어렵고 딱딱한 학문이라 더 그랬다. 무언가를 하고 싶다고 생각 없이 무조건 시작하지 말라고 강조했다. 인간이 가지고 있는 능력 중에 상상을 이용해 영감을 얻어야 하는 일들이 있다. 영감을 이용해야만 전해줄 수 있는 경영에 대한 총체적인 핵심 전달을 위해 경험한 사례들이 다 동원되었다.

요즘은 독립을 앞두고 있는 두 아이와의 대화 속에 자기경영이니 음악 경영이니 직장생활에서 필요한 관리 경영이란 단어를 끄집어내어서 대화를 나눈다. 아들이 예중 1학년때 내가 만들어서 벌써 12번째 무대를 올린 with FRIENDS 음악회도 음악경영에 들어가는 거였다. 멋지게 음악회를 상상하는 그 시점에서 아무것도 없는 황무지같은 그 당시 상황에서 무엇이 필요한지 생각해서 적어 내려갔다. 번쩍 짧게 영감이 스쳐 지나갈 때 메모 해두었다. 예술하는 자녀들을 위해 무대를 만들어 주고 싶어 하는 뜻 있는 어머니들을 만나러 다녔다. 문화회관 대관부터 하나씩 하나씩 준비해 나가는 과정을 지켜본 아들 이었다. 아들이 매주 봉사하는 지역주민을 위한 봉사음악회도 그 과정을 상상하며 탄생되었다 해도 과언이 아니었다. 누가 시키지도 않았는데 나눔의 철학으로 만들어 나갔다. 음악경영을 배워야 한다고 말해주는 이유는 연주자이지만 경영이 필요하기 때문이다. 더 나아가 나는 두 아이와 인생경영을 멋지게 끝내기 위해 상상의 나래를 펴보며 필요한 것들을 미리 적어 놓았다. 사랑하는 엄마와 헤어지는 것이 헤어지는 것이 아니라는 것을 이야기할 인문학 시간이 올 때 또 토론을 해보려고 한다.

2차대전 당시 독일의 유태인 수용소 벽에 그려진 나비 그림을 책에서 보고 한 동안 넋이 나간 적이 있었다. 새로운 탄생을 뜻하는 나비는 애벌레 껍질을 남기고 다시 태어난다. 우리 인간의 죽음과 연결해 놓았었기에 기존의 의식을 강탈당한 느낌이었다.

"너의 마음속에 내가 살아있다는 것을 잊지 말아 달라."

는 이미 내가 두 아이에게 자주 했던 말들이 책 속에서 죽음을 마주한 장면에서 많이 읽혀졌다. 육체만 벗어버리고 또 다른 여행을 떠나는 우리들이다. 누구나 다 가는 길이다. 떠나는 문 앞에서 두 아이에게 또 만나자는 약속을 꼭 하고 싶다. 평생 친구처럼 자식처럼 스승처럼 나누고 밀착되었던 행복한 순간을 소중히 간직한 채 나비가 되어 날아갈 것 같다.

여유가 될 때마다 시어머니께 보석 반지나 목걸이를 자주 해드렸다. 혹시나 어려워져서 못해줄 때를 생각해서였다. 옷이나 신발 등도 자주 사 드렸다. 아이들 어릴 때 여행도 혹시나 해서 자주 다녔다. 멀리 못 가면 가까이라도 웬만하면 집을 나섰다. 동네에서 만나는 분들은 또 여행 가냐고 안부를 물어볼 때가 많았다. 역시 지금은 도저히 시간을 낼 수가 없다. 음악 영재원을 들어간 후부터 여행이 뜸해졌다. 여행을 많이 갔던 것이나 보석 반지나 목걸이를 해드렸던 것이 바로 그때그때 떠오르는 영감 때문이었다. 바로바로 실천을 정말 잘했던 것 같다. 가족모임이나 여행 중에 시어머니가 끼고 있는 반지나 목걸이를 보고 있노라면 스쳐가는 영감을 실천한 공식이 보였다. 꼼꼼한 실천력 같은 재능이 나한테 있는 것 같았다. 몇 해전 시어머니의 어머니인 나의 시외할머니가 돌아가셨다. 집안의 제일 연장자이신지라 생전에 웬만하면 밑반찬 등을 해서 시부모님을 모시고 자주 찾아뵈었다. 나를 정말 예뻐하셨다. 결국 돌아가시기 두 달 전에는 시부모님 집에 모셨는데 내가 목욕을 맡았다. 치매가 있어서 정신이 왔다 갔다 하셨어도 나를 신기하게 알아보셨다. 큰아이 초등 1학년 때 만나 목욕 친구가 되었던 아픈 그 친구 덕분에 목욕을 시켜봤다고 용기를 내어 시외할머니 목욕을 자청했다. 시어머니께서는 여린 분이시라 손자인 아들을 키우는 것도 힘들다고 하셔서 모셔오는 것에 대한 결정을 내리지 못했다. 아들들이 있는데 딸이 왜 모셔야 되는지에 대한 유교적 사고방식으로 힘들어하셨다. 모시고 싶어서 목욕을 자청했던 터라 연구에 연구를 했다. 방에서는 목욕이 처음이니 난감했다. 목욕을 시켜드리면 소녀처럼 수줍어하셨던 고운 기억을 만들어 주셨다.

그동안 추억이 많아서 그런가 목욕을 하면서 서로 수다쟁이가 되었다. 한 번씩 목욕 중에 시이모들이나 시 외숙모들이 관람하고 있기도 했다.

"자네가 우리 엄마를 얼마나 씻겨 주었는지 까칠한 발이 아기 발이 되었네."

하시면서 아기가 두 번 되면 천국으로 갈 때가 된 거라고 하셨다. 떠먹여주고 기저귀 채워주고 이렇게 씻겨주고 치매가 되면서 어린 아기 행동을 한다고 모이면 그런 말씀을 해서 몸을 더 자주 씻겨드렸다. 직장에서 일하고 있는데 시외할머니가 나를 찾는다며 병원으로 가고 싶다고 하셨다. 그 길로 병원으로 옮겨드렸는데 일주일 만에 돌아가셨다. 목욕을 시켜드리면서 서로 많은 영감으로 교감했던 터라 마음속에 할머니는 항상 나랑 연결되어 있는 것처럼 느껴진다. 친정엄마와 이루어지지 않는 진정성 있는 소통이 시어머니의 어머니한테 와서야 통하는 것이 신기했다.

고생했다고 금 한 돈 인가를 남겨주셨다. 언제 그런 말씀을 딸들인 시이모들께 했는지 항상 이런 분이셨다. 바지 속주머니를 열어 두 아이에게 용돈을 주시곤 했다. 유머도 있으셔서 가끔씩 잘 웃겨주시기도 하고 사랑스러운 욕도 잘 하셨다. 자고 가거라 했는데 한 번도 자고 오지를 못해서 돌아가시고 나서 후회를 많이 했다. 할머니 힘드실까 봐 그랬는데 외로우셔서 그런 걸 나중에 알고 한 움큼 눈물을 쏟아내었다. 늙음이란 외로움인 것을 그때 알았다. 어둑어둑한 마당을 지나 대문을 나오다 뒤를 돌아다보면 할머니는 툇마루에 서서 구부정한 모습으로 손을 흔들고 계셨다. 항상 헤어지는 시간은 아팠다. 당부하는 말씀이 끝도 없었다. 시어머니도 계신데 오히려 시외할머니와 더 소통이 잘 되었던 것은 강한 자아 때문에 서로를 알아본 거라고 생각했다. 긴 말 안 해도 서로를 알 수 있는 여장부들만의 특징이 있다. 시할머니가 돌아가시고 줄줄이 초상이 났다. 9남매 중 한 분의 며느리와 남매 다섯 분이 일 년이 좀 넘은 시간에 돌아가셨다. 알 수 없는 시간들을 맞이할 때마다 돌아가신 시외할머니를 떠올렸다. 암으로 객사로 줄초상이 났다. 정신이 하나도 없이 살았던 것 같다. 다음에는 누구를 데려 가려나 이런 말이 나올 정도로 몸을 사리고 있을 정도였다. 짧은 시간에 많은 죽음을 보았다. 정말 이해 할 수 없는 미스테리한 일로 기억되어 있다. 동생들을 먼저 앞세운 시어머니는 충격으로 귀가 멀어져 갔다. 그 충격으로 보청기를 끼고 사신다. 어느 순간 죽음이 떠나가는 듯 조용해졌다. 시어머니와 나는 종교는 달랐으나 서로를 존중 해주었다. 시어머니 좋아하시라고 석가탄신일에 형제들과 같이 연례행사처럼 절에 간 적이 많았다. 다 같이 절에서 주는 비빔밥을 비벼서 먹고 있으면 자식들이 보기 좋아 상기된 얼굴로 목소리도 높아지고 좋아 보이셨다. 연한 배같은 시어머니의 마음속에는 덜자란 어린아이같은 모습이 간혹 보였다. 어려운 시절 장녀라고 치이고 이런저런 억눌린 어린 감정들 때문에 자라지 못한 마음이 자식 자랑하는 걸로 치유를 하시는 것 같았다.

긴 세월 속에 잔잔한 사건들이 있을 때마다 항상 동서 편만 드는 내가 미울 수도 있었을 텐데 표현은 안 하신다. 동서와 둘이 잘만 지내면 어려운 일들을 잘 헤쳐갈 수 있겠다는 결론을 얻었기에 웬만하면 시어머니를 설득하는 쪽으로 방향을 잡아갔다. 시동생과 동서 문제도 항상 동서 편이었다. 나에게 모진 말을 한 번씩 해도 특유의 경청하는 습관으로 '아! 맞나?'하고 동의 해주면 별일이 없이 지나갔다. 아들을 돈도 많이 드는 예술을 시킨다고 간섭을 해도 감정에 휘말리지 않고

"그래, 네 말이 맞다!"

하며 한마디로 동의해 준다. 습관이 무섭다. 두 아이 키우면서 훈련이 잘되어 있는 기술이 순간 순간 번뜩일 때가 많다. 직장 동료들 중에도 아들에게 모든 것을 쏟아붓는 나를 보고 아이를 그렇게 키우면 안 된다고 조언들이 많았다. 세상이 말하는 자녀교육과 내가 바라보는 자녀 교육이 다르다 보니 간섭들이 한 가득이였다. 두 아이와 같은 시선으로 바라보고 흔들리지 않는 지원을 해주고 인생을 어떻게 살아갈 것인가를 코칭 해주는 일이 나에게 있어서는 별 문제가 안 되었다. 두 아이가 세상을 바라보는 시선의 온도가 따뜻하기를 바라는 마음으로 자식 경영 시스템을 짜놓았기 때문에 흔들리지 않았다.

어릴 적 같은 동네에 나보다 10살 많았던 언니를 알고 지내는데 지금은 거의 70살이 다 되어 가지만 보기 드물게 아직도 젊다. 자기관리가 철저해서 무엇 하나 소홀하지 않고 습관적으로 외모를 가꾸었다. 자식보다는 자신을 더 관리한 덕분에 엄마라는 느낌 보다는 기숙사 사감 같다고 자식들이 말하기도 했다. 이런저런 사람들이 다른 모습으로 사는 구나 싶었다. 머리에서 발끝까지 최고의 관리를 받았다. 인생의 궁극적인 목표는 자식이 아니라 외모 가꾸기였으니까 원하는 결과를 얻었지만 자식과의 소통은 없어 보였다. 외모가 할머니 같지 않은 할머니가 되었다. 피부 시술을 받고 햇볕을 자유롭게 보지 못하고 얼굴을 가리고 다니느라 진땀을 빼며 다녔다. 젊어보이는 외모를 유지한다고 아름다운 것이라 할 수 없다는 것이 나의 지론이다. 나이 들어가면서 외모를 젊어 보이려고 노력하는 것은 맞지 않는 옷을 입으려고 노력하는 것과 같다. 오히려 발효된 된장만 나는 품성이 더 아름다워 보인다. 내 주위에 이런저런 분이 몇 분 계시지만 그것 또한 삶의 방식이라고 생각한다.

얼마 전 청춘도다리 강연에서 할머니 한 분이 강연을 했다. 나는 맨 앞줄에 앉아 있어서 그 강연자의 손을 계속 볼 수 있었다. 손톱이 다 닳아서 고생을 한 손이었다. 강의 내용보다 더 많은 이야기를 말해주는 손이 이 세상 무엇보다도 아름다운 손이었다. 그 손을 보며 마음속으로 많이 울었다. 어릴 때 겨울에 물을 양동이로 이고 오면 칼바람이 손을 얼게 해 손등이 터지고 피가 났었다. 저녁이면 가려운 손을 보면서 어린 마음이었지만 손에게 미안했다. 주인을 잘못 만난 손이라고 손이 나를 보고 있는 것처럼 느껴졌다. 의사가 당뇨라고 진단을 했을 때도 '도대체 췌장에게 내가 무슨 짓을 한 거야'라며 식탐 때문에 망가져 가는 췌장을 도와주고 싶은 마음이 간절했다. 철저하게 약을 복용하는 게 우선이었다. 나에게 맞는 약을 찾아주는 의사를 돕기 위해 매일 손에 바늘 찔러 대어서 혈당수치를 재었다. 무엇을 먹었던 것도 적어서 보여주는 것이 내가 할 일이었고 정확한 약을 조제해 주는 것 같아서 아직도 스마트폰에 열심히 적어가고 있다. 어릴 적 피가 터진 손등을 보고 말을 걸어본 후 몸을 바라보는 내 시선이 달라졌다. 할머니가 강연할 때 할머니 손이 자랑스럽게 할머니를 보고 있는 듯 했다. 외모를 평생 신경 쓰면서 자식보다는 자기만 바라보고 살아온 사람보다 일찍 세상을 떠난 남편 대신 자식들을 키우며 고생했지만 행복 했었노라 강연하는 할머니가 더 아름답게 보였다. 꽃보다 사람이 더 아름답다는 노래 가사도 있듯이 할머니의 강연은 사람의 외모보다 마음이 얼마나 더 강하고 아름다운지를 실감하게 해주었다.

오래도록 마음에 남아 있는 아름다운 가사처럼 그 할머니의 향기는 그날 강연장을 물들였다. '사람이라고 다 사람이 아니다'라는 말을 학교 도덕시간에 들었던 것 같다. 사람에게도 급이 있다는 이야기인지는 모르겠지만 분명 마음에 와닿은 척도에 따라 울림이 다르다 보니 나온 말이 아닌가 싶었다.

이제 나에게 남아있는 다음 역할이 할머니가 되는 것인데 세상 적으로는 모호하게 되어 버렸다. 하지만 희망을 간직하기로 했다.

"키워봐. 재미있을 거다. 효자고 일찍 결혼 할거고 미인처를 얻을 거다."

믿어야 될지 말아야 될지 아들을 낳고 다시 찾아간 점쟁이 할머니가 했던 말이다. 믿기가 어려워 마음속 생각의 다락방에 올려놓은 이야기이다. 키워보니 재미있었으니까 믿어보기로 마음을 돌려먹어 보려고 한다. 혹시 할머니가 되려는 간절함 인지도 모르겠다.

친구 같은 엄마가 되고 싶었는데 이제 친구 같은 할머니가 되고 싶다니 욕심이 뭉글뭉글 피워 오른다. 분명 큰아이는 할 일이 많아 결혼을 금방 하려고 안 할 거 같다. 아들은 또 모르겠다. 인생이 벌써부터 재미있는 고3 입시생이다. 세월이 유수 같다고 했던가 쏜살같이 예고 1학년에서 3학년이 되었다. 1학년 때 시작한 토요 봉사 음악회가 3학년 때도 유지를 한다는 자체가 기쁘다고 한다. 그동안 많은 이야기들을 간직하고 있는 음악회다. 지인이 대학 입시생이 이래도 되냐고 핀잔을 준다. 벌써 사회생활하듯 자기의 꿈을 펼치고 있으니 큰 아이보다는 아들이 좀 더 결혼을 빨리할 것 같다. 점장이 할머니가 한 말도 있고 믿지는 못하겠지만 현실을 보면 믿고 싶다. 이만큼도 너무나 감사한데 또 욕심을 부렸다고 다시 마음을 내려놓는다. 혹시 아들이 먼저 결혼해서 할머니 소리를 듣게 해준다면 또 달라질 일상들이 그려진다. 두 아이에게 어떻게 인간답게 살아가야 되는지에 대한 기술을 알려 주고 싶었던것이 나의 소명이었다. 인간사랑의 기본 철학을 자유의지로 꽃피우며 잘 살아주기를 바랄 뿐이다.

아기가 두 번 되면 천국으로 가는 시간이라고 하지만 나는 영원한 두 아이의 엄마이기에 항상 성벽처럼 지켜줄 거다. 제일 친한 친구 같은 두 아이가 나의 죽음을 지켜주고 육체를 떠나서 보이지 않겠지만 하늘에서 내려다보며 웃고 웃겨주고 있을지도 모른다. 시어머니가 아들이 태어났을 때

"할머니가 죽어서도 너를 위해 기도해줄게."

했을 때 무슨 말인가 했는데 미리 할머니 되는 상상을 해보니 알 것 같다. 시어머니의 손자를 향한 사랑은 짝사랑 하듯 헌신적이었다. 대를 이어가는 사랑은 숭고하고도 깊다. 두 아이 덕분에 유전적인 화도 고치게 되었고 친구도 얻었고 진한 사람의 향기도 맡아 보았다. 영원한 나의 친구가 되어준 두 아이와 대를 이어가는 행복을 노래하며 헤어지고 싶다. 아들의 피아노 소리를 들으며.

마치는 글

　암에 걸린 시한부 할머니가 있었다. 평생 명령만 내렸던 대령인 남편도 있고 출가한 아들과 딸도 있었다. 빛 좋은 개살구처럼 남보란 듯이 모든 것을 다 바쳐 남매를 키워 내었다. 눈높이가 높아진 남매 둘을 결혼시키는 바람에 우리가 말하는 기둥뿌리가 뽑혔는지 평수가 작은 빌라 전세에 살고 있었다. 남편은 원래부터 정이 없고 냉정한 사람이었다. 군인이다 보니 모든 게 명령조였다. 두 아이들을 키우며 참아내는 세월이 몸을 아프게 한 거였다. 자식들은 재산이 거의 없는 부모를 찾지 않으려고 했다. 손자, 손녀들이 보고 싶어서 집으로 한 번 들리라고 하면 이 핑계, 저 핑계를 대며 오지 않았다. 재산이 거의 없고 아픈 몸을 보면 자식의 도움이 필요했다. 상처를 끌어안고 살고 있는 어느 날 길을 지나다 가짜 반지나 목걸이를 파는 집에서 걸음을 멈추었다. 아이들 결혼시킨다고 다 팔아버린 보석들이 생각나서 몇 천 원짜리 알이 큰 반지를 사서 끼고 있었다. 며느리가 못내 들리면서 손에 끼고 있는 알이 큰 반지를 보며 처음 보는 것 같은데 어디서 난 거냐고 했다. 순간 친정이 잘 사는 며느리에게 솔직하게 길거리에서 산 몇 천 원짜리라고 하면 아들에게 누가 될까봐 하얀 거짓말을 해 버렸다. 노후를 위해 아직 보석 몇 개 정도는 간직하고 있었다고 얼떨결에 한 실수였다. 발길을 뚝 끊던 자식들이 들락날락거리기 시작하면서 할머니는 쓸쓸했다. 물질에 연연하는 자식을 보며 헛 키웠구나 하는 자괴감이 자꾸 들면서 목걸이 몇 개와 반지 몇 개를 더 사서 돌려가며 보여주었다. 자식들은 최고의 요양 시설을 제공했고 최고의 장례식을 치러주었다. 보석을 찾기 시작하면서 아들 며느리와 딸 사위의 신경전이 벌어졌다. 아무리 찾아도 보석이 없는 상황을 서로를 의심하면서 남매는 결국 원수가 되어 등을 돌렸다. 모든 일들이 조용해지고 있는 어느 날 정 없고 냉정했던 할머니의 남편이 보석이든 주머니를 들고 보석상에 나타났다. 몇 분 후 보석상 문을 열고 나오는 남편은 과연 무슨 생각을 했을까?

두 아이가 오기 전에 읽었던 책 속의 내용이다.

나는 그때부터 '빛 좋은 개살구' 라는 말을 싫어하게 되었다. 남에게 보여 주기 위해 자식을 키웠던 어떤 엄마의 마지막을 확인했다. 엄마의 시작점에 있었던 나에게 시사하는 점이 많았다. 자식의 결과는 이 세상을 떠나기 전까지는 알 수가 없다.

콩 심은 곳에 콩 나고 팥 심은 곳에 팥 난다고 했다. 나에게 온 두 아이를 상처 많은 아이로 대물림하듯 키워 낼 수도 있었다. 사랑한다는 이유로 친절하지 않고 상처 주는 가족은 더 이상 원하지 않았다. 어렸을 때 힘들었던 일들을 대물림 하기 싫은 자의식이 친구라는 새로운 존재감을 내세웠다.

가족 안에서 자녀가 친구라니 27년 전 그 당시만 해도 이런 내 생각을 지인들과 친구들은 무슨 말인가 했다. 상처가 깊으면 깊을수록 더 단단한 결정력이 흔들리지 않게 해주었다. 이 세상에 와서 내가 가장 잘한 일은 친구 같은 두 아이와 많이 행복했다는 기억이다. 기초공사 위에 뼈대가 올라가고 수정하면서 집이 완성되어가듯 내가 만든 자녀 친구 만들기 방법은 수정에 수정을 거치면서 완성되었다.

실험적인 엄마표 자유학교의 자녀 교육이라고도 말할 수도 있겠다. 검증된 양육법이 아니었기에 맞나 안 맞나 가끔씩 생각할 때가 있었다. 유튜브에 올려져 있는 '청춘도다리'에서 강연했던 세가지 자녀교육 시스템에 링크를 걸어주는 상담자들도 있다. 복제가 된 거다. 성적이 떨어진 아이에게 폭언을 한 친구에게 유튜브 강연을 들어보라고 권한다고 한다. 한 아이라도 더 상처 입지 않고 자기 삶의 주인이 되기를 바라는 마음이 가득하다.

4차 산업혁명 시대를 거쳐갈 두 아이가 어떤 중년을 살아가고 노년을 살아가는지 보고 싶지만 욕심이다.

어릴 때 받은 상처가 없는 아이들은 자존감이 높다. 설령 상처를 받을 만한 일들이 생겼더라고 엄마가 위로하고 격려하면 어느 정도 치료가 된다. 자녀들이 상처의 강도가 가장 높게 받는 대상은 부모로부터다. 특히 아홉 달 동안 같이 한 몸이었던 엄마로부터 상처는 말도 못한다.

문제해결능력을 위해 화를 참아야 경청이 가능하다. 어린아이들은 수도 없이 엄마의 인내를 시험한다. "아니! 그게 아니고."

이 말이 먼저 나오는 대신

"아! 맞나?"

이런 말이 자동으로 나오게 습관이 되게 연습을 해야 한다. 첫 마디가 긍정적이어야 아이 말에 귀 기울일 수 있고 문제해결능력에 접근하는 기회를 아이도 얻을 수 있다. 엄마가 공부해야 할 기다림의 미학에서 해결점을 찾고 나면 아이에게 무한 반복 칭찬을 해줄 수 있는 것이다. 문제해결능력의 힘이 크면

클수록 자기주도적인 생활을 하게 된다. 창의성은 여기서부터 나온다. 문제를 해결해보았기에 또 시도를 해보다 보면 창의적인 생각들이 떠오른다. 부모가 자녀의 성적에 자유로워지면 자녀는 실패를 두려워하지 않게 된다.

얼마 전 아들은 해설이 있는 톰과제리라는 팀을 만들었다. 고3 입시생이지만 성악을 잘하는 친구에게 평생 음악으로 봉사를 같이 하자고 러브콜을 했다. 서로 머리를 맞대고 곡을 정하고 작곡가와 곡의 해설을 만들고 매주 연습을 했다. '청춘도다리' 무대에서 첫 데뷔 음악회도 마쳤다. 관객들 중 SNS로 음악회의 감동과 팀에 대해 소개가 되고 완성도 높은 음악회에 찬사가 이어졌다. 특히 입시생인 고3 학생들이라 더 가치가 높은 음악회가 되었다. 줄줄이 일정들이 잡혀있다. 특히 주 중에 있는 병원에서 하는 봉사 음악회는 방학 중에 벌써 일정대로 해냈다. 한국판 음악해설과 영어판 음악해설 두 가지를 준비해서 한국에 와 있는 외국인들에게도 클래식 음악 봉사를 해주려고 준비 중에 있다. 자기주도적이며 성적에 자유로운 아이들이 창의적인 일을 해낸 것이다.

대학 입시를 앞두고 고 3 입시생들이 지금 뭐하고 있는 거냐고 할 수도 있겠다. 즐겁게 하는 음악을 나누려는 마음이 진짜 공부이며 두 아이에게 최고의 경험을 안겨주는 결과를 낳았다. 입시는 평상시에 성실히 살아온 자신이라는 상품을 보여주는 날이다.

십 대에 만든 Talk Concert with Tom and Jerry가 평생 세계로 나아가는 봉사 음악회가 되기를 빌어본다. 시간 나는 대로 왕따와 비만으로 사회부 적응 증세를 앓았던 극복기를 음악과 함께 이겨낸 자전적 이야기를 책으로 쓰고 있기도 하다. 중학생이나 고등학생들을 위해 해주고 싶은 말들을 정리해서 강연도 하고 싶다고 한다. 한 사람의 독자라도 자신의 책을 읽고 같은 아픔을 위로 받기를 바란다고 책을 쓰는 이유를 말한다. 건강한 에너지가 퐁퐁 나온다.

나만큼 두 아이에게 맞는 웃음을 주었던 사람이 있을까 할 정도로 맞춤식 웃음을 습관 들여놓았다. '엄마가 웃으면 아이도 행복하다'. 짧은 글에 강력한 힘이 느껴졌다. 엄마의 웃음은 자녀들에게는 최고의 명약이다. 저녁마다 눈물 나게 웃는 웃음에서 나오는 엔도르핀 보약을 먹으며 다 같이 함께 잔다. 실천을 내세운 개그 실력이 엄마의 존재감 하나만 있어도 빵 터진다.

웃음이 애초에 없고 화가 많은 사람이 큰 고생을 했다. 지금도 혼자 있을 때도 웃으려고 노력 중이다. 남이 나보고 정신이 문제가 있다고 하더라도 웃고 싶다. 세차장에서나 공사장에서 일하시는 그 분들을 위해 먼저 웃어주고 손 흔들어주면 나보다 더 반응을 보이며 기뻐하는 것을 확인했다. 웃고 손 흔들어주면 이상한 사람이라고 생각한다면 그것은 그 사람의 감정이지 내 것은 아니다. 다들 인상을 있는 대로 찡그리고 다니는데 실험정신으로 해보면 어김없이 내가 웃으니까 상대가 웃어준다. 용기가 필요한 일이지만 습관을 위해 틀을 깨기로 한지 오래 되었다. 기차를 탈 일이 있어 저 멀리 달려오는 기관사를 향해 손을 흔들고 있으면 어김없이 손을 흔들어 주었다. 지나가는 고양이를 보면서 눈을 깜박거리며 웃어주면 우호적인 것을 아는 듯 도망가지 않고 눈을 깜박여 준다. 꼭 말을 안 해도 알아듣는 능력은 감동을 준다.

마음을 알아주고 표현해주면 서로 행복해진다. 특히 마음을 알아주는 것은 엄마가 자녀에게 꼭 해주어야 필수 항목이다. 웃으며 인사를 하고 난 후 바로 웃음을 거두는 평소의 내 모습을 보고 연장하는 웃음도 연습 중이다. 언뜻 보면 4차원 같은 생각일지라도 지성이 잠시 열리는 찰나에 1% 영감이 올 때 성장이 예고되어 있다. 99%의 긍정적 실천을 하면 언젠가는 1%의 영감이 보여준 사실이 눈앞에 있는 경험을 많이 했다. 27년 전 큰 아이를 처음 만나는 신생아실 앞에서 스쳐지나갈 뻔한 1%의 영감을 잊기 전에 적어 놓았던 메모에서 내가 만든 엄마표 자유학교의 자녀 교육 시스템이 만들어졌다.

학교와 사회 제도권에 일어나는 일들을 자녀가 어릴 때 받는 온몸으로 막아주는 부모의 지지는 한 인간으로 살아가야 될 인생에 중요한 밑거름이 된다. 성적에 자유로웠기에 전문성을 문제해결능력을 통해서 창의성을 얻을 수 있었고 웃고 웃어주는 엄마라는 든든한 지원군을 통행 인성을 쌓았다. 큰아이는 벌써 회사에서 충분히 이 세가지로 자기 인생에 주인처럼 살고 있다. 아들은 예고 졸업과 함께 1인기획 톰과제리를 설립해서 음악기획을 계획하고 있고 음악경영을 통해 미래 청사진을 이미 만들었다. 씨앗을 심고 싹이 나고 묘목이 되어 잘 돌보아준다면 튼튼한 나무가 되듯이 내가 엄마로서 두 아이에게 해준 최고의 선물은 친구로서 언제나 같은 편이 되어준 거였다. 이 책에 나오는 두 아이라는 단어 대신 세상 모든 아이들이 대입되어 부모와 친구가 되는 선물을 받길 바란다.

마지막으로

나에게 와주었고 나를 성장시켜준 두 아이에게 진심으로 감사하다.

아이는 무엇으로 크는가

초판 1쇄 발행 ㅣ 2018년 2월 12일

지은이 ㅣ 곽민정
펴낸이 ㅣ 공상숙
펴낸곳 ㅣ 마음세상

주소 ㅣ 경기도 파주시 한빛로 70 507-204

신고번호 ㅣ 제406-2011-000024호
신고일자 ㅣ 2011년 3월 7일

ISBN ㅣ 979-11-5636-209-8 (03590)

원고 투고 ㅣ maumsesang@nate.com

ⓒ 곽민정, 2018

* 값 14,200원

* 마음세상은 삶의 감동을 이끌어내는 진솔한 책을 발간하고 있습니다. 참신
한 원고가 준비되셨다면 망설이지 마시고 연락주세요.

국립중앙도서관 출판예정도서목록(CIP)

아이는 무엇으로 크는가 / 지은이: 곽민정. – 파주 : 마음
세상, 2018
  p. ; cm

ISBN 979-11-5636-209-8 03590 : ₩14200

육아[育兒]
자녀 양육[子女養育]

598.1-KDC6
649.1-DDC23   CIP2018001624